MS 오 피 스
2010을
이 용 한

핵심 컴퓨터
활용

자료조사부터
리포트 작성,
프레젠테이션까지

MS 오피스 2010을 이용한

핵심 컴퓨터 활용

김태경 지음

글은 감정의 폭과 사고력의 깊이를 표현하는 수단으로, 말과 더불어 내면의 세계를 표현하는 중심적인 수단이다. 또한 대학 시절은 그 어느 때보다도 글쓰기의 부담이 늘어나는 기간이다. 이는 학업의 많은 부분이 글쓰기의 과정을 거쳐 평가되기 때문이다. 글은 시험과 보고서, 논문이라는 형식을 통하여 학업의 성취도를 증명하는 방법으로 사용되며, 이러한 글을 제출 및 발표하기 위해서는 워드 프로그램을 효과적으로 활용할 수 있어야 한다.

또한 작성한 논문 및 기획서 등의 글을 통하여 심사위원이나 평가자들을 효과적으로 설득하거나 이해시키기 위해서는 발표 자료를 체계적으로 구성하고 다양한 비주얼 효과를 적용하여 전달 효과를 최대화시켜야 한다.

이러한 효과적인 리포트 작성과 전달력 있는 프레젠테이션 발표를 위해 이 책에서는 리포트 및 발표자료 작성과 관련된 핵심 컴퓨터 활용 기술들을 유기적으로 연결하여 익히게 함으로써 컴퓨터의 활용 능력을 높이고, 대학 생활 전반에 걸친 학습에 도움이 될 수 있도록 하였다.

이 책은 크게 다섯 부분으로 구성되어 있으며, 첫 번째 장에서 자료의 조사 및 정리, 두 번째 장에서 MS 워드 2010을 활용한 리포트 및 논문의 작성, 세 번째 장에서 MS 엑셀 2010을 활용한 함수 및 데이터의 시각화 처리, 네 번째 장에서는 MS 파워포인트 2010을 활용한 프레젠테이션 작성, 그리고 마지막으로 프레젠테이션 준비 및 발표에 대해서 설명하였다. 강의자료와 학습에 필요한 자료는 http://blog.naver.com/kmktg에서 다운로드 할 수 있다.

이 책을 통하여 자주 사용되는 컴퓨터 핵심 기능들을 익힘으로써 학업 및 다양한 사회생활에 도움이 되었으면 한다.

－김태경

목 차

프레젠테이션 준비 및 발표 _ 291

Part **I**

자료조사 및 정리

- 자료의 효과적인 검색방법을 알 수 있다.
- RSS를 활용하여 효과적으로 관심 정보들을 수집할 수 있다.

1. 자료의 효과적인 검색 방법

좋은 글을 작성하기 위해서는 관련 자료를 효과적으로 검색하여 체계적으로 정리하는 작업이 필요하다. 작성하고자 하는 글의 주제와 관련하여 현재의 연구동향이나 진행 상황 등의 최신 정보들을 수집하고 분석해야 자신의 주장을 논리적이고 설득력 있게 글로 작성할 수 있다.

인터넷이라는 무한한 정보의 바다에서 신뢰할 수 있는 자료들을 검색하고 작성하고자 하는 주제와 관련된 내용들로 체계적으로 자료를 수집하는 방법을 익히는 것은 중요하다. 단지 주제어로만 관련 내용을 검색하게 되면 불필요한 노력과 시간이 많이 소요되며, 원하는 자료도 효율적으로 찾을 수 없다.

1) 자료의 수집 방법

(1) 기존에 작성된 자료 수집

기존에 완성된 기획서나 논문, 프레젠테이션 자료를 참고한다. 이미 동일한 주제에 대해서 작성된 자료를 참고하므로 관련 주제에 관한 중요사항이나 동향 등의 정보를 손쉽게 파악할 수 있다.

(2) 전문가에게 자문 요청

주제와 관련된 분야의 전문가를 찾아가 면담, 토론, 그리고 질의를 하는 것도 자료를 수집하는 좋은 방법이다. 전문가와 주제에 관한 의견을 나누다 보면 중요 정보의 흐름 및 새로운 정보를 발견할 수 있으며, 다양한 자료에 대한 조언을 얻을 수 있다.

(3) 주변 매체의 활용

전문서적이나 신문, 잡지 등과 같은 주변 매체를 활용한다. 주제와 관련된 최근의 정보 등은 매일 기사화되는 신문 등의 매체를 활용하면 시의적절하고 현실성이 있는 자료를 확보할 수 있다.

(4) 인터넷 자료의 활용

인터넷은 '정보의 바다'라 할 만큼 방대한 정보를 자랑한다. 최근에는 사이버 도서관이나 e-Book, 그리고 지식 전자상거래, 커뮤니티 서비스, 소셜 네트워크 등이 활성화되면서 양질의 자료를 구하기가 훨씬 용이해졌다.

2) 인터넷의 효과적인 검색 방법

인터넷 정보를 효과적으로 검색하기 위해서는 정보를 찾기 위한 정보검색 방법과 검색엔진의 사용법을 숙지해야 한다. 인터넷 정보를 검색하는 방법은 일반적으로 다음의 절차를 따르는 것이 좋다.

(1) 검색하고자 하는 정보의 분석

찾고자 하는 정보를 파악하여, 목적에 맞는 검색을 수행해야 한다. 즉 무엇을 찾으려 하는지 찾으려는 대상에 대해 정확하게 파악해야 한다.

(2) 검색하고자 하는 내용에 대한 구체적인 용어의 사용

일반적인 단어를 사용하면 검색 결과가 너무 많이 검색된다. 그러므로 검색하고자 하는 구체적인 단어를 이용하여 검색하는 것이 좋다. 또한 평상시 사용하는 문장으로 검색하는 자연어(Natural Language) 검색보다는 원하는 내용에서 중요한 단어를 골라 사용하는 것이 가장 좋다.

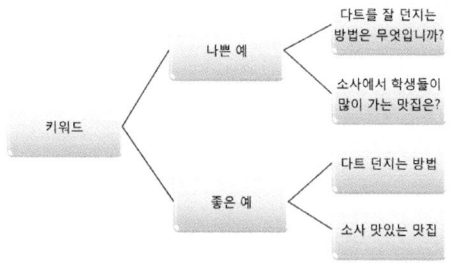

(3) 필요 없는 키워드는 검색되지 않도록 설정

검색엔진에 따라 차이가 있지만 일반적으로 'NOT' 연산자를 이용하여 검색 결과에서 특정한 단어가 들어간 것을 제외할 수 있다.(예를 들어 가정용 전화기를 찾고 싶은데 휴대폰이나 팩스가 나온다면 'NOT 핸드폰', 'NOT 팩스'로 관련 결과를 제외하면 된다.)

(4) 철자에 유의

영어 단어뿐 아니라 우리 글로 찾을 때도 문법에 맞는 정확한 단어를 사용하여 검색을 수행해야 원하는 정보를 용이하게 찾을 수 있다.

(5) 검색 범위를 점차적으로 제한

너무 많은 검색 결과가 나온 경우에는 결과 내 재검색 기능을 이용해서 범위를 좁혀 가면서 원하는 결과를 얻을 때까지 검색 범위를 제한하면서 검색을 수행한다.

(6) 검색 결과가 부족한 경우에는 검색 결과와 링크된 사이트를 검색

섬색 결과가 부족하더라도, 검색된 결과를 꼼꼼히 살펴보면 관련 주제, 관련 사이트와 연결된 정보를 발견할 수 있다.

(7) 분야별 전문 웹사이트를 이용

검색 서비스만 이용하는 것이 아니라 분야별로 특화된 전문 정보 사이트도 이용하면, 주제와 관련된 고급정보를 용이하게 얻을 수 있다.(예를 들어 논문 작성 시에는 다양한 논문 검색을 할 수 있는 논문 검색 사이트를 이용하면 다양한 논문 자료를 쉽게 얻을 수 있다.)

(8) 검색 도움말의 숙지

검색 서비스마다 제공하는 정보의 차별성이 있으므로, 정확한 정보를 얻기 위해서는 각 사이트의 도움말을 읽고 특성을 파악하면서 검색을 하면 좋은 결과를 얻을 수 있다. 그러므로 기본적으로 각각의 검색엔진의 특징 및 질의 방법에 대한 도움말을 반드시 읽어야 하며, 검색엔진에 따른 기본 사용법과 연산자 지원 및 검색조건, 출력조건 등을 정확하게 설정해야 한다.

3) 구글 사이트 검색 요령

본 절에서는 대표적인 웹 사이트인 구글의 사이트를 이용하여 효과적으로 필요한 정보들을 검색하는 방법에 대해 알아보고자 한다.

구글에서 자료 검색 시 연산자를 활용하면 보다 정확한 정보를 신속하게 찾을 수 있다. 이를 위해서는 검색 연산자의 활용 방법에 대한 이해가 필요하다.

(1) And 연산자(또는 공백으로 입력)

ex) AND, (A+B): A와 B를 모두 포함한 검색결과 제공

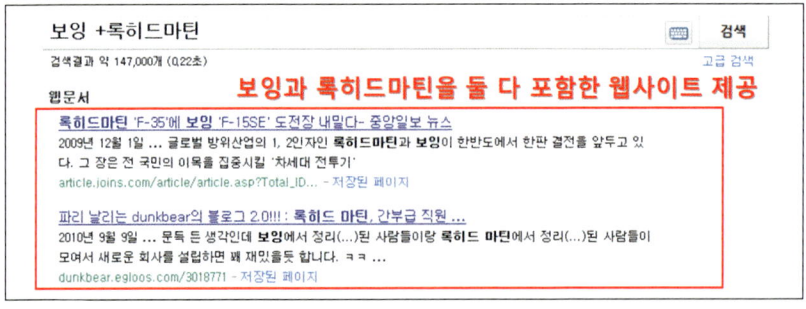

(2) or: 대문자 "OR" 또는 "|"를 입력

ex) OR, (A|B): A 또는 B를 포함한 검색결과 제공

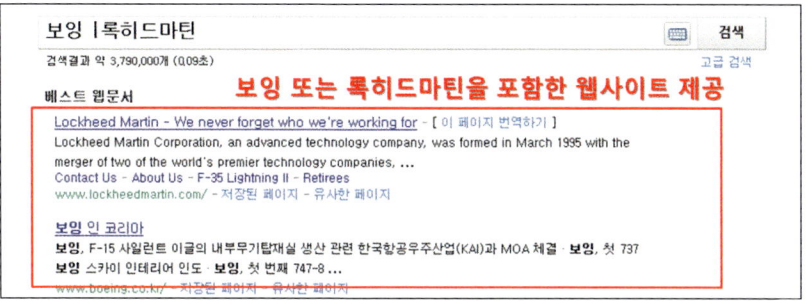

(3) not: "−"으로 입력

ex) A−B: A는 포함하지만 B는 포함하지 않은 결과 제공

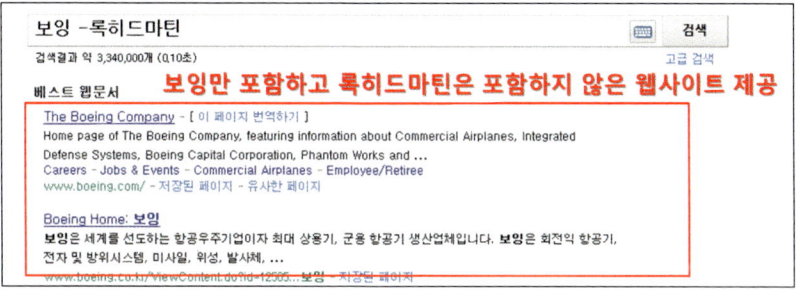

(4) filetype: "파일확장자" 특정한 이름을 가진 특정 종류의 파일들을 검색하는 데 사용

ex) filetype: ppt SNS → SNS 내용을 가진 PowerPoint 파일을 검색

ex) filetype: hwp SNS → SNS 내용을 가진 한글 파일을 검색

4) 이중 검색엔진 사이트로 검색하기

한 번에 여러 사이트의 검색 엔진을 이용하여 다양한 사이트의 정보를 좀 더 원활하게 얻을 수 있다. 대표적인 사이트로는 "BingGo:O" 사이트가 있다. 이 사이트의 이름은 Bing과 Google의 합성어로 이루어진 것으로, 이름은 빙과 구글이지만 다음, 네이버, 판도라, 유튜브, 오마이뉴스 등 다양한 사이트들 중 2가지 검색 사이트를 선택하여 동시에 검색이 가능하다.

Binggo:o 사이트의 주소는 "http://binggoo.xiles.net/"이다.

왼쪽과 오른쪽에 사용하고자 하는 검색엔진을 선택할 수 있으며, 검색창에 검색하고자 하는 단어를 입력하고 검색(Search) 단추를 클릭하면 된다.

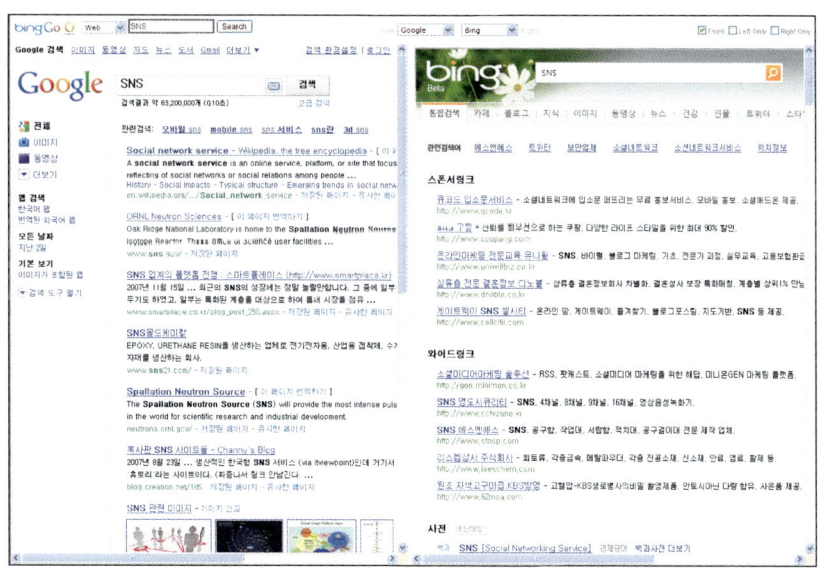

왼쪽과 오른쪽에 각 검색엔진에서 검색한 결과가 나오게 되며, 다른 검색엔진으로의 변경도 가능하다.

2. RSS를 활용한 정보 수집

RSS란 RDF Site Summary, Rich Site Summary 등의 약칭으로 뉴스나 블로그와 같이 콘텐츠 업데이트가 자주 일어나는 웹사이트에서, 업데이트된 정보를 쉽게 사용자들에게 제공하기 위해 XML을 기초로 만들어진 데이터 형식이다.

사이트가 제공하는 RSS 주소를 자신의 RSS Reader 프로그램에 등록하면, 업데이트된 정보를 찾기 위해 사이트에 매번 방문할 필요 없이 한곳에서 쉽게 이들을 확인할 수 있다. 그러므로 RSS 기능의 이해 및 사용법을 숙지하면 관심 있는 중요한 정보들을 용이하게 확인할 수 있다. RSS를 사용하기 위한 RSS 리더 프로그램은 한 RSS, 파란 RSS 등 다양한 RSS 리더기가 있지만 본 절에서는 구글리더를 이용하여 그 사용법을 알아보고자 한다.

1) 구글리더 사용법

(1) 리더기를 활용하기 위한 기본 작업

구글리더를 사용하기 위해서는 구글에 계정을 생성해야 한다. 계정을 생성하기 위해서는 "로그인"을 클릭한 후 "가입하기"를 눌러 계정을 생성할 수 있다. 계정을 생성한 후 구글에 로그인을 한 후에 구글 검색창의 왼쪽 상단에서 [더보기]를 클릭한 후 [전체 서비스]를 클릭한다.

[전체 서비스]를 클릭하면 구글 사이트에서 제공하는 다양한 기능들을 볼 수 있다. 이
중에서 리더기를 사용하기 위해서는 [커뮤니케이션 및 공유]에서 [리더]를 클릭한다.

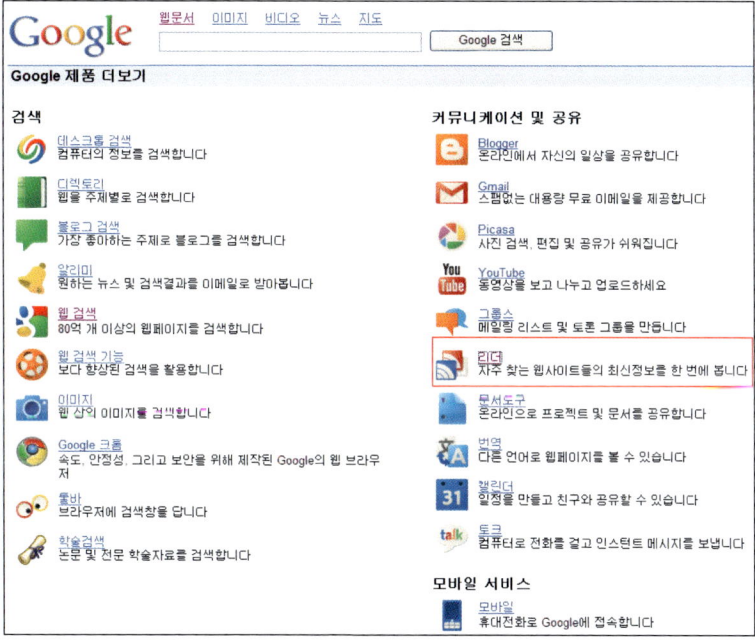

[리더]를 클릭하면 다양한 사이트의 정보를 검색할 수 있는 **RSS** 리더기의 홈으로 이동하게 된다. 좌측에는 구독하고 있는 사이트에 대한 대략적인 정보를 확인할 수 있으며, 우측에는 해당 사이트의 업데이트 정보를 확인할 수 있다.

(2) 리더기를 기본 활용

만약 전자신문에서 "네트워크"에 관련된 기사가 나올 때마다 바로 해당 정보를 얻고자 한다면 먼저 전자신문사의 홈페이지로 이동한 후, RSS 기능을 제공하는 홈페이지로 이동한다. 전자신문사에서 **RSS** 서비스를 제공하는 사이트의 주소는 다음과 같다.

전자신문 **RSS** 사이트 주소: http://www.etnews.co.kr/rss/rss_guide.html

RSS 사이트에서 "네트워크" 항목을 찾아 [**RSS** 퍼가기]를 클릭한다. [웹 페이지 메시지] 창에 "클립보드에 복사되었습니다"라는 메시지가 나오면 [확인] 단추를 클릭한다. [확인] 단추를 클릭하면 해당 주소가 복사된다.

복사된 주소를 구글리더에 등록하기 위해 구글 리더 사이트로 이동한 후 좌측 상단의 [구독 추가]를 클릭한 후 아래의 주소 입력창에 마우스 오른쪽 단추를 눌러 [붙여넣기] 기능을 수행한다. 그리고 하단의 [추가] 버튼을 클릭한다.

[추가] 버튼을 클릭하면 해당 주제어에 해당하는 주소가 [좌측] 창의 [구독] 하단에 추가되고, 오른쪽에는 해당 구독정보에 대한 정보가 나타나게 된다. 이러한 정보는 해당 사이트에 새로운 정보가 업데이트 될 때마다 이곳 리더기에도 동일한 정보가 동시에 전송되게 된다.

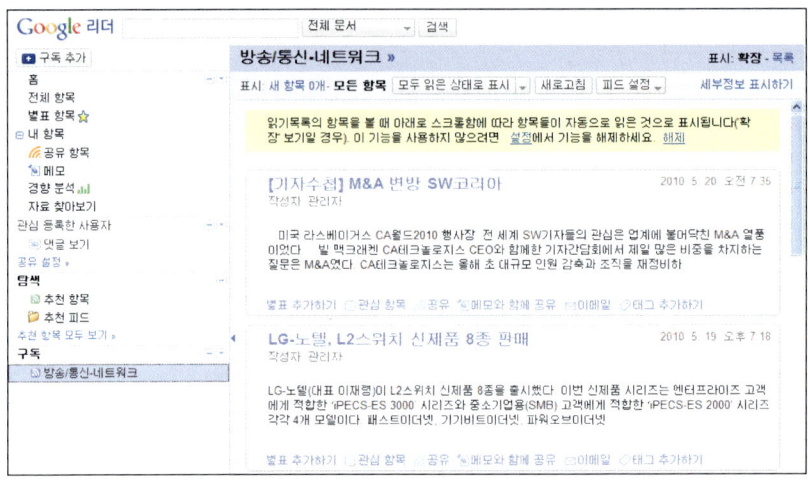

이러한 기능을 이용하여 다양한 분야의 관심정보에 대해서 실시간적으로 수집할 수 있다. 이외에도 쉽게 **RSS** 사이트들에 대한 정보를 얻기 위하여 좌측 창에서 [자료 찾아보기]를 클릭하고, 오른쪽 창에서 [찾아보기] 혹은 [검색]을 클릭하여 원하는 정보를 얻을 수 있다.

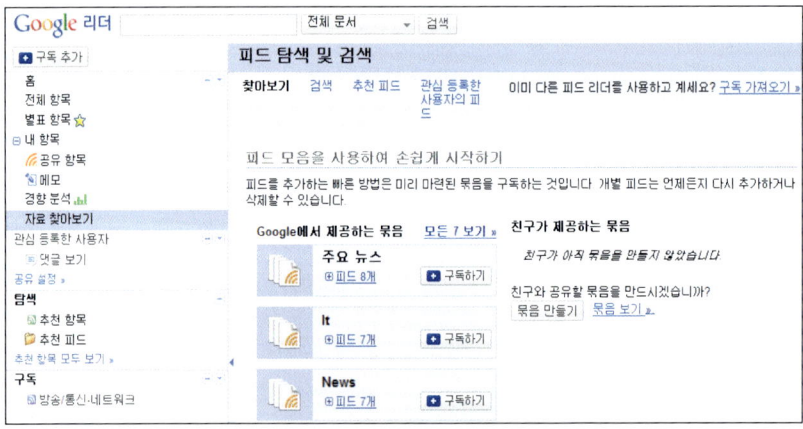

만약 TOEFL에 대한 정보를 검색하고자 한다면, 왼쪽 창에서 [자료 찾아보기]를 클릭한 후 오른쪽 창에서 [검색]을 클릭하고 "키워드를 사용하여 피드 검색" 부분에 주제어인 "TOEFL"을 입력한다.

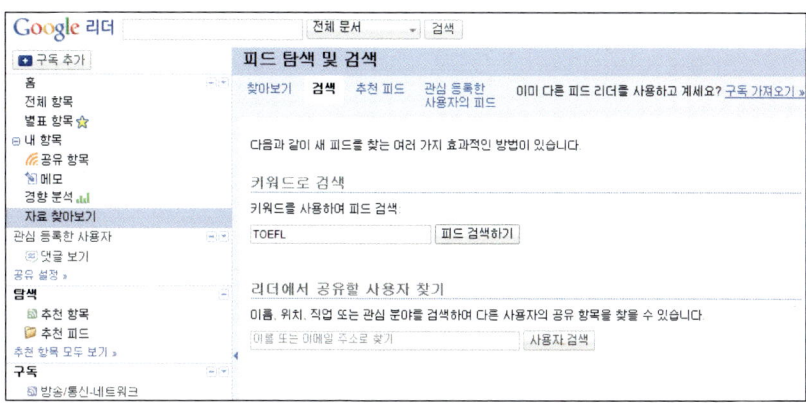

[피드 검색하기] 메뉴를 클릭하면 TOEFL과 관련된 다양한 사이트의 정보를 볼 수 있으며, 이 중 원하는 사이트의 하단에 있는 [구독 신청]을 클릭하면 해당 정보를 실시간으로 받아 볼 수 있다.

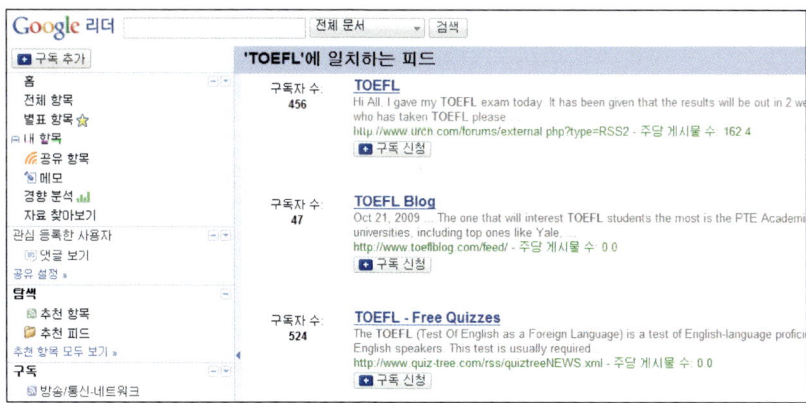

1. 좋은 글을 작성하기 위해서는 관련 자료를 효과적으로 검색하여 체계적으로 정리하는 작업이 필요하다. 이는 작성하고자 하는 글의 주제와 관련하여 현재의 연구동향이나 진행상황 등의 최신 정보들을 수집하고 분석해야 자신의 주장과 관련 자료들을 논리적이고 설득력 있게 글을 작성할 수 있다.

2. 자료의 수집 방법
   • 기존의 작성된 자료 수집
   • 전문가에게 자문 요청
   • 주변 매체의 활용
   • 인터넷 자료의 활용

3. 인터넷의 효과적인 검색 방법
   • 검색하고자 하는 정보의 분석
   • 검색하고자 하는 내용에 대한 구체적인 용어의 사용
   • 필요 없는 키워드는 검색되지 않도록 설정
   • 철자에 유의
   • 검색 범위를 점차적으로 제한
   • 검색 결과가 부족한 경우에는 검색 결과와 링크된 사이트를 검색
   • 분야별 전문 웹사이트를 이용
   • 검색 도움말의 숙지

4. 구글리더 사용법
   • 리더기를 활용하기 위한 기본 작업: 계정 생성 및 RSS 리더 홈페이지로 이동
   • 리더기의 기본 활용: 구독하고자 하는 RSS 사이트 주소 복사 후 구글리더 사이트에서 [구독 추가]를 클릭하여 등록
   • RSS 사이트 검색: RSS 사이트에서 [자료 찾아보기]-[검색]을 클릭하고, 주제어를 입력하여 RSS 사이트를 검색

1. "SNS 서비스"에 대해서 인터넷을 이용하여 파워포인트 파일을 3개 이상 찾아서 저장하시오. 단, SNS와 서비스가 붙어서 나와 있는(ex, "SNS 서비스") 파일들을 검색하시오.

[설명] 정답의 풀이과정은 다음과 같다.

1) "SNS 서비스"에 대한 자료를 검색하기 위해서 구글 검색창으로 이동한다.

2) 파워포인트 파일을 찾기 위해서 "filetype:ppt" 검색어를 사용하며, SNS와 서비스가 이어서 나와 있는 파일들을 검색하기 위해서는 SNS와 서비스를 "SNS 서비스"로 묶어서 검색해야 된다. 만약 "filetype:ppt SNS 서비스"로 검색하게 되면, SNS와 서비스가 들어있는 파워포인트 파일들을 검색하게 되므로 "filetype:ppt "SNS 서비스""로 검색했을 때보다 훨씬 많은 파일들이 검색된다.

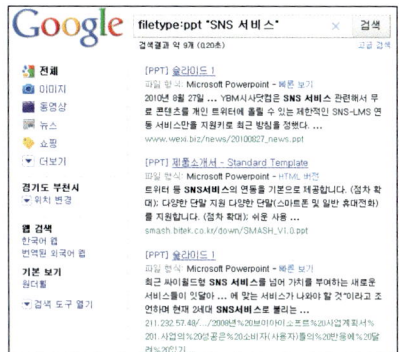

2. "인문학"에 대해서 인터넷을 이용하여 아래한글 파일을 검색하시오. 단, 검색 옵션에서 "위기"가 들어있는 파일들은 검색되지 않도록 옵션을 설정하시오.

[설명] 정답의 풀이과정은 다음과 같다.

1) "SNS 서비스"에 대한 자료를 검색하기 위해서 구글 검색창으로 이동한다.

2) 아래한글 파일을 찾기 위해서 "filetype:hwp" 검색어를 사용하며, 인문학이 들어 있는 아래한글 파일 중에서 위기가 들어 있는 파일들을 제외하기 위해서는 "인문학 −위기"로 검색해야 한다. 즉, "filetype:hwp 인문학 −서비스"로 검색하면 된다.

3. "스마트폰"에 대한 정보를 제공하는 RSS 사이트를 찾아 RSS 리더에 추가하시오.

[설명] 정답의 풀이과정은 다음과 같다.

1) RSS 사이트를 검색하기 위해서 구글에 로그인 한 후 구글리더로 이동한다.

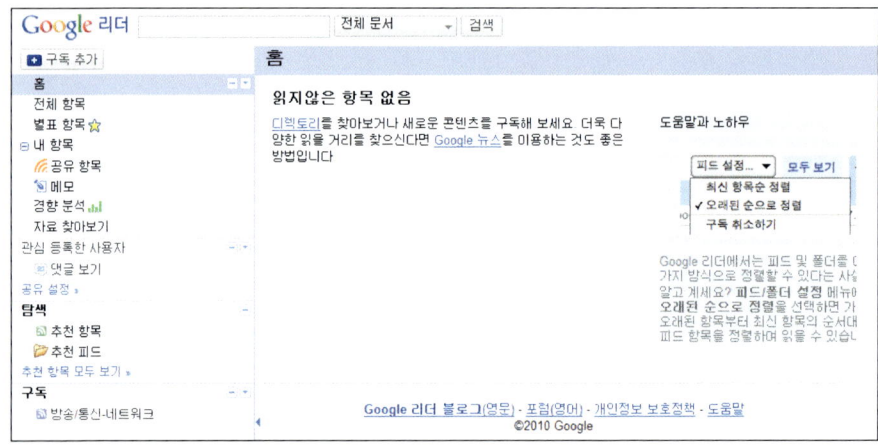

2) RSS 사이트를 검색하기 위해 좌측 창에서 [자료 찾아보기]를 클릭 – 오른쪽 창에서 [검색]을 클릭
   –"키워드를 사용하여 피드 검색" 부분에 주제어인 "스마트폰"을 입력한다.

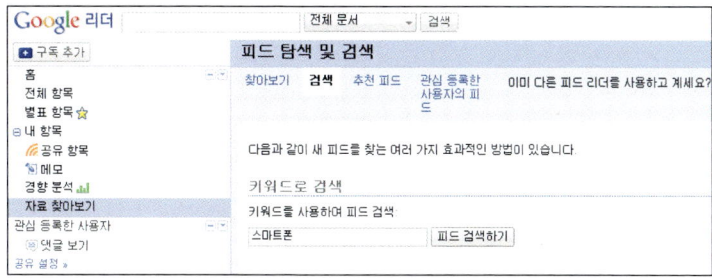

3) [피드 검색하기]를 클릭하여 검색된 RSS 사이트 중에서 관심 있는 RSS 사이트를 선택하여 [구독 신청]을 클릭한다.

4) 왼쪽 창의 구독 하단에 구독 신청한 RSS 사이트가 추가된 것을 알 수 있다.

학습목표

• 조사한 다양한 자료들을 효과적으로 분류 및 정리할 수 있다.
• 마인드맵 도구를 활용하여 자료를 정리할 수 있다.

1. 자료의 분류 방법

모든 글이나 내용들은 그 개념의 범위가 넓기도 하고 많은 요소들이 서로 영향을 미치며 뒤엉켜 있기 때문에 그 자체로서 정리하기에는 큰 어려움이 있다. 그러나 자료들을 각 기준에 따라 적절하게 분류하면 그 내용을 명확히 이해하고 정리할 수 있다.

자료의 정리는 일관성 있는 원칙을 정하고, 그 원칙에 따라야 한다. 만약 원칙에 어긋나거나 모순이 있다면 이를 수정하는 방식으로 한다.

1) 시간의 흐름에 따라 분류

① 시간의 순서에 맞게 과거, 현재, 미래의 순서대로 자료를 나열하는 방법

② 문제 발생과 상황 전개, 해법 제시의 순서대로 분류하는 방법

③ 설명이 밋밋하다고 생각되면 순서를 바꾸어도 됨

④ 가장 핵심이 되는 부분을 시간의 순서에 관계없이 먼저 분류하고 나머지 내용을 정리할 수 있음

2) 공간의 특성에 따라 분류

① 설명하려는 자료들은 주제나 특성에 따라 분류하여 따로 묶는 방법
② 자동차에 대한 자료에 적용하면 엔진, 디자인, 안전장치, 성능, 내구성 등 자동차의 기능에 따라 부분별로 나누어 설명하는 방법이며, 이렇게 부문별로 분류하여 설명하면 다른 제품들과 비교하기 쉽다는 장점이 있음
③ 즉 다른 차와 엔진끼리 비교가 되고, 디자인끼리 비교가 되고, 성능끼리 비교가 되므로 쉽게 장단점과 우열을 판단할 수 있음

3) 원인과 결과에 따른 분류

① 인간관계에 따라 원인과 결과를 연결하는 방식
② 여러 사람과 다양한 부서가 관계되어 있는 주제의 경우 서로 이해관계가 다를 수도 있으며, 이런 경우 모든 문제를 한꺼번에 설명하려고 들면 각자의 이해관계가 얽혀 쉽게 정리하기 어려우며, 이런 경우 원인과 결과를 한데 묶어서 설명하는 것이 좋음

4) 문제와 해결방법에 따른 분류

① 문제설정과 해결법 제시를 한데 묶는 방법
② 이 방법은 문제점이 여러 가지일 때 사용하면 효과적임
③ 문제점을 모두 나열한 뒤 해결방법을 한꺼번에 나열하지 말고 문제가 되는 사안마다 해결방법을 제시하는 식으로 분류

2. 자료의 정리 방법

분류된 자료를 이용하여 리포트를 작성하기 위해서는 분류된 자료를 이용하여 효과적으로 자료를 정리해야 한다. 전체적인 내용의 구성을 잡기 위해서는 MECE 방법을 활용할 수 있다. MECE(Mutually Exclusive and Collectively Exhaustive)는 상호 중복 없이 그럼에도 전체 누락 없이 작성하는 방법으로 중복, 누락, 착오를 방지할 수 있다.

MECE를 전개하는 방법은 3가지가 있다. 첫 번째 방법은 Tool을 사용하는 것이다. Tool이란 기존의 방법론들을 이용하여 관련 내용을 중복되지 않으면서 빠짐이 없도록 작성하는 것을 의미한다.

① 비즈니스(3C): Customer, Company, Competitor
② 마케팅(4P): Product, Price, Promotion, Place
③ 제조(4M): Man, Machine, Material, Method
④ 역할행동(CARE): Capability, Authority, Responsibility, Evaluation

여기서 3C는 비즈니스 환경을 분석하는데 사용되는 것으로 내용은 다음의 세 가지로 분석하여 경영환경을 평가하는 방법이다.

- Customer(시장동향, 표적시장, 고객의 욕구)
- Competitor(상대적 경쟁력, 경쟁사, 강점과 약점)
- Company(자사의 현황, 자사의 강점 및 약점, 강점을 살린 기획, 자사의 목표)

마케팅에서 사용되는 4P의 내용은 다음과 같다.

- Product: 상품, 서비스, 포장, 디자인(크기, 색상), 브랜드, 품질 등
- Price: 정찰제, 할인, 신용, 할부 등

- Promotion: 판매촉진, 광고, PR, 인적 판매, DM 등
- Place: 유통경로, 구색, 재고, 운송 등

제조에서 품질관리에 사용되는 4M은 관리를 통해 품질의 변화를 감소시킬 수 있으며, 제조 공장에서 생산에서 발생하는 문제를 해결하는 데 사용한다.

- 작업자(Man): 인력에 대한 교육, 규정 준수, 다기능화, 활동 등에 관한 사항
- 기계, 설비(Machine): 자동화, TPM(계획보전, 설비효율화를 위한 개선 활동, 교육 훈련, 설비초기 관리활동 등) 관리
- 재료(Material): 전수검사, 효율적인 자재관리 등
- 작업방식(Method): 생산성 향상을 위한 여러 가지 방법, 작업의 표준화, 흐름작업 등

첫 번째 방법을 이용하면, 기존의 정형화된 방법론을 이용하므로, 내용의 빠짐이나 중복 없이 전체적인 내용을 효과적으로 분류 및 정리할 수 있다.

두 번째 방법은 반대 개념을 이용하는 것이다.

① 하나와 하나 이외의 것
② 질과 양
③ 가치와 비용
④ 장점과 단점

두 번째 방법은 하나의 개념과 그와 반대되는 개념을 이용해서 전체적인 내용을 구조화하는 방식이다. 반대되는 개념이므로 내용이 중복되지 않는다.

세 번째 방법은 구성요소와 순서를 이용하는 것이다.

① 과거, 현재, 미래
② Plan, Do, See
③ R&D, 생산, 영업

과거, 현재, 미래는 시간의 순서를 이용해서 정리하는 방법이며, Plan－Do－See는 기업이 사업과 전략을 계획(Plan)하고 현장에서 그 계획을 실행(Do)한 후에 결과를 평가하고 다음 계획으로 피드백(See)하는 비즈니스의 프로세스이다. 마지막으로 R&D, 생산, 영업은 구성요소를 이용하여 정리하는 방법이다.

좋은 발표자료는 결론이 분명해야 하며, 결론에 도달하게 되는 근거가 명확하게 제시되어야 하고, 근거를 사실로 입증해야 한다. 이러한 구성을 갖기 위해서는 MECE의 3가지 방법들을 이용하여 프레젠테이션의 내용들을 정리하면, 주제의 내용을 표현하는데 있어서 좀 더 체계적이고 효과적으로 제시할 수 있다.

또한 이렇게 정리된 자료들은 MECE를 이용하여 로직트리를 작성할 수 있다. 로직트리란 주어진 주제에 대하여 서로 논리적 연관성이 있는 하부 내용들을 나무 모양으로 전개하는 것을 말한다. 주어진 문제를 해결하기 위해 어떤 하부 문제들을 고려해야 하는지, 어떤 방법들을 고려해야 하는지 체계를 논리적으로 연결해 놓은 것이다. 로직트리를 전개할 때 사고의 논리적 연결을 계속해 나가기 위해서는 MECE(Mutually Exclusive and Collectively Exhaustive) 개념을 사용한다.

로직트리를 카드로 나타내면 다음과 같이 나타낼 수 있다.

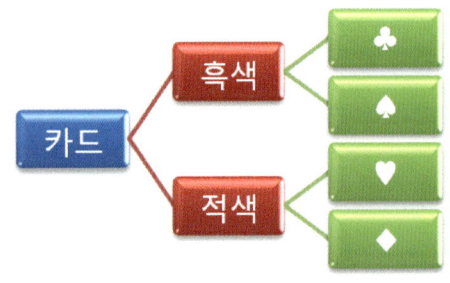

카드는 색상으로 흑색과 적색으로 나뉠 수 있으며, 모양으로는 흑색에서 클로버, 스페이드, 적색으로는 하트, 다이아몬드로 분류할 수 있다.

이러한 로직트리의 효과는 다음과 같다.

① 논리적 사고를 촉진하고 폭 넓은 아이디어를 창출할 수 있다.
② 각 내용의 인과관계를 분명히 알 수 있다.
③ 누락이나 중복을 사전에 방지할 수 있다.
④ 원인이나 해결책을 조기에 확인할 수 있다.

로직트리를 작성하는 방법은 다음과 같다.

① 로직트리 작성의 목적을 분명히 하고 목적에 맞는 세분화 기준을 설정해야 한다.
② 인과관계와 MECE의 원칙하에 세분화를 실시한다.
③ 각각을 2~3개의 요소로 세분화한다.
④ 각각을 MECE하게 세분화하기 어려우면 빈칸으로 남겨 두고 나중에 생각한다.
⑤ 더 이상 세분화되지 않는 단계까지 세분화한다.
⑥ 빈칸으로 둔 곳을 생각하여 채워 넣는다.
⑦ 상하 간의 인과관계와 동일 Level 간의 MECE를 확인한다.

이를 그림으로 표시하면 다음과 같이 나타낼 수 있다.

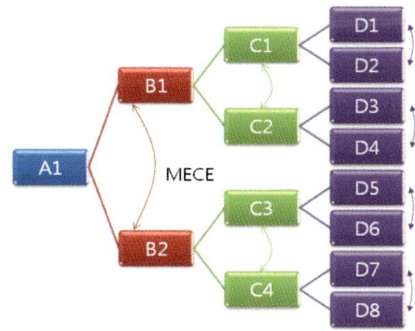

로직트리는 크게 원인분석 로직트리와 해결책 수립의 로직트리로 나눌 수 있다.

1) 원인분석 로직트리

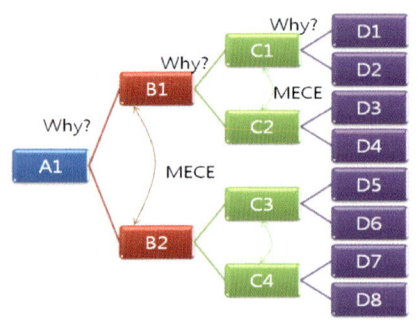

- 원인분석 로직트리는 원인분석을 위해 사용할 수 도 있고, 해결책을 도출하는 데도 활용될 수 있다.
- 동일 Level 간에는 MECE하고, 상하 간은 'Why?'라는 인과관계를 통해 세분화한다.
- 상하 요소가 발생한 이유를 계속해서 'Why?'라는 질문을 통해 들어가면 숨어있는 근본적인 원인을 찾을 수 있다.
- 예를 들면, 요리 실력이 없는 사람이 있다고 가정하고 그 사람이 요리 실력이 없는 원인분석을 위한 로직트리를 작성하면 다음의 그림과 같이 나타낼 수 있다.

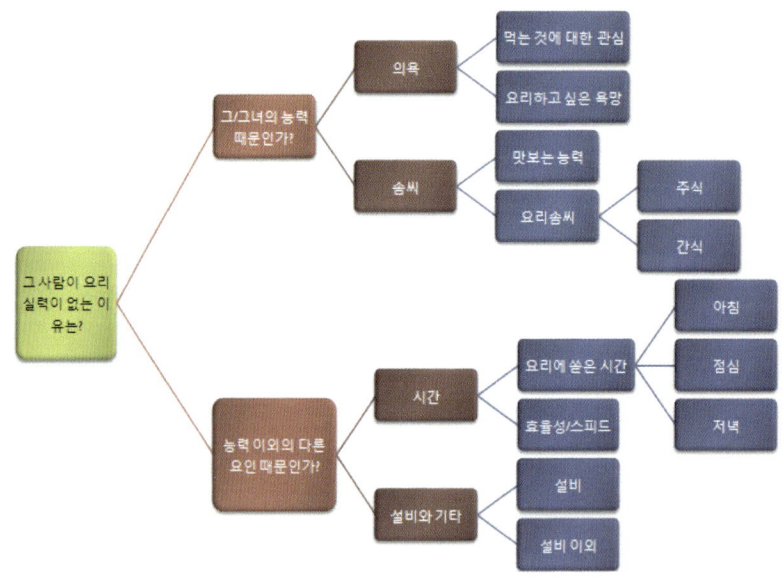

- 여기서 요리 실력이 없는 이유를 찾기 위해 Why라는 상하 간의 관계를 통해 능력과 능력 이외의 요소로 나누었으며, 동일 Level인 능력과 능력 이외의 요소는 서로 중복 없이 그리고 빠짐없이 전개된 것을 알 수 있다.

2) 해결책 수립의 로직트리

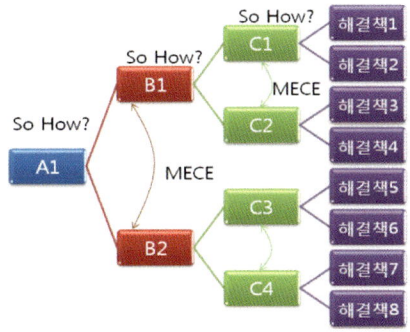

- 동일 Level 간에는 MECE하고, 상하간은 'So How?'라는 인과관계를 통해 세분화한다.
- 해결책이 표적을 벗어나지 않게 하며, 바로 행동으로 이어질 수 있는 구체적인 수준의 해결책을 얻을 수 있다.
- 원인분석 로직트리를 통해 요리 실력이 부족의 이유가 저녁 요리를 하기 위한 시간이 부족하다는 결론이 나왔으면, 해결책 수립의 로직트리를 작성하여 그에 대한 해결책을 찾을 수 있다.
- 여기서 저녁 요리 시간에 대한 부족을 해결하기 위해 So How라는 상하 간의 관계를 통해 요리하는 시간을 더 가질 수 있는 방법과 그 이외의 다른 해결 방안으로 나누었으며, 동일 Level인 시간을 더 가질 수 있는 방법과 그 상황을 이해하고 다른 방안을 간구하는 것은 서로 중복 없이 그리고 빠짐없이 전개되었다는 것을 알 수 있다.

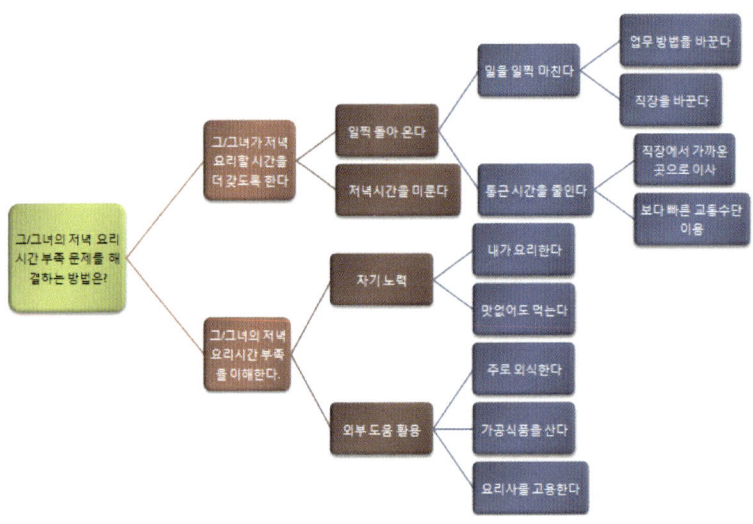

　이러한 로직트리를 이용하면 전체 내용에 대해서 중복이나 빠짐없이 내용을 정리할 수 있으며, 중요한 사항과 그렇지 않은 상항들에 대해서 구별 및 정리를 할 수 있다는 장점을 가지고 있다. 그러므로 주제를 정했으면, 관련 주제에 대해서 로직트리를 구성해서 논리적인 구성을 잡는 작업이 필요하다.

　또한 이러한 로직트리는 특정한 프레젠테이션을 작성하거나 리포트를 작성하는 데 사용되는 것 이외에도 실생활에서 다양한 문제 해결 및 정리를 하는 데 있어서 생각의 전개를 효과적으로 정리하는 데 유용하게 사용할 수 있다.

3. 마인드맵 도구를 활용한 자료의 정리

　마인드맵은 기호, 그림, 색상 등을 활용하여 유기적으로 연결되는 여러 가지 생각들을 체계적으로 정리하는 기술로, 영국의 심리학자 토니 부잔에 의해 개발되었으며, 자료를 체계적으로 정리하는 데 도움을 줄 수 있는 기술이다. 이번 절에서는 마인드맵 프로그램을 이용하여 앞서 설명한 MECE의 방법대로 자료를 명확하고 체계적으로 정리하는 방법에 대해 살펴본다.

마인드맵을 작성하기 위해 기존의 파워포인트나 워드 등의 프로그램을 사용할 수 있지만 이러한 도구들은 그림을 그리거나 그 그림을 배치하는 데 많은 노력이 소모되므로, 이보다는 다양한 무료 마인드맵 무료 프로그램들을 활용하는 것이 좋다.

무료 마인드맵 프로그램으로는 FreeMind, XMind, EDraw 이외에도 다양한 여러 종류의 프로그램들이 있다. 여러 프로그램들을 사용한 후 각자에게 편리한 프로그램을 선택하여 사용하면 된다.

여기에서는 EDraw 프로그램을 이용하여 간략히 자료정리의 이용방법에 대해 설명하였다. EDraw는 다양한 템플릿과 아이콘을 벡터방식으로 제공하여, 사용자들이 정리하고자 하는 자료를 쉽고 멋있게 자료를 작성할 수 있다.

EDraw 프로그램은 http://www.edrawsoft.com/freemind.php에서 프리웨어를 다운받을 수 있으며, 실행파일을 다운받은 후 간략히 더블 클릭하여 설치할 수 있다.

다음의 화면은 EDraw 프로그램을 실행시킨 화면이다.

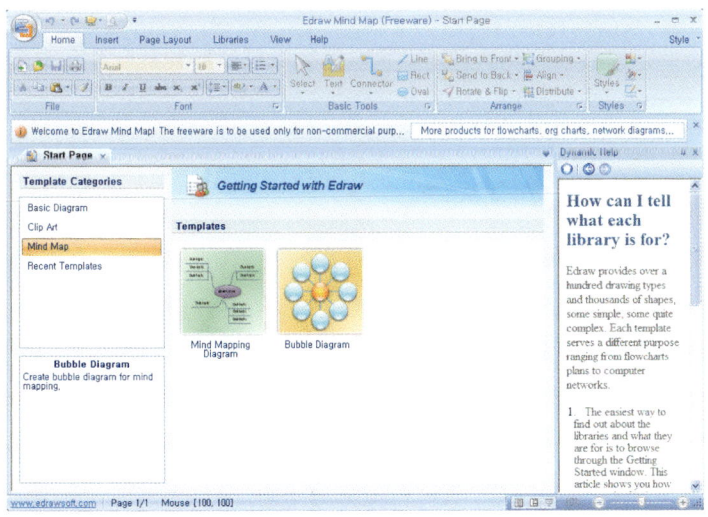

마인드맵을 작성하기 위해서는 가운데 창의 Templates에서 [Mind Mapping Diagram]을 더블 클릭하면 된다.

사용하는 방법은 먼저 왼쪽 창의 각 카테고리에서 해당하는 도형을 선택 후 오른쪽으로 드래그하고, 도형에 글씨를 입력하기 위해서는 해당 도형을 선택 후 입력하고자 하는 단어를 입력하면 된다.

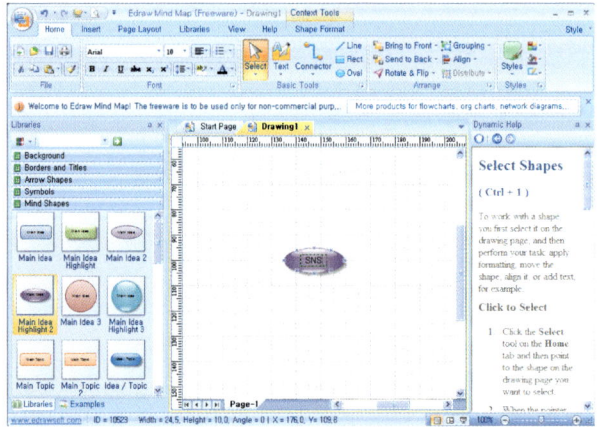

화살표나 다른 도형도 해당 카테고리를 선택 후 드래그하여 입력이 가능하다. 일반
적으로 텍스트는 [Home] 탭-[Basic Tools] 그룹에서 [Text] 명령을 통하여 텍스트를
삽입할 수 있다.

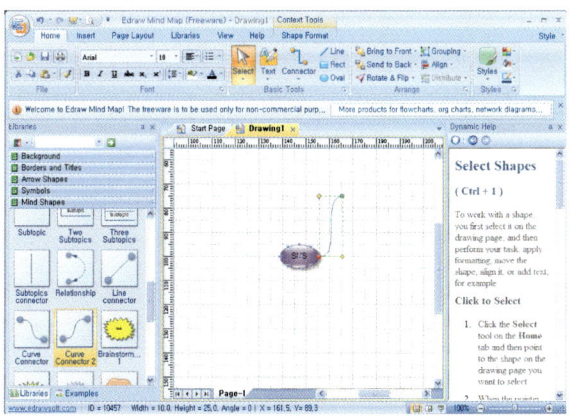

또한 [Insert] 탭의 [Illustrations] 그룹의 [Vector Text]를 클릭하여 벡터 텍스트를 삽
입할 수도 있다.

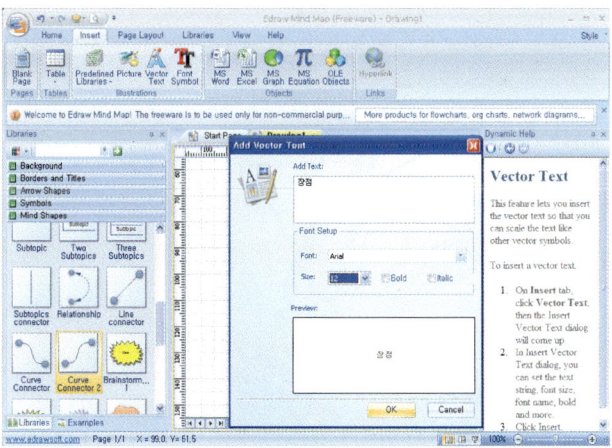

벡터 텍스트는 삽입 할 텍스트를 [Add Text] 창에 입력하고 [Preview] 창에 해당 텍스트가 나오면 해당 텍스트를 확인하고 [OK] 버튼을 클릭하면 된다.

EDraw의 다른 기능들은 파워포인트의 기능들과 유사하므로 사용자가 손쉽게 다양한 기능들에 대해서 사용법을 익힐 수 있으며, 오른쪽 창에 선택된 기능에 대해서 사용법이 나오므로, 제시된 설명을 참조해서 마인드맵이나 로직트리를 쉽게 작성할 수 있다.

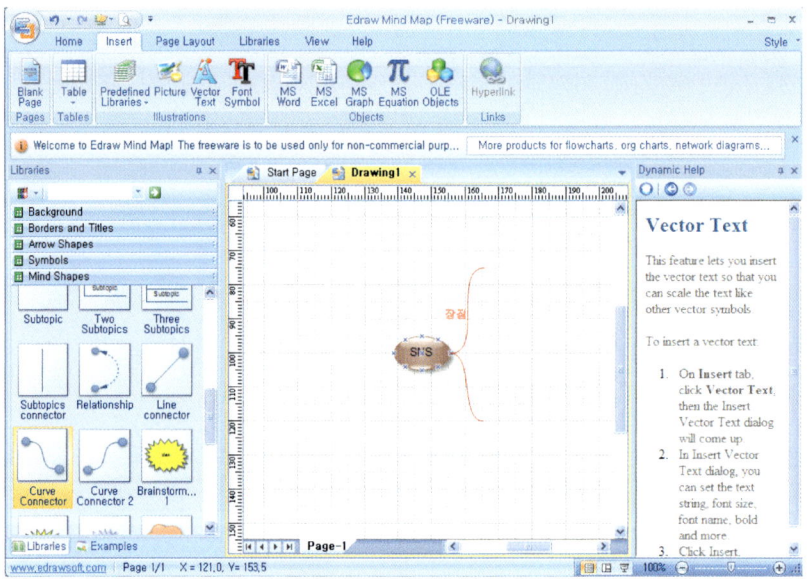

1. 자료의 분류 방법
   - 시간의 흐름에 따라 분류
   - 공간의 특성에 따라 분류
   - 원인과 결과에 따른 분류
   - 문제와 해결방법에 따른 분류

2. 리포트의 내용을 효과적으로 전달하기 위해서는 내용의 논리 구조가 읽는 사람이 쉽게 따라올 수 있도록 일관성 있는 구조를 취해야 한다.

3. 전체적인 내용의 구성을 잡기 위해서는 MECE 방법을 활용할 수 있다. MECE(Mutually Exclusive and Collectively Exhaustive)는 상호 중복 없이, 그럼에도 전체 누락 없이 작성하는 방법이다.

4. MECE의 Tool을 이용하는 방법
   - 3C: Customer, Company, Competitor
   - 마케팅(4P): Product, Price, Promotion, Place
   - 제조(4M): Man, Machine, Material, Method
   - 역할행동(CARE): Capability, Authority, Responsibility, Evaluation

5. MECE의 반대 개념을 이용하는 방법
   - 하나와 하나 이외의 깃
   - 질과 양
   - 가치와 비용
   - 장점과 단점

6. MECE의 구성요소와 순서를 이용하는 방법
   - 과거, 현재, 미래
   - Plan, Do, See
   - R&D, 생산, 영업

7. MECE를 이용하여 로직트리를 작성할 수 있으며, 로직트리란 주어진 주제에 대하여 서로 논리적 연관성이 있는 하부 내용들을 나무 모양으로 전개하는 것을 말한다.

8. 로직트리의 효과
   - 논리적 사고를 촉진하고 폭 넓은 아이디어를 창출할 수 있다.
   - 각 내용의 인과관계를 분명히 알 수 있다.
   - 누락이나 중복을 사전에 방지할 수 있다.
   - 원인이나 해결책을 조기에 확인할 수 있다.

9. 로직트리를 작성하는 방법
   - 로직트리 작성의 목적을 분명히 하고 목적에 맞는 세분화 기준을 설정해야 한다.
   - 인과관계와 MECE의 원칙하에 세분화를 실시한다.
   - 각각을 2~3개의 요소로 세분화한다.
   - 각각을 MECE하게 세분화하기 어려우면 빈칸으로 남겨 두고 나중에 생각한다.
   - 더 이상 세분화되지 않는 단계까지 세분화한다.
   - 빈칸으로 둔 곳을 생각하여 채워 넣는다.
   - 상하 간의 인과관계와 동일 Level 간의 MECE를 확인한다.

10. 원인분석 로직트리
   - 원인분석 로직트리는 원인분석을 위해 사용할 수도 있고, 해결책을 도출하는 데도 활용될 수 있다.
   - 동일 Level 간에는 MECE하고, 상하 간은 'Why?'라는 인과관계를 통해 세분화한다.
   - 상하 요소가 발생한 이유를 계속해서 'Why?'라는 질문을 통해 들어가면 숨어 있는 근본적인 원인을 찾을 수 있다.

11. 해결책 수립의 로직트리
   - 동일 Level 간에는 MECE하고, 상하 간은 'So How?'라는 인과관계를 통해 세분화한다.
   - 해결책이 표적을 벗어나지 않게 하며, 바로 행동으로 이어질 수 있는 구체적인 수준의 해결책을 얻을 수 있다.

12. 주제를 정하면 관련 주제에 대해서 로직트리를 구성해서 논리적인 구성을 잡는 작업이 필요하다.

13. 마인드맵 프로그램을 이용하여 MECE의 원칙으로 자료를 체계적으로 정리할 수 있다.

연습문제

1. 자신이 속한 학과의 교과과정에 대해 MECE를 이용해 로직트리를 마인드맵을 이용하여 작성하시오.

[설명] 정답의 풀이과정은 다음과 같다.

1) 학과의 교과과정에 대한 자료를 수집한다.
2) 교과과정의 큰 범주에 따라 해당 교과목을 분류한다.
3) 각 분류의 범주에 빠진 교과목이 있는지 확인한다(MECE).
4) 마인드맵 프로그램을 이용하여 로직트리 그림을 작성한다.

Part II

워드 2010을 활용한
리포트 작성

CHAPTER 3

리포트와 논문의 기본 구성 및 작성법

학습목표

- 글의 기본적인 구성에 대해서 알 수 있다.
- 글을 체계적으로 작성하는 방법을 알 수 있다.

1. 글의 구상

글은 감정의 폭과 사고력의 깊이를 표현하는 수단으로, 말과 더불어 내면의 세계를 표현하는 중심적인 수단이다. 또한 대학 시절은 그 어느 때보다도 글쓰기의 부담이 늘어나는 기간이다. 이는 학업의 많은 부분이 글쓰기의 과정을 거쳐 평가되기 때문이다. 글은 시험과 보고서, 논문이라는 형식을 통하여 대학생활의 학업성취도를 증명하는 방법으로, 강의내용과 과제들을 소화하여 자신의 언어로 다시 만들어내는 글쓰기 과정이야말로 학업의 최종적 단계이며, 그래서 그 성취도의 유효한 척도가 된다. 또한 직장생활의 많은 업무들이 글쓰기를 통하여 이루어지며, 짧은 이메일부터 기획서와 보고서에 이르기까지 다양한 형태로 드러나는 글쓰기 능력은 전문적 능력의 판단 척도로서 작용하게 된다.

이러한 글쓰기의 어려움을 완화시킬 수 있는 방법과 효율적인 글쓰기 과정이 어떤 것인가를 알아보는 것은 대학생활의 있어서 필수적인 중요한 과정이 된다. 글을 작성하기 전에 작성할 글에 대한 구상을 해야 되며, 구성의 작업은 일반적으로 다음의 과정을 수행한다.

1) 문제 설정

(1) 글에서 다룰 문제를 설정하는 단계

주제가 제대로 설정되어 있는지를 확인하기 위해서는 연구질문을 작성해 보면 된다. 연구질문은 다음의 3단계로 구성된다.

① 주제를 명명한다: 나는 _____을 연구한다/관심을 가지고 있다/알아보고 싶다.
② 질문을 작성한다: 나는 _____을 연구하고 있다. 왜냐하면 나는 누구/무엇을/언제 /어디서/왜/어떻게 _____하였는가 알고 싶기 때문이다.
③ 질문의 동기를 밝힌다: 왜/어떻게 _____하는지(아닌지)를 이해하기 위해서이다.

(2) 중요하고 참신한 문제의 착상

작성하고자 하는 글에 대한 깊이 있는 통찰과 텍스트에 대한 폭넓은 검토를 거쳐 자신만의 고유한 문제의식을 가지고 글에서 다룰 중요하고 참신한 문제를 착상한다.

(3) 착상된 문제를 명확하게 표현

글 전체 내용의 통일성과 일관성 있게 확보할 수 있도록 문제를 명확하게 표현해야 한다.

(4) 문제를 논의하기 위한 구체적인 세부 과제의 제시

설정된 문제를 논의해 나가기 위해서는 문제를 세분화하고 이를 검토할 수 있는 구체적인 과제를 제시해야 한다.

(5) 세부 과제들 간의 비중과 논리적 연결 관계를 검토

구체적으로 제시된 세부 과제들이 둘 이상일 경우, 세부 과제들 간의 비중을 가늠해서 좀 더 중요한 과제에 더 많은 비중을 두고 논의한다.

세부 과제들 간의 논리적 연결 관계를 고려한다.

2) 주장 정립 및 근거 확보

(1) 근거 확보 단계

글에서 다룰 문제가 설정되었다면 설정된 문제에 대한 주장을 정립하고 적절한 근거를 확보하는 단계이다.

(2) 문제의 물음에 호응하는 대답을 주장으로 설정

설정된 문제가 제기하는 물음에 직접적으로 호응하는 대답을 주장으로 설정하기 위해서 가급적 문제에 대한 구체적인 주장을 제시하도록 한다.

(3) 주장은 명확하게 표현

주장은 수사학적으로 장황한 문장을 피하고 간결한 두 세 문장으로 명확하게 표현한다.

(4) 선택 가능한 입장들을 포괄적으로 고려한 후 주장을 선택

좋은 학술 에세이의 특징 중 하나는 다양한 관점에서 문제에 대한 포괄적인 접근을 시도한다는 것이므로, 정치·경제·사회·문화의 영역 등 문제에 대한 폭넓은 접근을 시도해서 그 중 신중하게 주장을 선택해야 한다.

(5) 적절한 근거에 기초하여 자신의 입장을 소신 있게 주장

자신의 입장을 소신 있게 주장하기 위해서는 무엇보다 적절한 근거를 확보하려는 노력이 필요하다.

(6) 근거이 올바름을 합리적 수용 가능성에 비주어 판단

이성적인 사람이라면 누구나 승인할 수밖에 없는 근거를 제시해야 한다.

(7) 근거와 주장 간의 관계를 타당성에 비추어 판단

주장의 옳음을 입증하기 위해서는 필연적이거나 개연적으로 주장을 뒷받침하는 근거가 제시되어야 한다.

3) 개요 작성

(1) 개요 작성 단계
글의 구상 과정은 최종적으로 개요를 작성하는 것으로 압축될 수 있다.

(2) 가급적 완결된 문장의 형태로 개요를 작성
개요를 작성할 때에는 문제나 주장 및 근거로 삼을 구체적인 논의 내용을 가급적 완결된 문장의 형태로 서술해 두는 것이 좋다.

(3) 내용적 유관성을 고려하여 각각의 문단을 형성
구체적인 논의 내용들 가운데서 서로 연관되거나 중복된 내용들을 묶거나 삭제함으로써 각각의 문단을 형성한다.

(4) 전체 논증 구조에 따라 문단들 간의 논의 순서를 결정
학술 에세이가 하나의 통일된 글이 되기 위해서는 의미 연관을 가진 문장들이 모여 하나의 문단을 형성하는 것과 더불어, 문단들 역시 서로 논리적 연관을 맺으면서 하나의 문제에 대한 주장과 근거 즉 전체적인 논증 구조를 이루는 것이 중요하다.

(5) 각 문단의 비중에 따라 분량을 가늠
문단들 가운데는 비중이 높은 것과 낮은 것이 있으므로 비중에 따라 논의의 분량을 정한다.

4) 개요 작성 방법

글의 구성은 크게 보면, '도입-본론-마무리'의 3단 구성으로 되어 있다.

도입에서는 문제를 설정하고, 이 문제가 왜 논의될 필요가 있는지에 관한 언급을 한다. 또한 문제가 발생하게 된 배경을 구체적으로 언급하고 이와 관련시켜 문제를 부각시킨다.

본론에서는 설정된 문제에 대한 답으로서 제시하는 주장이 설득력 있음을 논증하는 과정을 보인다.

마무리에서는 논의 전체를 요약하면서, 자신의 주장이 실현될 경우 어떠한 의의를 가질 수 있는지 언급해야 한다.

흔히 글에서 각 내용에 맞는 제목을 쓰지 않고 단순히 '1. 도입 2. 본론 3. 마무리'와 같이 쓰는 경우가 많은데, 이러한 명칭은 글의 논리적 구성을 가리키는 말에 지나지 않으므로 각 부분의 내용에 맞게 적절한 제목을 개요를 작성할 때 생각해 두는 것이 좋다.

5) 개요 작성의 예

(1) 문제
현재 각 대학에서 실시하고 있는 영어 강의의 문제점과 그에 대한 해결책은 무엇인가?

(2) 주장
대학의 영어 강의는 현실적으로 실효성이 있는 방향으로 개선되어야 한다.

(3) 도입
- 최근 글로벌 인재 양성을 위하여 대학마다 영어 강의가 확산되고 있다.
- 대학 평가에 있어 영어 강의의 비율로 평가하려는 시도가 있어 영어 강의가 더욱 확대될 예정이다.
- 영어 강의 시행에 있어서 여러 문제점이 나타나고 있어 이에 대한 대책이 요구된다.

(4) 영어 강의의 문제점
- 현재 진행되고 있는 영어 강의는 그 실효성에 있어서 문제가 제기될 수 있다.
  - ▸ 외국어를 능숙하게 구사하지 못하는 상황에서는 체계적이고 깊이 있는 학습이 어렵다.
  - ▸ 교수와 학생, 학생들 사이의 원활한 의사소통이 이루어지기 어렵다.

- 영어 강의의 교육목표가 영어를 잘하게 하기 위해서인지 아니면 심화된 전공을 가르치기 위해서인지 명확하지 않다.
  - ▸ 영어를 잘하게 하기 위해서라면 영어회화 강의를 수준별로 다양하게 개설하면 된다.
  - ▸ 심화된 전공을 가르치기 위해서는 영어 이외의 다른 방안들을 강구해야 한다.
- 영어 강의를 하기 위한 교수 및 학생들의 준비가 부족하여 강의 및 수강에 대한 준비가 부족하다.

(5) 해결 방안
- 모든 수업으로 영어 강의를 확산하기보다 대학의 실용 외국어 강좌에 우선적으로 적용해야 한다.
- 같은 교과목에 대한 영어 강의 및 한국어 강의의 학습성취도를 평가하여 어떤 방식의 수업이 우수한지 평가를 수행한 후 그에 따른 원어 강의를 실시해야 한다.

(6) 마무리
- 영어 강의의 양적 확대에 주력하기보다는 대학 교육에 있어서 그 실용성과 효과성을 고려하여 수행되어야 하며, 더불어 실용적인 외국어 학습에 집중할 필요가 있다.
- 영어 강의가 대학의 글로벌화와 세계적 대학으로의 성장인지 재점검할 필요가 있다.

2. 글의 작성

대학에서 글을 작성할 때 일반적으로 도입, 본론, 마무리로 구분되며, 각 부분은 다음과 같은 내용으로 구성된다.

1) 도입

① 도입부분에서는 그 글이 전체적으로 무슨 내용을 담고 있는지 짐작할 수 있는 내용들을 제시해야 하며, 다음의 사항들을 고려해야 한다.
- 이 글을 쓰는 목적은 무엇인가?
- 어떤 내용을 다루고자 하는가?
- 어떤 방식으로 접근할 것인가?

② 도입의 전반부에서 문제에 대한 독자의 관심을 유도하며, 이 관심이 문제의 핵심으로 연결되도록 유도해야 한다.
- 연구문제가 어떤 큰 맥락에서 생겨났는지, 다른 연구주제와는 어떤 연관성이 있는지를 밝히는 단계이다.
- 기존의 연구사를 요약해주거나 통용되는 정설을 제시한다.
- 연구주제 전반에 대한 공감대를 형성하기 위하여 연구문제에 대하여 학계가 공감하고 있는 문제의식이나 모든 학자들이 수긍하는 기정 사실 등을 언급해 주는 것도 좋은 방법이다.

③ 도입의 후반부에서 본론의 내용과 방향을 암시하며, 논의 주제 혹은 문제를 설정한다.
- 기존의 연구성과 정리에서 방향을 전환하여 자신의 연구주제를 부각시키는 단계이다.
- 1단계에서 기존 연구 성과를 소개함으로써 안정적인 지식기반이 형성되었다면, 문제제기 단계에서는 다시 이것을 교란한다. 이때 흔히 쓰이는 방법은 "그러나, 하지만, 한편" 등과 같은 접속사를 사용하여 균형을 깨는 것이다.

④ 필요에 따라 자신의 견해 제시 혹은 글의 전개 순서를 언급할 수 있다.

⑤ 도입을 시작하는 방식은 다음과 같다.
- 용어를 풀이하거나 정의하면서 시작하기
- 요즘 일어난 화제나 사건, 상황 등을 이야기하며 시작하기

- 문제의 배경 설명으로 시작하기
- 독자의 관심을 끌 수 있는 흥미로운 발상으로 시작하기
- 적합한 속담이나 격언을 인용하며 시작하기
- 개인적인 경험이나 사실을 구체적으로 진술하며 시작하기
- 독자의 관심을 자극하는 질문을 던지며 시작하기
- 글의 범위나 목적과 방향 따위를 소개하며 시작하기

2) 본론

① 도입에서 설정한 문제나 본론 첫 부분에서 구체적으로 제시한 세부 과제(들)에 대해서 자신의 주장을 밝히고, 자신이 왜 그렇게 주장하는지를 입증하는 곳이다.
② 논지전개의 기본요소는 다음과 같다.
- 주장: 연구자가 독자에게 말하고자 하는 것
- 근거: 주장을 떠받치는 증거
- 가정: 일반적 원리원칙. 주장의 근거로서 제시한 것이 근거로서 왜 합당한 것인가 설명하여 주는 전제
- 단서: 제기한 주장과 근거의 관련성을 방해하는 요소가 있음을 인정함으로써 주장과 근거를 좀 더 정확하게 만드는 것
③ 핵심 문제 혹은 세부 과제를 제시하되, 주장은 분명해야 하고 실질적 내용을 담고 있어야 한다.
④ 폭넓고 깊이 있는 근거를 제시하여 주장과의 관계가 명료하게 드러날 수 있도록 해야 한다.
⑤ 중심 생각에 따라 문단을 나눈다.
- 문단이란 하나의 중심 생각 아래 묶일 수 있는 문장들의 집합이자, 하나의 중심 생각으로 수렴되는 사고의 단위이다.
⑥ 문단들 간의 짜임새를 고려한다.

- 문단들 간의 논리적 연관성이 드러나야 한다.
- 앞의 문단을 바탕으로 뒤의 문단이 전개됨으로써 자신이 논의하고자 하는 내용이 점차 심화되는 방식을 취해야 한다.

⑦ 예상되는 반론 검토 및 자기 입장을 옹호한다.

3) 마무리

① 마무리가 담아야 할 내용은 문제에 대한 환기와 주장 및 근거의 제시 그리고 전체적인 함축이나 전망을 담아야 한다.
② 마무리의 전반부에서 자신의 주장을 논의 주제 혹은 설정된 문제와 연결시킨다.
③ 마무리의 후반부에서 자신의 주장이 지닌 함축이나 전망을 제시한다.
④ 마무리 쓰기의 주의사항은 다음과 같다.
- 상투적인 방식에서 벗어나야 한다.
- 본론의 내용을 요약할 경우 간략하게 재구성하거나 일반화해서 표현한다.
- 논증 구조를 무너뜨릴 수 있는 말은 쓰지 않도록 한다.
- 자신의 주장을 강조하되, 사회적 의미나 실현 방향 등을 함께 제시한다.
- 추상적인 목표만 제시하지 말고 구체적인 방안까지 제시한다.
- 도덕적 훈계와 당위적 주장에서 벗어나야 한다.

3. 글의 수정

글에 대한 수정은 좋은 글을 산출하기 위한 중요한 작업이다.

1) 수정 작업의 기본 원칙

① 논의 주제 혹은 설정된 문제와 관련이 없거나 논의 내용에 직접적으로 연관되지 않는 부분들이 있는지를 검토하고 수정한다.

② 제3자의 입장에서 표현이나 접속어들이 적절한지 검토하고, 근거가 자신의 주장을 지지하고 있는지를 확인함으로써 논리적 연결이나 논리적 비약에 약점이 있는 부분을 보완한다.

③ 큰 것에서부터 시작하여 작은 것으로 나아가는 (거시적인 구조→장→절→문단→문장→단어 순)하향식 검토방식이 상향식 검토방식보다 더 효과적이다.

2) 수정 작업의 구체적인 검토 사항들

(1) 글 전체의 통일성 검토
- 설정된 문제가 자신의 문제의식을 잘 나타내고 있는가?
- 명확하게 서술된 주장이 있는가?
- 주장이 문제와 관계없는 엉뚱한 방향으로 빗나가 버리지 않았는가?
- 문제를 논의하는 부분 이외의 다른 부분이 오히려 더 부각되지는 않았는가?

(2) 문단 구성의 논리성
- 도입에서 주의를 환기하는 부분이 설정된 문제와 어긋난 것은 아닌가?
- 본론에 배열되어 있는 문단들의 순서는 체계적인가?
- 각 문단의 분량이 너무 길거나 짧아 전체의 균형을 잃은 것은 아닌가?
- 문단과 문단을 연결하는 매개문이 맥락에 맞게 사용되었는가?
- 논의 전개상 불필요한 문단이 들어있지 않은가?
- 각 문단은 중심 문장과 뒷받침 문장으로 구성되어 있는가?
- 논증의 근거(들)는 모두 올바른 것인가?
- 근거(들)가 주장을 효과적으로 뒷받침해주고 있는가?
- 문장과 문장을 연결하는 접속어에는 문제가 없는가?

(3) 개별 문장의 명확성이나 표현 검토

- 각 문장이 뜻하는 바는 명확한가?
- 의미 없는 동어반복식의 문장은 없는가?
- 더 간결하게 표현할 수 있는 문장은 없는가?
- 쓸데없이 추상적이고 어려운 단어를 남발하고 있지 않는가?
- 문법적으로 올바른 문장인가? 특히 주어와 술어가 잘 호응하고 있는가?
- 문장 부호는 바르게 쓰였는가?
- 맞춤법에 어긋나는 곳은 없는가?

3) 좋은 글이 되기 위한 점검 사항

(1) 내용

- 내용이 사실과 진실을 전달하고 있는가?
- 내용이 독창성을 가지고 있는가?
- 내용이 가치 있는 정보나 감동을 주는 정서를 전달하는가?

(2) 문장과 표현

- 맞춤법에 맞는가?
- 문맥에 맞는 적절한 표현들을 사용하고 있는가?
- 불필요한 반복이나 상투적인 표현들을 배제하고 있는가?
- 표현하고자 하는 내용에 알맞으면서 참신한 문장과 표현인가?

(3) 구성

- 글의 중심생각이 분명하게 전달되고 있는가?
- 글의 모든 요소들이 글의 중심생각을 효과적으로 전달하는데 기여하는가?
- 글의 연결이 필연성을 가지면서도 자연스러운가?

4. 설문지 작성 및 설문 수행

어떤 자료에 대해 조사하기 위해 설문 조사를 이용하게 된다. 설문조사는 그 내용에 대해서 이미 일정한 정보와 지식을 가지고 있는 것으로 생각되는 특정 대상에게 질문을 하고 그 결과를 통합하고 분석하여 더욱더 신뢰성 있는 글을 작성하는 데 이용할 수 있다. 구글(www.google.com)에서는 웹에서 편집 가능한 문서 작성 기능을 제공하고 있는데, 이를 이용하면 웹을 통해 설문지를 간단히 작성할 수 있다.

① http://docs.google.com으로 이동하고 로그인 한다.

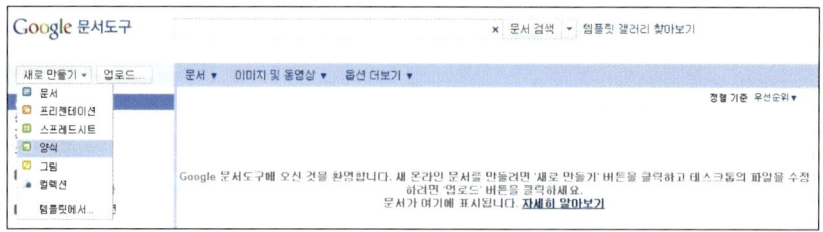

② 우측 상단의 새로 만들기에서 양식을 선택한다.

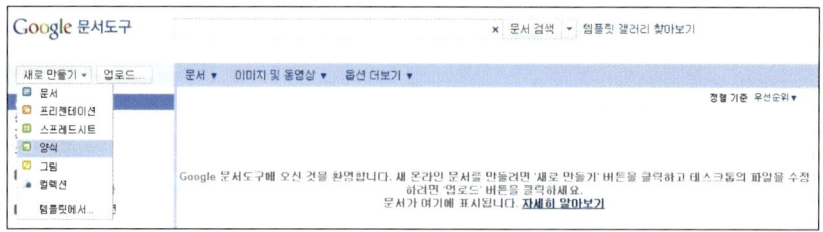

③ 양식 화면이 나타나는 것을 확인한다.

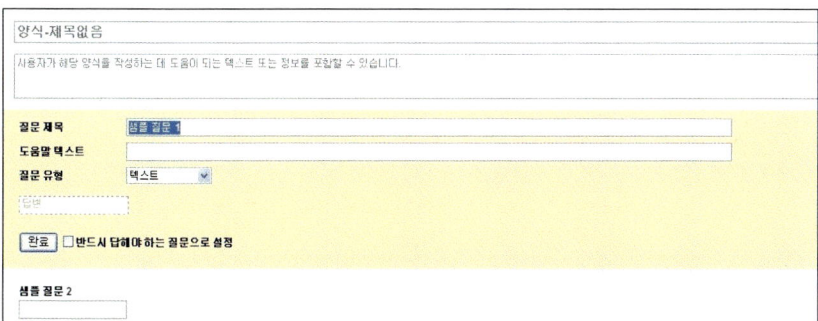

④ 양식 제목을 "수업에 관한 설문 조사"라고 입력하고 "텍스트" 형태의 질문을 추가한다.

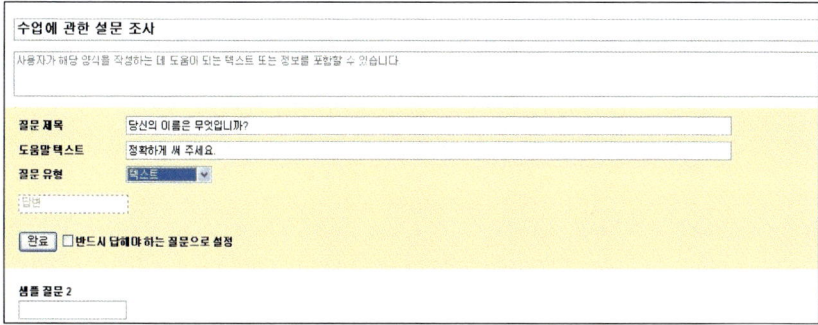

⑤ 완료 버튼을 누르면 해당 질문이 완성된다.

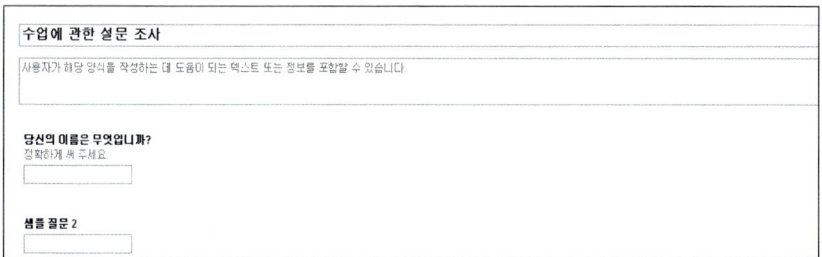

⑥ 마우스를 질문 근처로 가져가면 수정, 복사, 삭제 버튼이 나타난다.

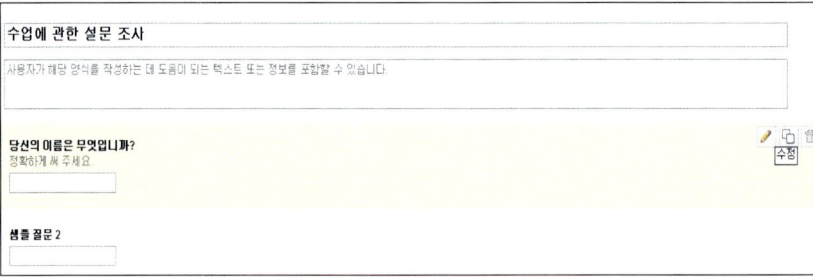

⑦ "단락테스트" 형태의 질문을 추가한다.

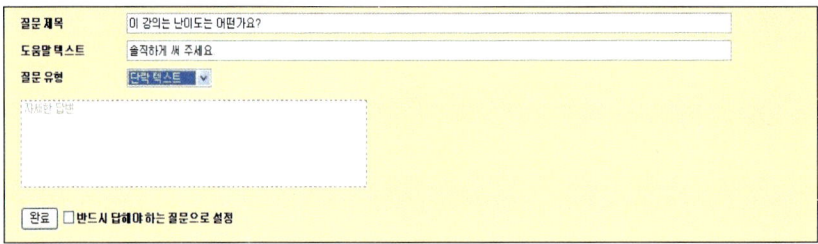

⑧ 질문을 3개 이상 만들 때 상단의 "항목 추가" 버튼을 이용한다.

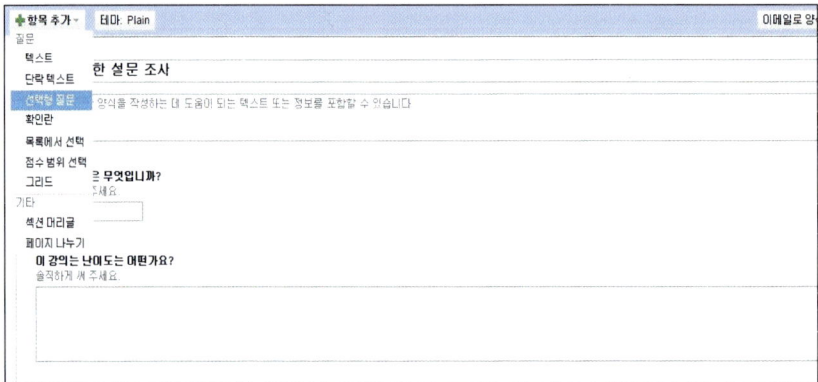

⑨ "선택형 질문" 형태의 질문을 추가한다.

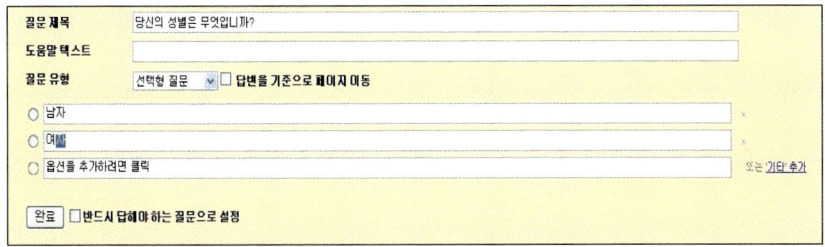

⑩ "확인란" 형태의 질문을 추가한다.

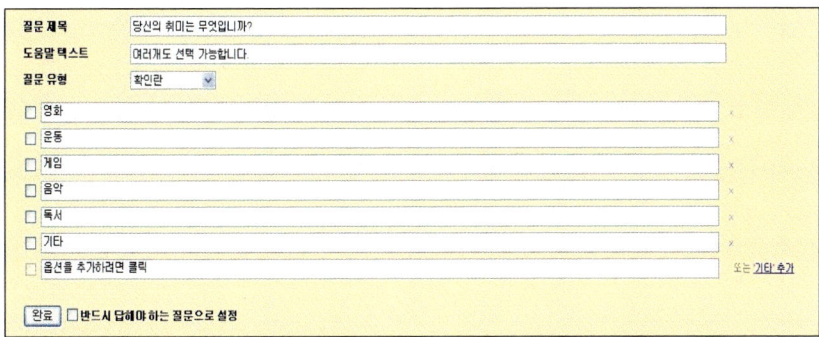

⑪ "목록에서 선택" 형태의 질문을 추가한다.

⑫ "점수범위에서 선택" 형태의 질문을 추가한다.

질문 제목	이 강의는 많이 유용한가요?
도움말 텍스트	
질문 유형	점수 범위 선택 ▾
점수 범위 선택	1 ▾ ~ 5 ▾

라벨 - 선택사항

| 1: | 전혀 그렇지 않다 |
| 5: | 매우 그렇다 |

[완료] ☐ 반드시 답해야 하는 질문으로 설정

⑬ "그리드" 형태의 질문을 추가한다.

질문 제목	당신은 어떤 휴대폰을 사용하고 있나요?
도움말 텍스트	
질문 유형	그리드 ▾
열	5 ▾
열 1 라벨	삼성
열 2 라벨	LG
열 3 라벨	스카이
열 4 라벨	KTFT
열 5 라벨	기타
행 1 라벨	스마트폰
행 2 라벨	일반폰
행 3 라벨	기타
	옵션을 추가하려면 클릭

[완료] ☐ 반드시 답해야 하는 질문으로 설정

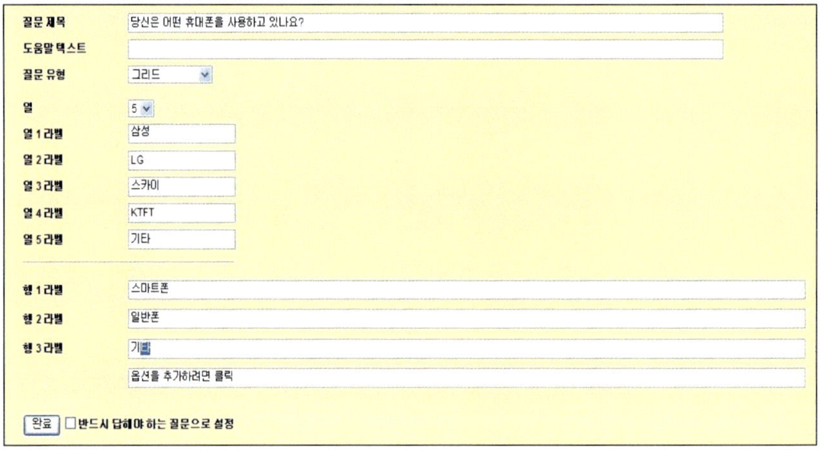

⑭ 맨 아래의 링크를 클릭하여 게시된 양식을 확인한다.

당신은 어떤 휴대폰을 사용하고 있나요?

	삼성	LG	스카이	KTFT	기타
스마트폰	○	○	○	○	○
일반폰	○	○	○	○	○
기타	○	○	○	○	○

여기에서 게시된 양식을 확인할 수 있습니다. https://spreadsheets.google.com/viewform?formkey=dDFTQktQTWJrbThIZzNlgemdfTnBOaVE6MQ

수업에 관한 설문 조사

당신의 이름은 무엇입니까?
정확하게 써 주세요

이 강의는 난이도는 어떤가요?
솔직하게 써 주세요

당신의 성별은 무엇입니까?
○ 남자
○ 여자

당신의 취미는 무엇입니까?
여러개도 선택 가능합니다
☐ 영화
☐ 운동
☐ 게임
☐ 음악
☐ 독서
☐ 기타

무슨 학과 인가요?
유아교육과 ▾

이 강의는 많이 유용한가요?

	1	2	3	4	5	
전혀 그렇지 않다	○	○	○	○	○	매우 그렇다

당신은 어떤 휴대폰을 사용하고 있나요?

	삼성	LG	스카이	KTFT	기타
스마트폰	○	○	○	○	○
일반폰	○	○	○	○	○
기타	○	○	○	○	○

Submit

Powered by Google Docs

Report Abuse - Terms of Service - Additional Terms

⑮ 링크 주소를 직접 보내거나, 메일로 링크와 함께 설문을 보낼 수 있다.

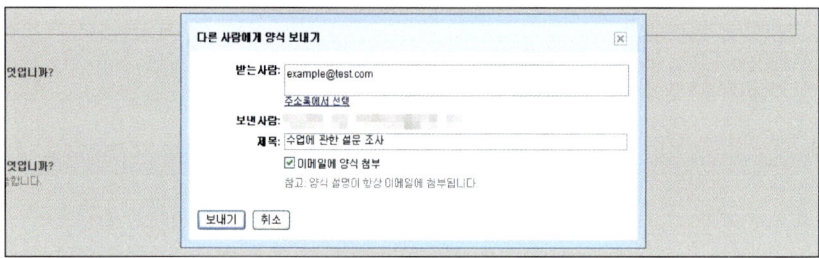

⑯ 응답결과를 알아본다.

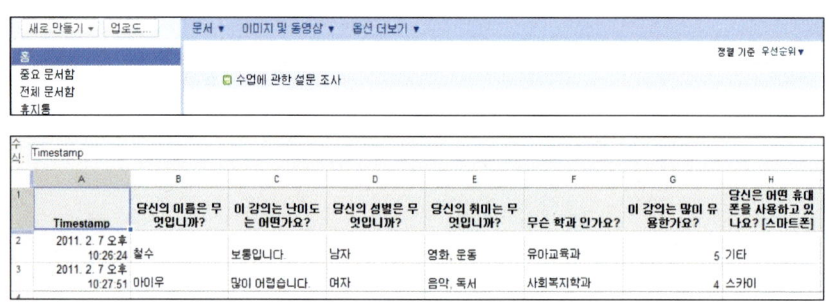

1. 글은 감정의 폭과 사고력의 깊이를 표현하는 수단으로, 말과 더불어 글은 내면의 세계를 표현하는 중심적인 수단이다.

2. 글을 작성하기 전에 작성할 글에 대한 구상을 해야 한다.
   - 문제 설정
     ‣ 주장 정립 및 근거 확보
     ‣ 개요 작성

3. 글은 일반적으로 도입, 본론, 마무리로 구분되며, 각 부분은 다음과 같은 내용으로 구성된다.

4. 도입
   - 글이 전체적으로 무슨 내용을 담고 있는지 짐작할 수 있는 내용들을 제시
   - 전반부에서 문제에 대한 독자의 관심을 유도하며, 이 관심이 문제의 핵심으로 연결되도록 유도
   - 후반부에서 본론의 내용과 방향을 암시하며, 논의 주제 혹은 문제를 설정

5. 본론
   - 도입에서 설정한 문제나 본론 첫 부분에서 구체적으로 제시한 세부 과제(들)에 대해서 자신의 주장을 밝히고, 자신이 왜 그렇게 주장하는지를 입증한다.
   - 핵심 문제 혹은 세부 과제를 제시하되, 주장은 분명해야 하고 실질적 내용을 담고 있어야 한다.
   - 폭넓고 깊이 있는 근거를 제시하여 주장과의 관계가 명료하게 드러날 수 있도록 해야 한다.
   - 중심 생각에 따라 문단을 나누고, 문단들 간의 짜임새를 고려한다.

6. 마무리
   - 마무리가 담아야 할 내용은 문제에 대한 환기와 주장 및 근거의 제시 그리고 전체적인 함축이나 전망을 담아야 한다.
   - 마무리의 전반부에서 자신의 주장을 논의 주제 혹은 설정된 문제와 연결시킨다.
   - 마무리의 후반부에서 자신의 주장이 지닌 함축이나 전망을 제시한다.

7. 수정 작업의 구체적인 검토 사항들
  • 글 전체의 통일성 검토
  • 문단 구성의 논리성
  • 개별 문장의 명확성이나 표현 검토

1. 리포트의 주제를 정하고, 그 주제에 맞는 연구질문을 작성하시오.

   [설명] 정답의 풀이과정은 다음과 같다.

   각자 본인이 가장 잘 알거나 관심 있는 분야에서 리포트 주제를 정하고 그에 대한 연구질문을 작성하면 된다. 연구질문은 다음의 질문에 답할 수 있도록 아래의 빈 칸에 적당한 내용을 작성하면 된다.

   ① 주제를 명명한다: 나는 _____을 연구한다/관심을 가지고 있다/알아보고 싶다.
   ② 질문을 작성한다: 나는 _____을 연구하고 있다. 왜냐하면 나는 누구/무엇을/언제 /어디서/
      왜/어떻게 _____하였는가 알고 싶기 때문이다.
   ③ 질문의 동기를 밝힌다: 왜/어떻게 _____하는지(아닌지)를 이해하기 위해서이다.

2. 1번에서 주제로 설정한 내용에 대해서 개요를 작성하시오.

   [설명] 정답의 풀이과정은 다음과 같다.

   개요의 작성방법을 참고하여 개요를 작성 해보자.

3. 자신의 학과와 관련되어 필요한 설문지를 계획하고 구글 문서도구를 이용해 만드시오.

1. 서식 파일 및 문서 꾸미기

1) 서식파일을 이용한 문서 만들기

새로운 문서를 작성할 때, 기본 양식이 구성되어 있는 서식 파일을 이용하여 문서 작업을 하게 되면 쉽고 간편하게 멋진 문서를 만들 수 있다. 특히 MS워드 2010에서는 기존의 프로그램들보다 다양한 서식파일을 제공하고 있다.

① [파일]-[새로 만들기] 버튼을 클릭하면 다양한 서식파일을 볼 수 있다.
② 빈 문서를 만들기 위해서는 [사용 가능한 서식 파일]에서 [새 문서]를 클릭하고 오른쪽에서 [만들기] 버튼을 클릭하면 된다.

이외에도 계약서, 계획, 구매 주문서, 달력, 레이블, 메모, 명세서, 명함, 목록, 보고서, 봉투, 브로슈어, 비용 보고서, 상품권, 생활, 송장, 수상 경력, 양식, 엽서, 영수증, 인사 말 카드, 일정, 작업 시간표, 재고, 전단, 정부 행정 서식, 직무 기술서, 초대장, 편지, 편지지, 플래너, 회의 안건, 회의록, 팩스, 회보, 이력서 및 CV, 기타 서식 파일이 있다.

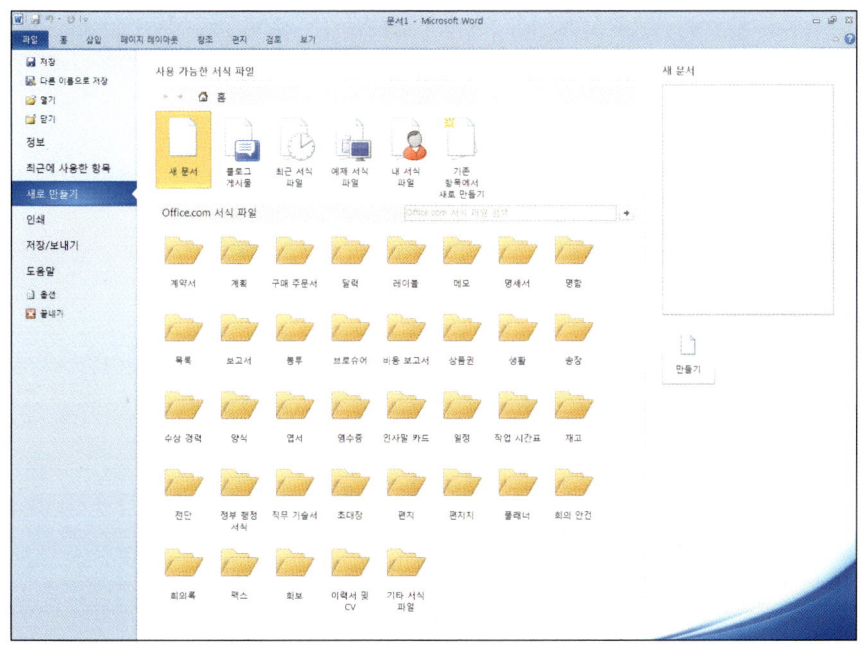

③ 만약 이력서를 작성하고자 한다면, [파일]-[새로 만들기]를 클릭한 후 [Office.com 서식 파일]에서 [이력서 및 CV]를 클릭한다.

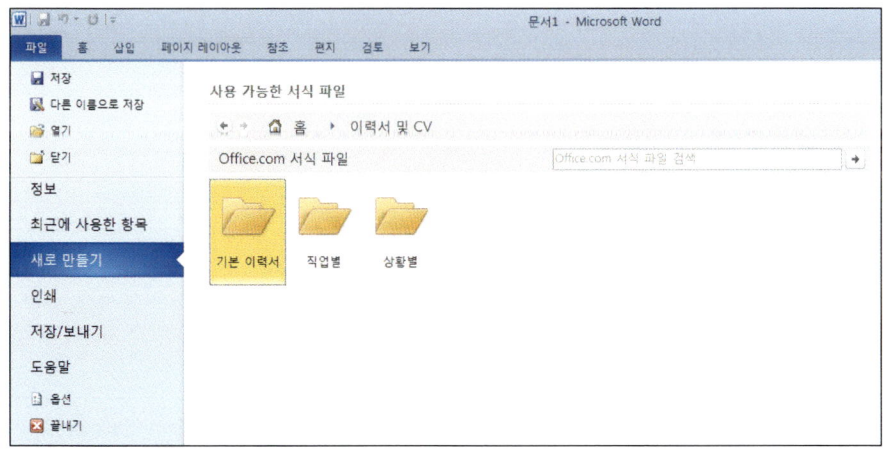

④ [이력서 및 CV] 항목 아래에는 [기본 이력서], [직업별], [상황별] 분류가 있으며, 이중 [기본 이력서]를 클릭하면 다양한 이력서 양식을 볼 수 있다. 이 중 원하는 이력서 양식을 선택한 후, 오른쪽 창에서 [다운로드] 버튼을 클릭하면 된다.

⑤ 오른쪽 창에서는 파일의 크기와 선호도의 등급을 알 수 있다.

⑥ 오른쪽 창의 [다운로드] 버튼을 클릭하면, [서식 파일 다운로드 중]이라는 대화상자가 나온 후 선택한 서식파일이 다운로드 된 것을 확인할 수 있다.

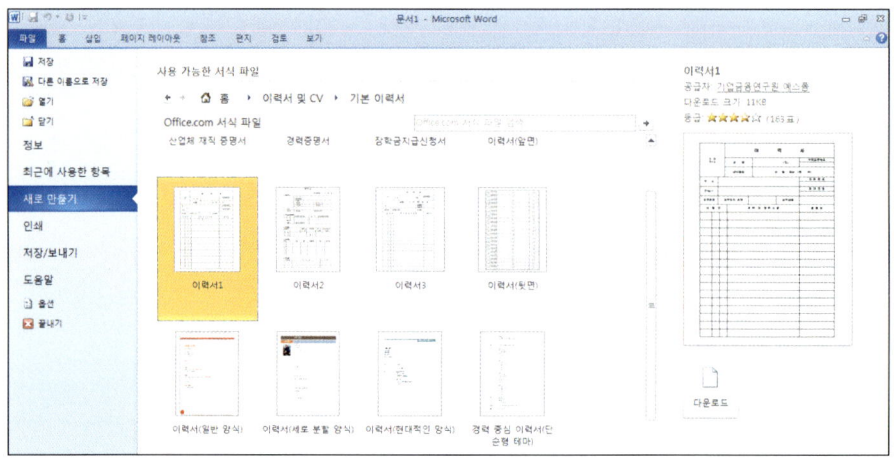

이러한 방식으로 다양한 서식 파일들을 다운받아 쉽게 관련 파일들을 작성할 수 있다.

2) 테마 적용하기

테마란 문서에 적용할 수 있는 테마 색, 글꼴, 표, 차트, 도형 및 다이어그램 등과 같은 일러스트레이션 개체에 적용되어 있는 다양한 효과를 하나로 모아 놓은 집합이다. 테마를 이용하여 색, 글꼴, 효과를 일괄적으로 변경하거나 혹은 색, 글꼴, 효과의 각각에 대해 변경할 수 있다. 테마는 다음과 같이 변경할 수 있다.

① [페이지 레이아웃] 탭-[테마] 그룹에서 [테마] 버튼을 클릭하면 다양한 테마들을 볼 수 있다.

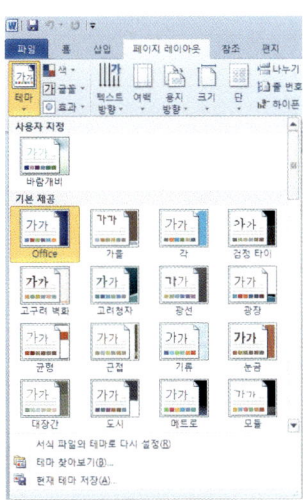

② 이러한 테마 중에서 원하는 테마를 선택하면 지정되어 있는 색, 글꼴, 효과가 동시에 적용된다.
③ 다음은 [페이지 레이아웃] 탭-[테마] 그룹-[테마] 명령-[눈금]을 클릭하여 기존의 파일에 [눈금] 테마를 적용한 것이다.
④ 색, 글꼴, 효과가 변경되어 같은 문서이지만 다른 느낌을 주는 것을 알 수 있다.

⑤ 색, 글꼴, 효과에 대해서 각기 다른 테마를 적용하려면 [페이지 레이아웃] 탭-[테마] 그룹-[색], [페이지 레이아웃] 탭-[테마] 그룹-[글꼴], [페이지 레이아웃] 탭-[테마] 그룹-[효과]를 클릭하여 원하는 항목을 선택하면 된다.

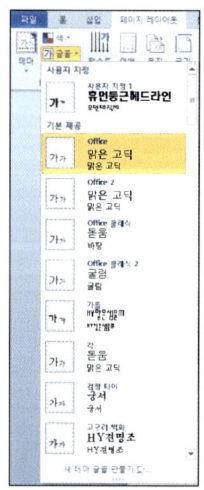
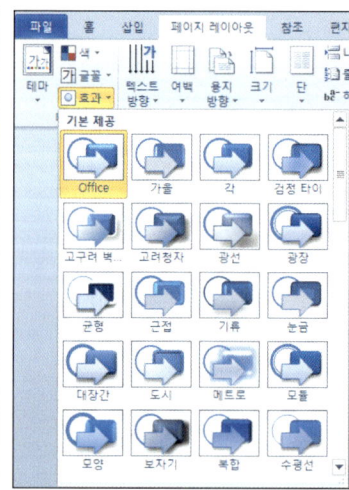

3) 페이지 색 및 테두리 설정

리포트를 작성할 때 리포트 배경의 색을 설정할 수 있다. 설정할 수 있는 배경색으로는 단색 이외에도 그라데이션, 질감, 무늬, 그림 등을 지정할 수 있다.

① [페이지 레이아웃] 탭-[페이지 배경] 그룹-[페이지 색] 명령을 클릭하여 페이지 색을 설정할 수 있다.

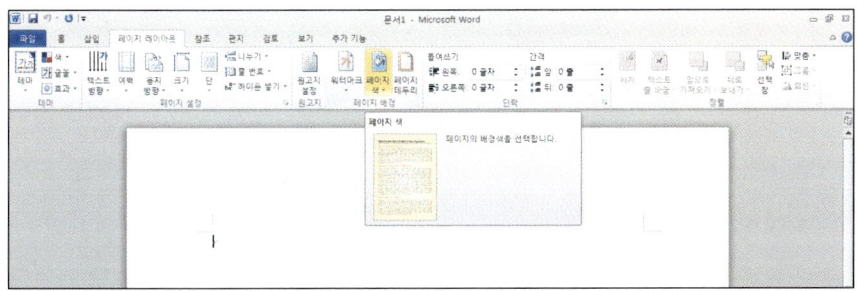

② 바탕색을 '바다색, 강조 5, 80% 더 밝게'로 설정하기 위해서 [페이지 레이아웃] 탭-[페이지 배경] 그룹-[페이지 색]- '바다색, 강조 5, 80% 더 밝게'를 선택하면 된다.

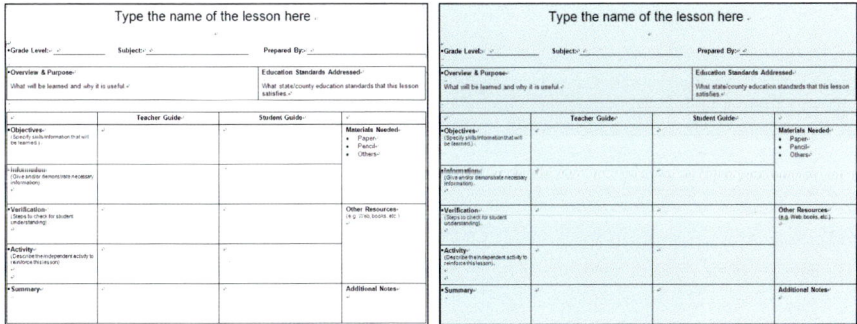

③ 그라데이션, 질감, 무늬, 그림 등을 설정하기 위해서는 [페이지 레이아웃] 탭-[페이지 배경] 그룹-[페이지 색]-[채우기 효과] 명령을 클릭한다.

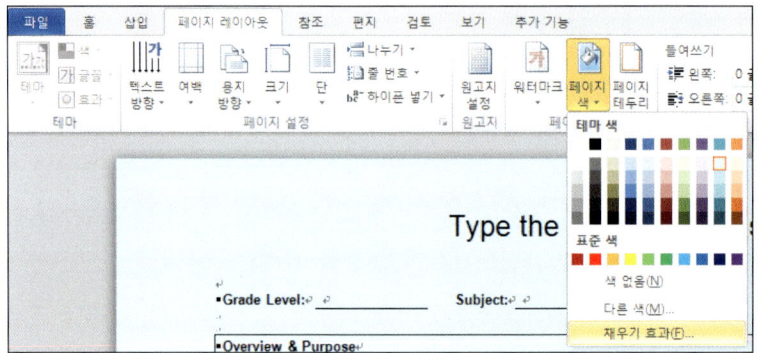

④ [채우기 효과] 대화상자가 나타나면 그라데
이션, 질감, 무늬, 그림의 각각의 탭에서 배
경화면을 꾸미기 위한 설정을 할 수 있다.

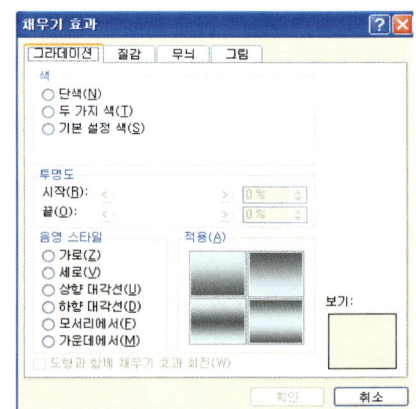

⑤ 페이지의 테두리를 설정하기 위해서는
[페이지 레이아웃] 탭－[페이지 배경] 그
룹－[페이지 테두리] 명령을 클릭한다.

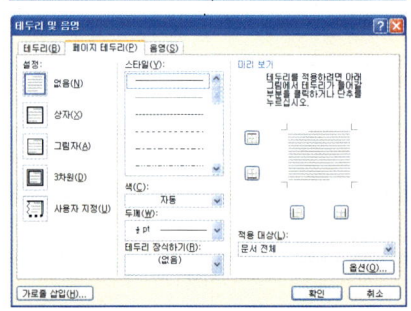

⑥ [테두리 및 음영] 대화 상자의 [페이지 테두리] 탭에서 [테두리 장식하기] 목록 단
추를 눌러 테두리 스타일과 [두께]를 적절히 설정한 후 [적용 대상]에서 적용 범
위를 확인한 후 [확인] 단추를 클릭한다.

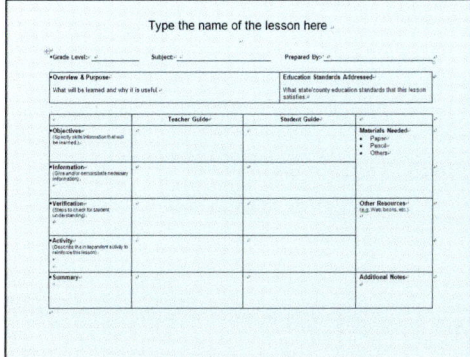 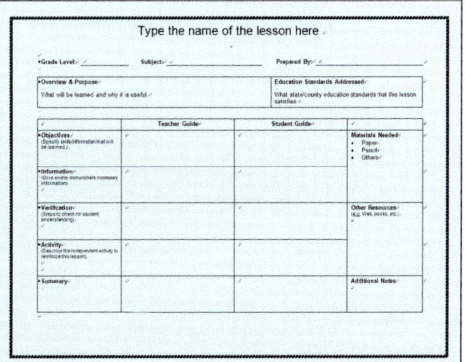

4) 표지의 삽입

 글을 작성한 후 표지를 만들 때, 빈 페이지에서 직접 입력해서 만들 수도 있지만 Word 2010에 미리 디자인된 표지 갤러리를 이용해서 간편히 삽입할 수 있다. 삽입된 표지는 커서의 위치와 상관없이 문서의 시작 페이지인 첫 번째 페이지에 삽입된다.

 ① [삽입] 탭-[페이지] 그룹-[표지] 명령을 클릭 하여 표지 스타일을 설정할 수 있다.

② 만약 '신문용지' 표지 스타일을 선택하면 다음과 같은 표지가 삽입된다.

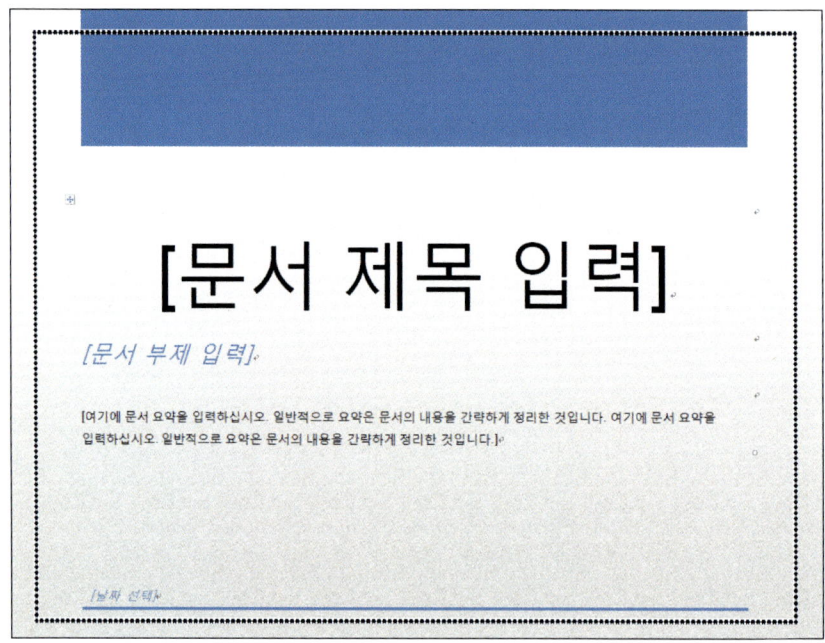

2. 페이지의 설정

1) 용지 크기 및 방향의 설정

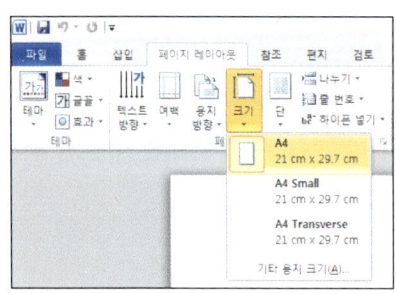

새 문서는 기본적으로 세로 방향의 A4용지 크기에 위쪽 3cm, 아래쪽, 왼쪽, 오른쪽 2.54cm의 페이지 여백으로 구성된다. 특히 논문과 같이 페이지 여백 값이 설정된 경우에는 문서를 작성하기에 앞서서 우선적으로 페이지를 설정해 주는 것이 좋다.

① 용지의 크기를 변경하기 위해서는 [페이지 레이아웃] 탭-[페이지 설정] 그룹-[크기] 명령을 클릭하여 적정한 크기를 선택하면 된다.

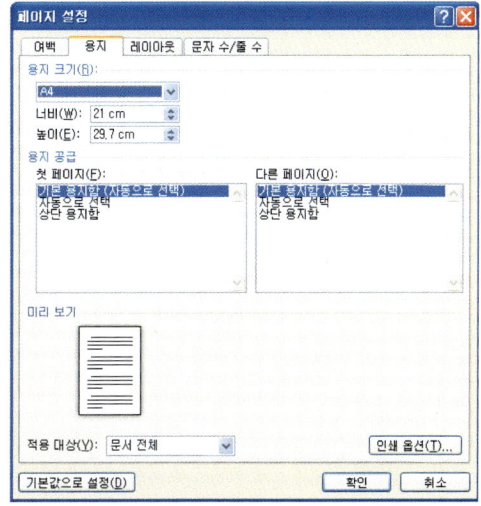

② 만약 적정한 크기의 용지가 없으면 [기타 용지 크기]를 클릭하여 너비, 높이를 직접 설정할 수 있다.

③ 용지의 방향을 설정하기 위해서는 [페이지 레이아웃] 탭-[페이지 설정] 그룹-[용지 방향]을 선택하여 [가로] 혹은 [세로]를 선택한다. 만약 [가로]로 되어 있는 페이지에 [세로]를 선택하면 가로였던 용지의 방향이 세로로 변경된다.

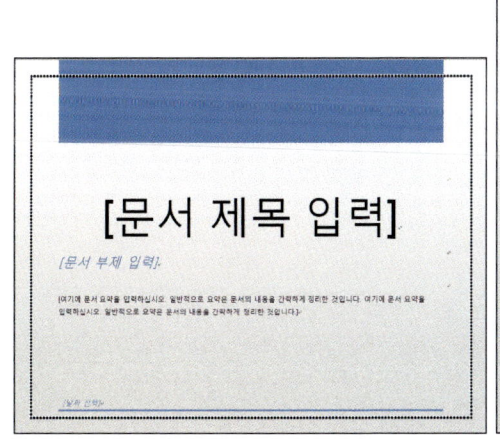

④ 여백을 설정하기 위해서는 [페이지 레이아 웃] 탭-[페이지 설정] 그룹-[여백] 명령을 클릭하여 크기를 설정할 수 있다. 여백으로 설정할 수 있는 영역은 위쪽, 아래쪽, 왼쪽, 오른쪽 여백을 조정할 수 있다.

⑤ 여백의 설정에는 기본, 좁게, 보통, 넓게, 페이지 마주 보기, Office 2003 등이 있으며, 사용자 지정 여백을 통하여 임의의 여백 값을 설정할 수 있다.

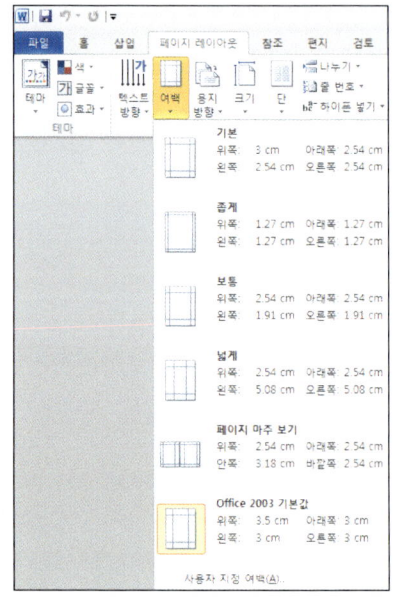

3. 머리글/바닥글 및 단의 설정

1) 머리글/바닥글의 설정

모든 페이지의 상단과 하단에 들어갈 문서의 제목, 작성일, 작성자, 학교나 회사명, 로고 그림 및 페이지 번호 등을 삽입할 수 있다.

① 머리글을 삽입하기 위해서는 [삽입] 탭-[머리글/바닥글] 그룹-[머리글] 명령을 클릭한다.

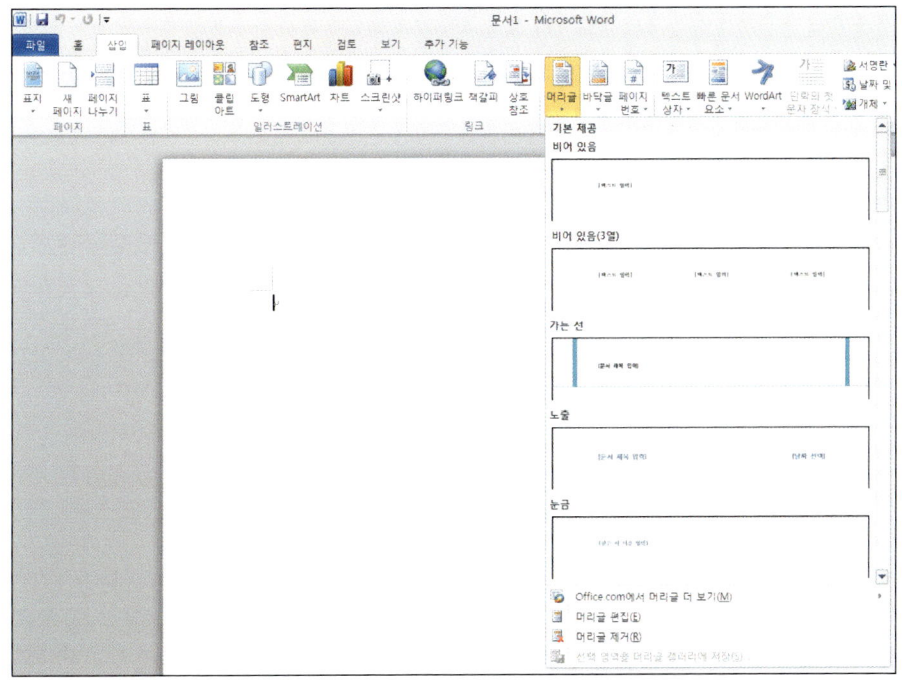

② 만약 '가는 선' 머리글 스타일을 선택하면, [머리글/바닥글 도구]의 [디자인] 탭이
   나오게 되며 이곳에서 세부적인 항목들을 설정할 수 있다. 세부 설정을 한 뒤에
   는 [머리글/바닥글 닫기] 명령을 클릭한다.

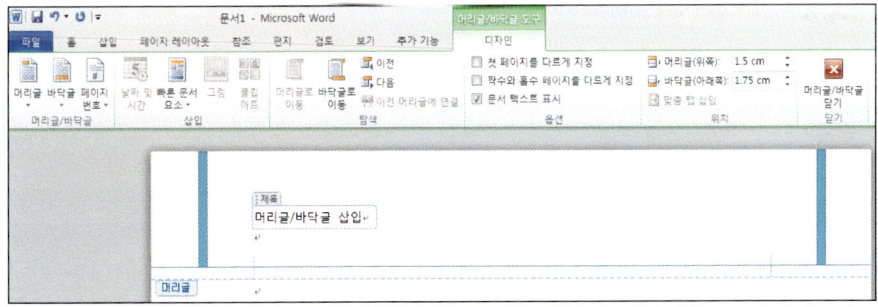

③ 바닥글을 삽입하기 위해서는 [삽입] 탭－[머리글/바닥글] 그룹－[바닥글] 명령을 클릭한다.

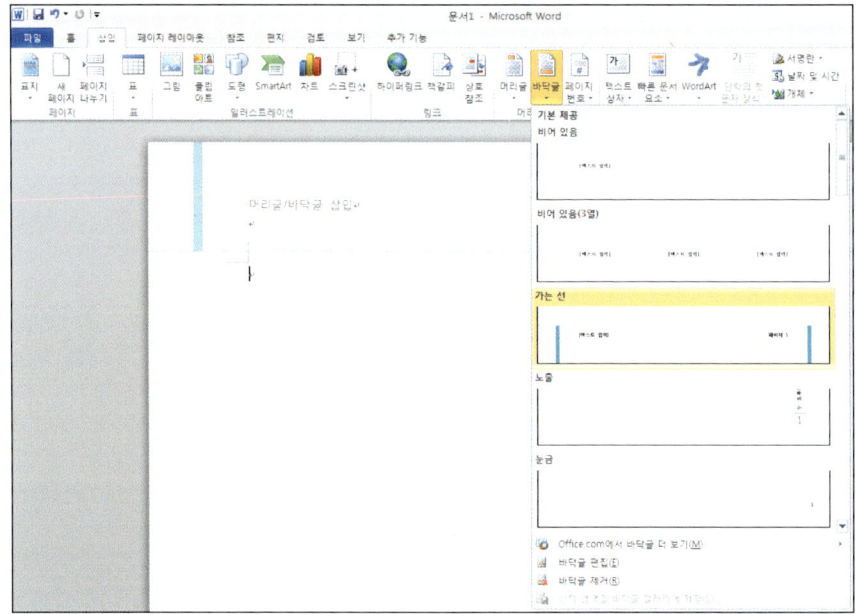

④ '가는 선' 바닥글 스타일을 선택하면, [머리글/바닥글 도구]의 [디자인] 탭이 나오게 되며 이곳에서 세부적인 항목들을 설정할 수 있다. 세부 설정을 한 뒤에는 [머리글/바닥글 닫기] 명령을 클릭한다.

2) 머리글/바닥글의 편집

머리글을 직접 디자인하려면 [삽입] 탭-[머리글/바닥글] 그룹-[머리글]-[머리글 편집] 명령을 클릭하여 직접 꾸밀 수 있으며, 이외에도 삽입한 머리글/바닥글을 다양하게 수정할 수 있다.

① 첫 표지에 머리글/바닥글이 표시되지 않도록 옵션을 설정하려면 머리글과 바닥글 편집 화면으로 이동해야 되며, [삽입] 탭-[머리글/바닥글] 그룹에서 [머리글]-[머리글 편집] 또는 [바닥글]-[바닥글 편집] 명령을 클릭하거나 머리글 영역 또는 바닥글 영역을 더블 클릭하면 된다.

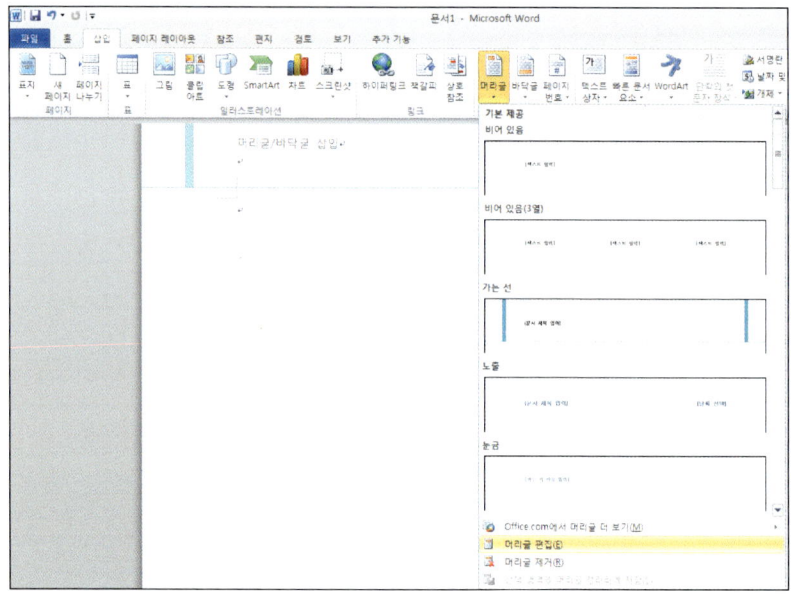

② [머리글/바닥글 도구]-[디자인] 탭-[옵션] 그룹에서 '첫 페이지를 다르게 지정'
을 선택하면 첫 페이지의 머리글/바닥글 편집 화면으로 이동한다.

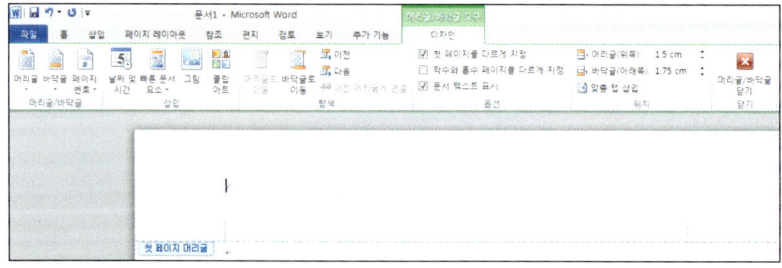

③ 첫 페이지의 머리글/바닥글에 대해서 추가하거나 수정할 사항이 없으면 [머리글/
바닥글 닫기] 명령을 클릭한다. 첫 페이지에만 기존에 설정되었던 머리글/바닥글
이 설정되지 않은 것을 확인할 수 있다.

3) 단의 설정

단은 논문이나 보고서에서 많이 사용되는 기능으로 1단으로 구성된 문서를 여러 개의 단으로 내용을 나누어서 표현할 수 있다. 또한 특정 페이지나 텍스트만 다른 단 개수를 지정할 수 있으며, 단 사이에 경계선을 삽입할 수 있다.

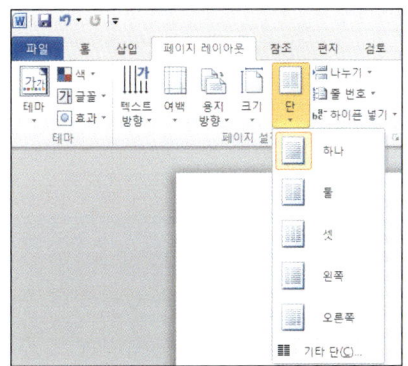

① 단은 최대 12개의 단까지 설정할 수 있으며, 보통 2단을 많이 사용한다. 단을 설정하기 위해서는 [페이지 레이아웃] 탭-[페이지 설정] 그룹-[단]에서 설정할 수 있다.

② [페이지 레이아웃] 탭-[페이지 설정] 그룹-[단]-[둘] 명령을 선택한다. 그러면 1개의 단이 2개의 단으로 설정된다. 2단으로 변경되면서 한 페이지에 보여지는 글자의 수가 많아지는 것을 볼 수 있다.

③ 단의 설정을 좀 더 세부적으로 설정하
기 위해서는 [페이지 레이아웃] 탭
-[페이지 설정] 그룹-[단]-[기타
단] 명령을 선택한다.

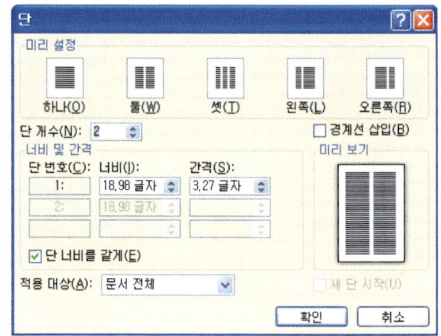

④ 단 사이에 경계선을 삽입하기 위해서는 [미리 설정] 하단에 있는 [경계선 삽입]을
체크한 후 확인 단추를 클릭하면 된다.

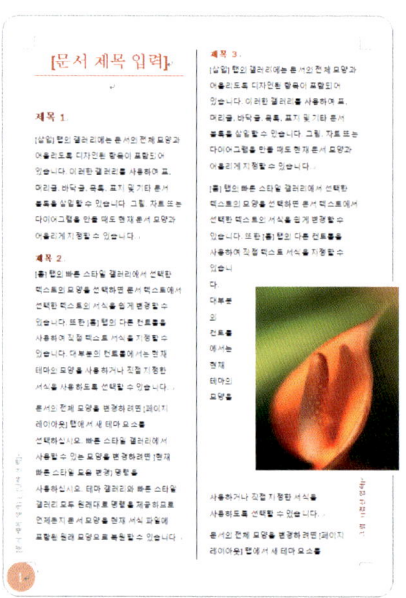

⑤ 한 단락만 1개의 단으로 설정하려면, 설정할 단락을 선택한 후 [페이지 레이아웃]
탭-[페이지 설정] 그룹-[단]-[하나]의 명령을 클릭한다.

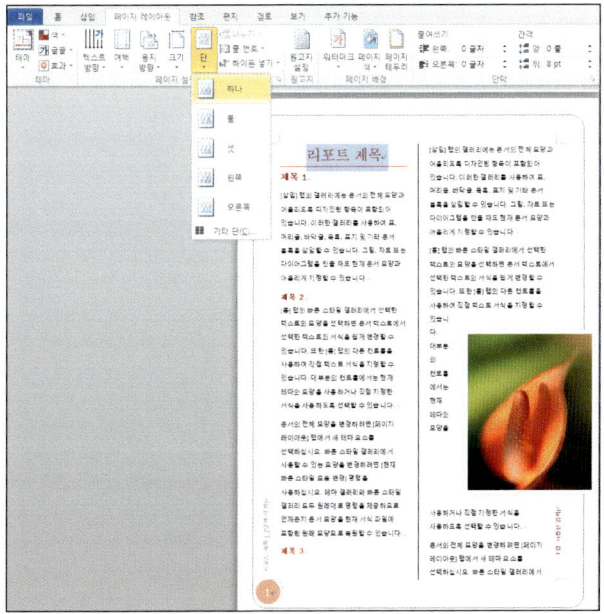

⑥ 선택한 단락만 1개의 단으로 설정된다.

1. 새로운 문서를 작성할 때, 기본 양식이 구성되어 있는 서식 파일을 이용하여 문서 작업을 하게 되면 쉽게 간편하게 멋진 문서를 만들 수 있다.
   - 서식파일을 이용하여 문서를 만들기 위해서는 [파일]−[새로 만들기]−[Office.com 서식 파일] −원하는 범주에 해당하는 항목을 선택 후, 오른쪽 창에서 [다운로드] 버튼을 선택한다.

2. 테마는 문서에 적용할 수 있는 테마 색, 글꼴, 표, 차트, 도형 및 다이어그램 등과 같은 일러스트 레이션 개체에 적용되어 있는 다양한 효과를 하나로 모아 놓은 집합이다.
   - 테마를 적용하기 위해서는 [페이지 레이아웃] 탭−[테마] 그룹에서 [테마]를 클릭하여 원하는 테마를 적용할 수 있다.
   - 색, 글꼴, 효과에 대해서 각기 다른 테마를 적용하려면 [페이지 레이아웃] 탭−[테마] 그룹− [색], [페이지 레이아웃] 탭−[테마] 그룹−[글꼴], [페이지 레이아웃] 탭−[테마] 그룹−[효과]를 클릭하여 원하는 항목을 선택하면 된다.

3. 리포트를 작성할 때 리포트 배경의 색을 설정할 수 있다.
   - 설정할 수 있는 배경색으로는 단색 이외에도 그라데이션, 질감, 무늬, 그림 등을 지정할 수 있다.
   - [페이지 레이아웃] 탭−[페이지 배경] 그룹−[페이지 색] 명령을 클릭하여 페이지 색을 설정할 있다.
   - 그라데이션, 질감, 무늬, 그림 등을 설정하기 위해서는 [페이지 레이아웃] 탭−[페이지 배경] 그 룹−[페이지 색]−[채우기 색]에서 그라데이션, 질감, 무늬, 그림의 각각의 탭에서 배경화면을 꾸미기 위한 설정을 할 수 있다.

4. 페이지 테두리, 용지의 크기 및 방향, 여백을 설정할 수 있다.
   - 페이지의 테두리를 설정하기 위해서는 [페이지 레이아웃] 탭−[페이지 배경] 그룹−[페이지 테 두리] 명령을 클릭한다.
   - 용지의 크기를 변경하기 위해서는 [페이지 레이아웃] 탭−[페이지 설정] 그룹−[크기] 명령을 클릭하여 적정한 크기를 선택하면 된다.
   - 용지의 방향을 설정하기 위해서는 [페이지 레이아웃] 탭−[페이지 설정] 그룹−[용지 방향]을 선택하여 [가로] 혹은 [세로]를 선택한다.

- 여백을 설정하기 위해서는 [페이지 레이아웃] 탭-[페이지 설정] 그룹-[여백] 명령을 클릭하여 크기를 설정할 수 있다.

5. [삽입] 탭-[페이지] 그룹-[표지] 명령을 클릭하여 표지 스타일을 설정할 수 있다.

6. 머리글 및 바닥글을 설정할 수 있다.
- 머리글을 삽입하기 위해서는 [삽입] 탭-[머리글/바닥글] 그룹-[머리글] 명령을 클릭한다.
- 바닥글을 삽입하기 위해서는 [삽입] 탭-[머리글/바닥글] 그룹-[바닥글] 명령을 클릭한다.

7. 단을 설정할 수 있다.
- 단은 논문이나 보고서에서 많이 사용되는 기능으로 1단으로 구성된 문서를 여러 개의 단으로 내용을 나누어서 표현할 수 있다.
- 단을 설정하기 위해서는 [페이지 레이아웃] 탭-[페이지 설정] 그룹-[단]에서 설정할 수 있다.

1. Office.com 서식파일 중 '레터헤드'에 있는 편지(일반 양식)을 이용하여 워드 문서를 생성하고, 생성한 문서에 2단을 설정하고 경계선을 삽입하시오.

정답: 4-1(연습-풀이).docx

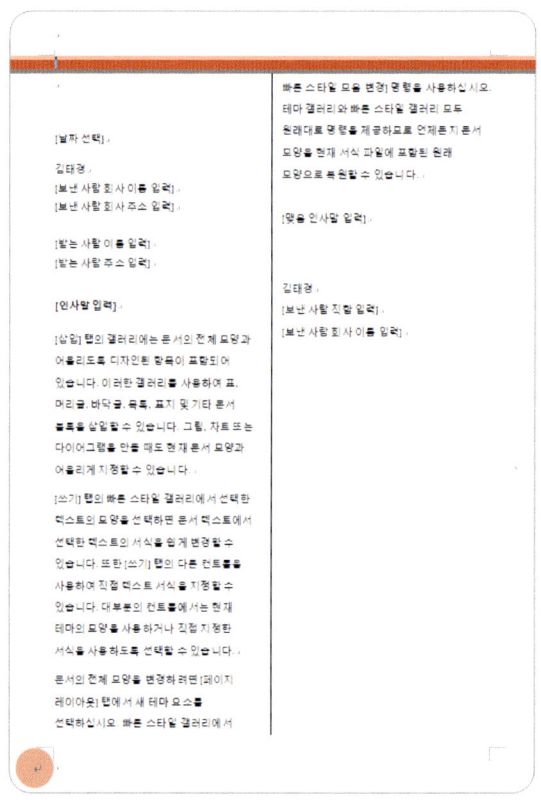

[설명] 정답의 풀이과정은 다음과 같다.

1) [파일]-[새로 만들기]-[레터헤드]를 클릭한다.

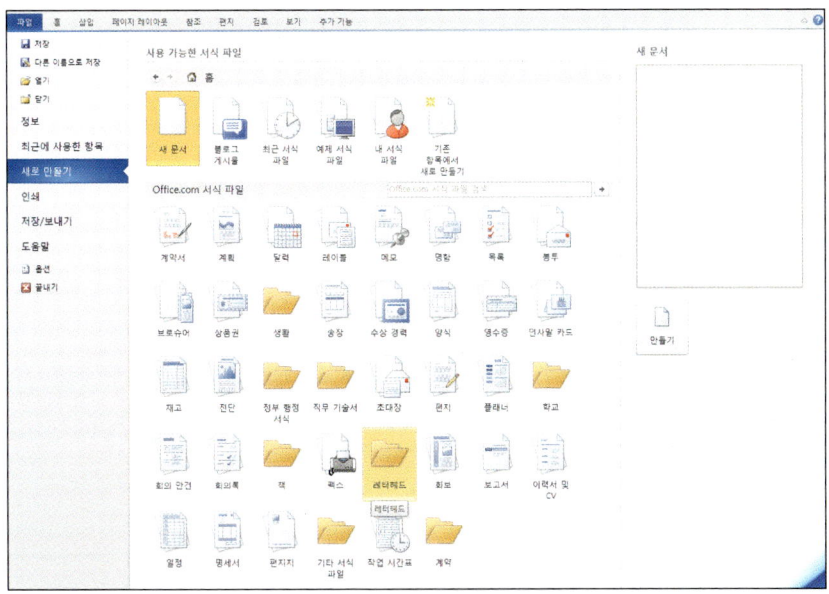

2) 편지(일반 양식)을 선택하고 오른쪽 창에서 [다운로드]를 클릭한다.

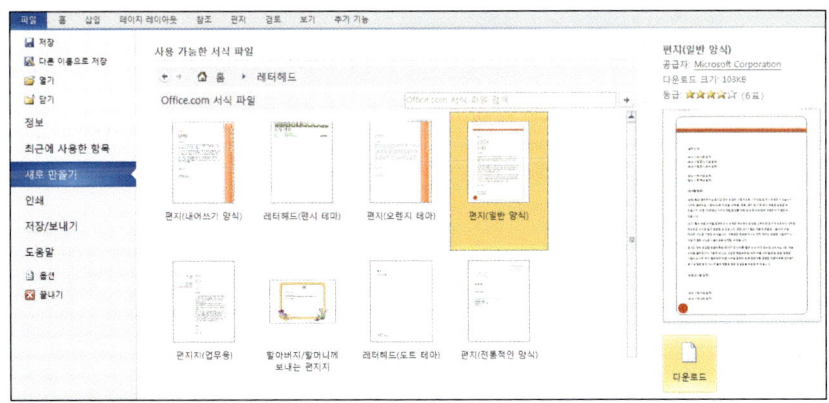

3) 2단과 경계선을 설정하기 위해서 [페이지 레이아웃] 탭-[페이지 설정] 그룹-[단]-[기타 단] 명령을 클릭한다.

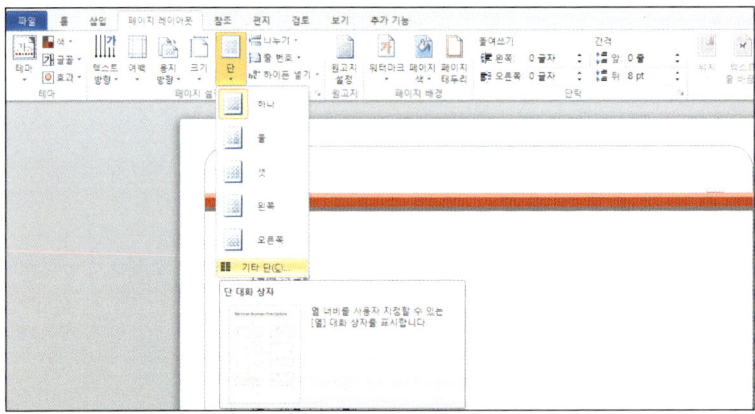

4) [단] 대화상자가 나타나면 [미리 설정]에서 [둘]을 선택하고, [미리 설정] 아래에 있는 [경계선 삽입]을 체크하고 [확인] 버튼을 클릭한다.

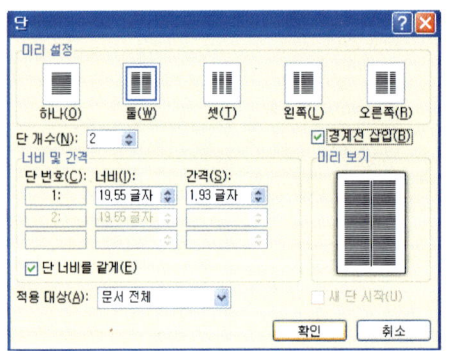
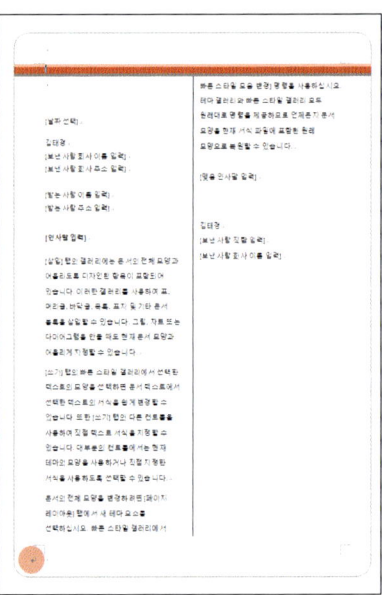

2. 1번의 파일에 '실행' 테마를 적용하고, '순수' 표지를 삽입하시오.

정답: 4-2(연습-풀이).pptx

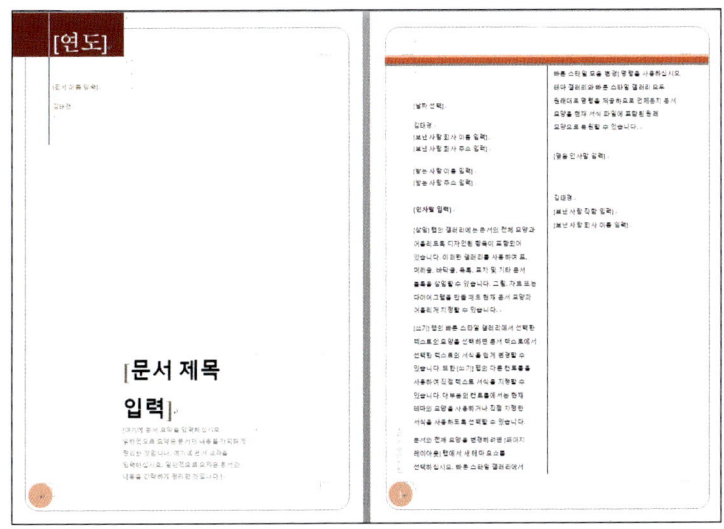

[설명] 정답의 풀이과정은 다음과 같다.

1) 테마를 적용하기 위해서 [페이지 레이아웃] 탭-[테마]
그룹-[테마]를 선택하고, [실행] 테마를 선택한다.

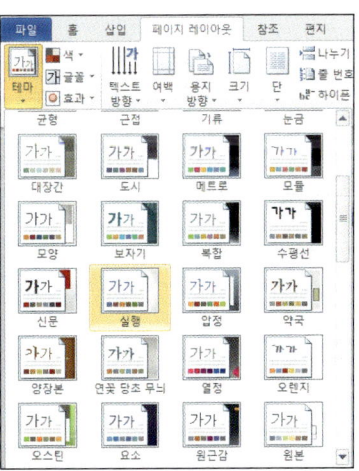

2) 표지를 삽입하기 위하여 [삽입] 탭-[페이지] 그룹-[표지]를 선택하고, [순수]를 클릭하여 표지를
삽입한다.

CHAPTER 5 스타일 지정을 이용한 목차 생성

학습목표

- 스타일 지정을 할 수 있다.
- 스타일 지정을 이용하여 목차를 생성할 수 있다.
- 목차의 내용을 업데이트할 수 있다.

1. 스타일 지정

준비파일: 스타일.docx

문서의 서식을 쉽고 효율적으로 적용하기 위해서는 스타일 기능을 적용할 수 있다. 스타일이란 각종 글꼴 서식 및 단락 서식이 모두 포함된 집합을 의미한다.

1) 스타일의 적용

① 서식을 지정할 단락이나 텍스트를 선택하고 [홈] 탭-[스타일] 그룹에서 [빠른 스타일]의 [자세히] 명령을 클릭하여 지정할 스타일을 선택한다.

② 스타일 워드 파일에서 '1장. 주제설정'에 '제목1' 스타일을 적용하고자 한다면, '1장. 주제설정'을 선택한 후에 [홈] 탭-[스타일] 그룹에서 [빠른 스타일]의 [자세히]-[제목1] 명령을 클릭한다.

③ 선택된 부분에 '제목1' 스타일이 적용된 것을 알 수 있다.

④ 이러한 방식으로 기존에 작성되어 있는 다양한 스타일들을 쉽게 적용할 수 있다.

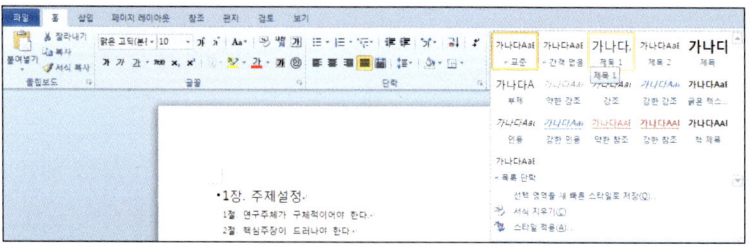

2) 스타일의 생성

기존의 스타일을 잘 활용하여 문서를 꾸밀 수도 있지만, 각자 자주 사용하는 글꼴 및 단락 서식을 새로운 스타일로 지정하여 사용할 수도 있다. 단, 새로운 스타일을 만들 때는 커서가 위치해 있는 텍스트에 적용된 서식을 기초로 새 스타일을 생성하기 때문에 커서의 위치를 주의하여야 한다.

① 스타일을 만들기 위해서 '1장 주제 설정'에 커서를 이동시킨 후 [홈] 탭-[스타일] 그룹에서 하단 오른쪽의 [스타일 창]을 실행시킨다.

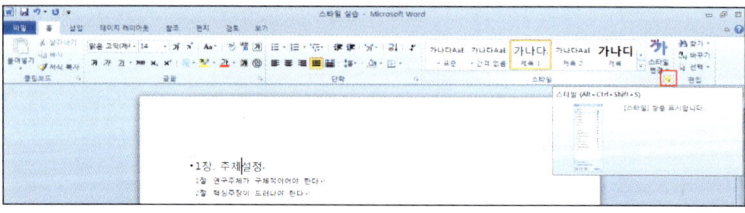

② [스타일] 작업 창 하단의 [새 스타일] 명령을 클릭한다.
③ [서식에서 새 스타일 만들기] 대화 상자에서 [스타일 이름]에 '리포트제목'을 입력하고 다음의 설정대로 만들어 보자.
  • [스타일 형식]은 '단락'
  • 스타일 기준과 다음 단락의 스타일은 '표준'

- 서식은 글꼴 'HY신명조', 글꼴 크기 '14pt', 굵게, 맞춤은 '가운데 맞춤'
- 간격은 단락 뒤 '14.2pt', 줄 간격 '1줄'

④ [서식에서 새 스타일 만들기] 대화
   상자에서 속성(이름, 스타일 형식,
   스타일 기준, 다음 단락의 스타일)
   을 선택하고, 서식에서는 글꼴 서식
   을 지정할 수 있다.

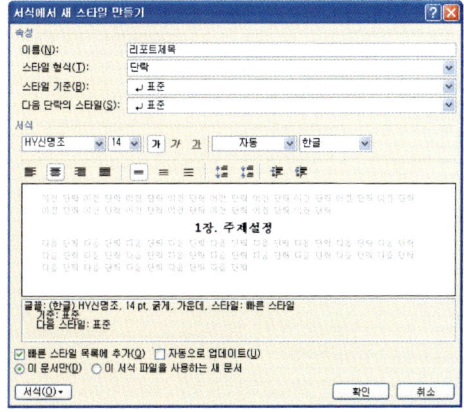

⑤ 단락 서식을 지정하기 위해서는 왼
   쪽 하단의 [서식] 명령을 클릭하고
   [단락]을 클릭한다.

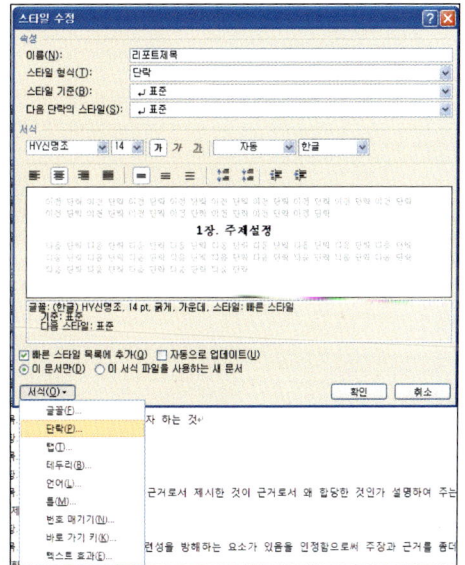

⑥ [단락] 대화상자의 [들여쓰기 및 간격]
탭에서 간격에 대해서 설정할 수 있다.
단락 뒤에 해당 숫자를 입력한 후 단위
인 'pt'는 직접 입력하면 된다.

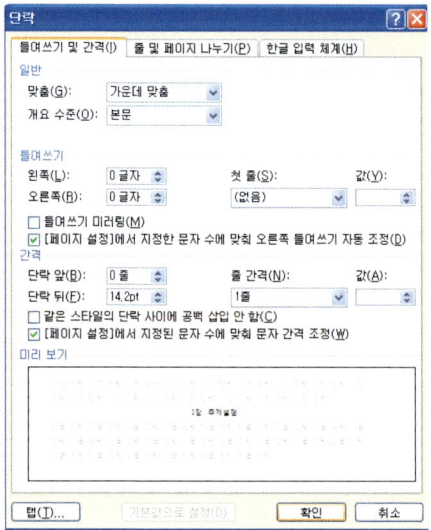

⑦ [단락] 대화상자에서 [확인]을
클릭하고, [서식에서 새 스타일
만들기] 대화 상자에서 [확인]
을 클릭하면 '리포트 제목'의
서식이 커서가 있던 단락에 적
용된 것을 알 수 있다.

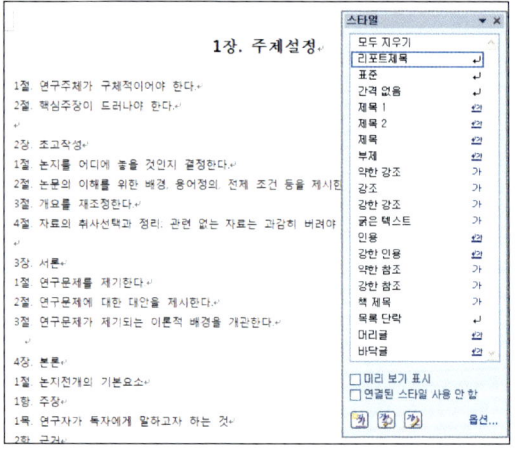

⑧ 2장, 3장, 4장, 4항 단서, 5장, 6장의 제목에 대해서도 일시에 '리포트제목' 스타일
  을 적용하기 위해서는 Control 키를 누른 상태에서 2장, 3장, 4장, 4항 단서, 5장,
  6장을 선택하고 '리포트제목' 스타일을 선택하면 된다.

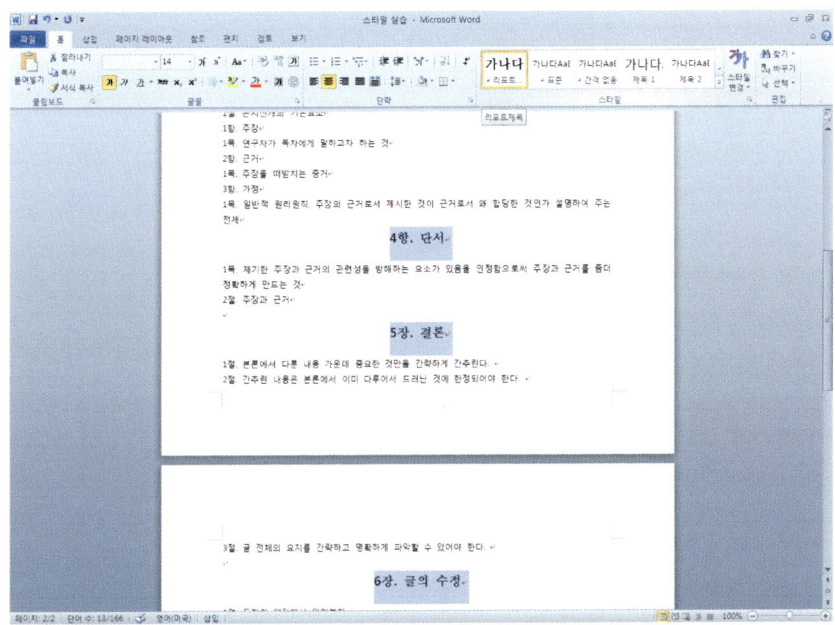

2. 스타일을 이용한 목차 생성

준비파일: 목차.docx

1) 목차 생성

워드에서는 스타일이 설정되어 있는 제목 단락을 기초로 목차를 만들 수 있다. 또한
목차는 제목 텍스트나 페이지 번호가 변경된 경우 간단히 업데이트를 할 수 있다.

① 목차를 생성하기 위해서는 목차가 삽입될 위치에 커서를 위치시킨 후, [참조] 탭
  -[목차] 그룹에서 [목차]-[목차 삽입] 명령을 클릭한다.

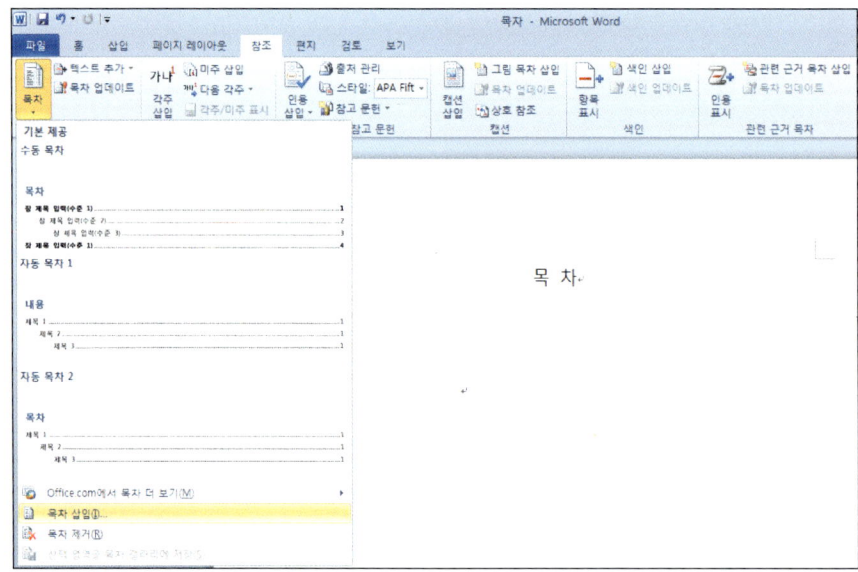

② [목차] 대화 상자의 [목차] 탭
  에서 [일반]-[서식]에서 '꾸
  밈형'을 선택하고, 하단의 [옵
  션] 명령을 클릭한다.

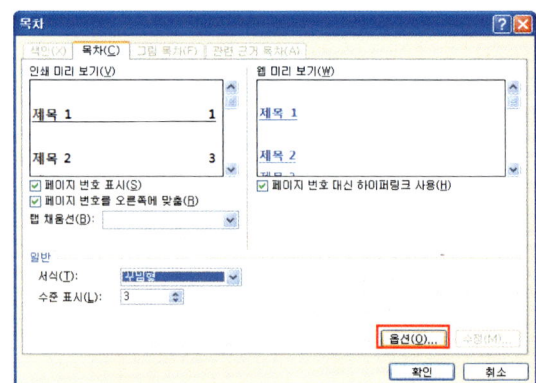

③ [목차 옵션] 대화상자에서는 제목1,
제목2, 제목3에 있는 '목차 수준'의
번호를 삭제하고, 지정한 스타일로
번호를 생성하기 위해 '리포트제목'
의 '목차 수준'에 '1'을 입력하고 [확
인] 명령-[목차] 대화 상자에서 [확
인]을 클릭한다.

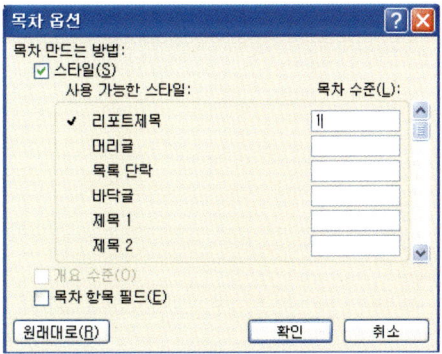

④ 커서가 있던 위치에 '리포트제목' 스타일로 지정된 단락을 기준으로 목차가 생성
된다.

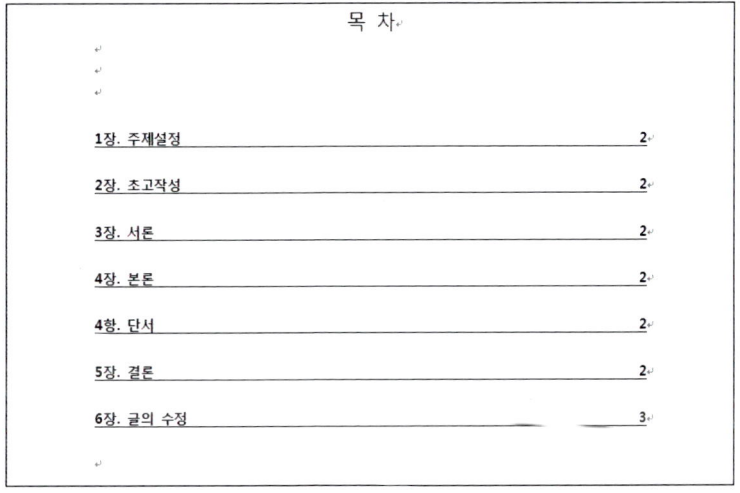

2) 목차 업데이트

[목차 삽입]을 통해 생성된 목차는 그 내용이나 페이지 번호가 변경된 경우에, 간단히 목차 업데이트 기능을 이용하여 변경된 내용을 목차에 반영할 수 있다.

① 목차에서 '4항. 단서'가 포함되어 있으므로, '4항, 단서'에 표준 스타일을 적용하고 '5장. 결론'을 2페이지에서 3페이지로 변경한다.

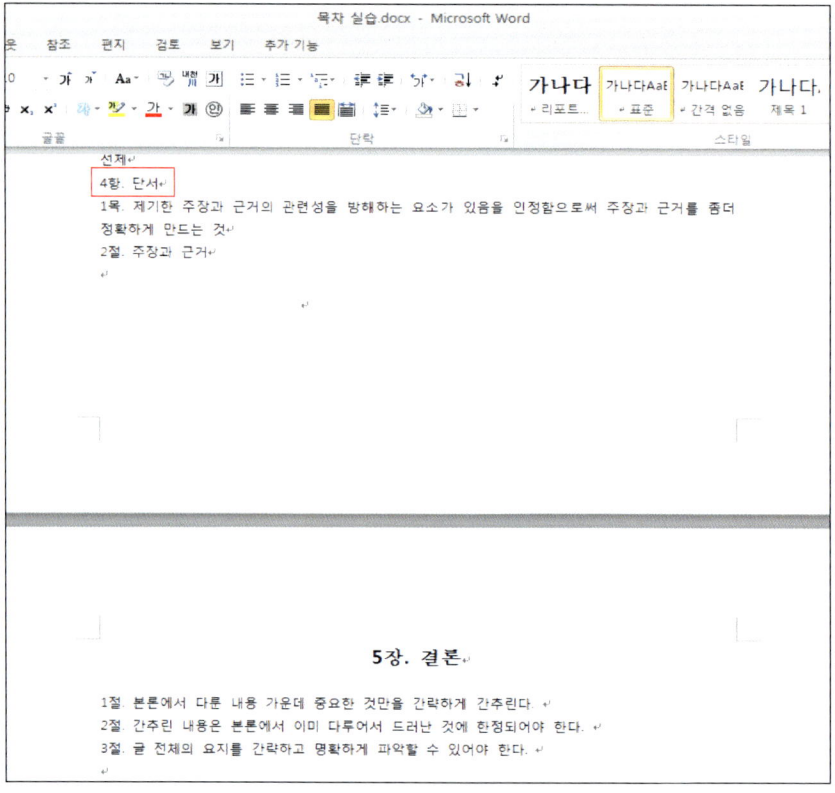

② 목차를 업데이트하기 위해서 목차를 선택한 후에 [참조] 탭-[목차] 그룹-[목차 업데이트] 명령을 선택한다.

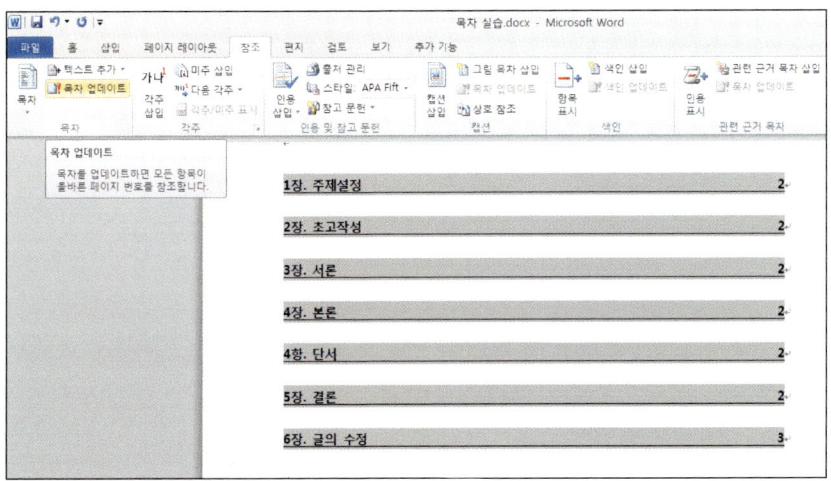

③ [목차 업데이트] 대화 상자가 나타나면 [목차 전체 업데 이트]를 선택하고 [확인] 버튼을 클릭한다.

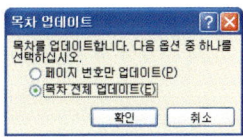

④ 목차의 내용이 변경된 내용에 맞게 수정된 것을 알 수 있다.

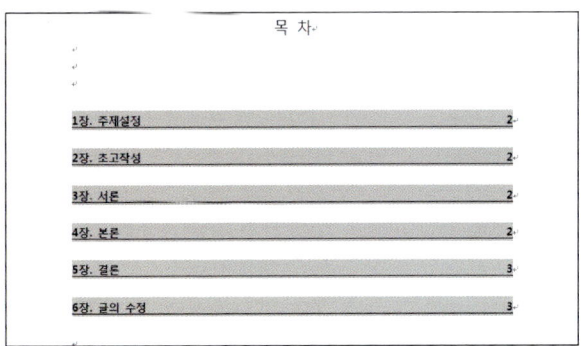

1. 스타일의 지정
   - 스타일이란 각종 글꼴 서식 및 단락 서식이 모두 포함된 집합을 의미한다.
   - 서식을 지정할 단락이나 텍스트를 선택하고 [홈] 탭-[스타일] 그룹에서 [빠른 스타일]의 [자세히] 명령을 클릭하여 지정할 스타일을 선택한다.

2. 스타일의 생성
   - 스타일을 만들기 위해서는 [홈] 탭-[스타일] 그룹에서 하단 오른쪽의 [스타일 창]을 실행시킨다.
   - [스타일] 작업 창 하단의 [새 스타일] 명령을 클릭한다.
   - [서식에서 새 스타일 만들기] 대화 상자에서 글꼴 및 단락 서식을 입력하고 [확인] 버튼을 클릭한다.

3. 목차의 생성
   - 워드에서는 스타일이 설정되어 있는 제목 단락을 기초로 목차를 만들 수 있다.
   - 목차를 생성하기 위해서는 목차가 삽입될 위치에 커서를 위치시킨 후, [참조] 탭-[목차] 그룹에서 [목차]-[목차 삽입] 명령을 클릭한다.
   - [목차] 대화 상자의 [목차] 탭에서 관련 정보를 입력하고, [확인] 명령을 클릭한다.

4. 목차의 업데이트
   - [목차 삽입]을 통해 생성된 목차는 그 내용이나 페이지 번호가 변경된 경우에, 간단히 목차 업데이트 기능을 이용하여 변경된 내용을 목차에 반영할 수 있다.
   - 목차를 업데이트하기 위해서는 목차를 선택한 후에 [참조] 탭-[목차] 그룹-[목차 업데이트] 명령을 선택한다.
   - [목차 업데이트] 대화 상자가 나타나면 [목차 전체 업데이트]를 선택하고 [확인] 버튼을 클릭한다.

1. 5 – 1(연습).docx 파일에 '리포트절'이라는 이름으로 1장 아래에 있는 1절에 아래의 설정대로 스타
   일을 만드시오(준비파일: 5 – 1(연습).docx).
   - [스타일 형식]은 '단락'
   - 스타일 기준과 다음 단락의 스타일은 '표준'
   - 서식은 글꼴 'HY신명조', 글꼴 크기 '12pt', 굵게, 맞춤은 '왼쪽 맞춤'
   - 간격은 단락 뒤 '12pt', 줄 간격 '1줄'

정답: 5 – 1(연습 – 풀이).docx

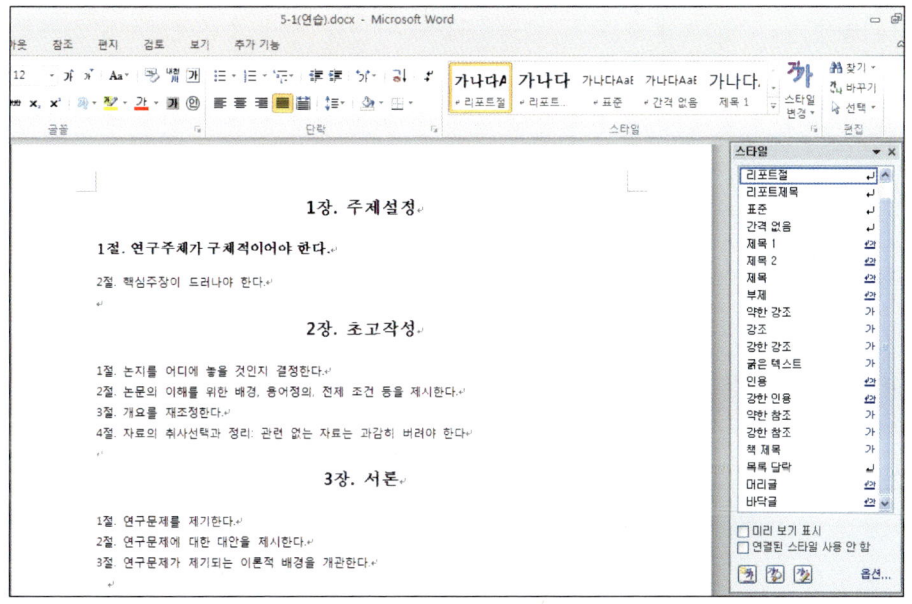

[설명] 정답의 풀이과정은 다음과 같다.

1) 스타일을 만들기 위해서 1장 1절에 커서를 이동시킨 후 [홈] 탭-[스타일] 그룹에서 하단 오른쪽의 [스타일 창]을 실행시키고, [스타일] 작업 창 하단의 [새 스타일] 명령을 클릭한다.

2) [서식에서 새 스타일 만들기] 대화 상자에서 속성(이름: '리포트절', 스타일 형식: '단락', 스타일 기준: '표준', 다음 단락의 스타일: '표준')을 선택하고, 서식에서는 글꼴 서식(글꼴: 'HY신명조', 글꼴 크기: '12pt', 굵게, 맞춤: '왼쪽 맞춤')을 지정한다.

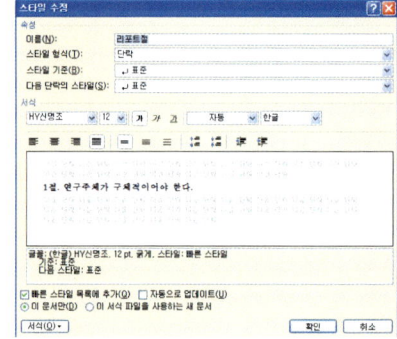

3) 단락 서식을 지정하기 위해서 왼쪽 하단의 [서식] 명령을 클릭하여 [단락]을 선택한 다음, [단락] 대화상자의 [들여쓰기 및 간격] 탭에서 간격(단락 뒤: 12pt, 줄 간격: 1줄)을 설정한다.

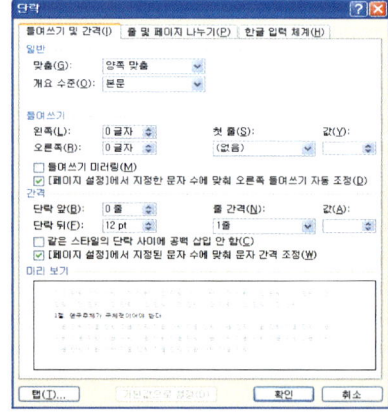

4) 커서가 있던 위치에 '리포트절' 스타일이 지정된 것을 알 수 있다.

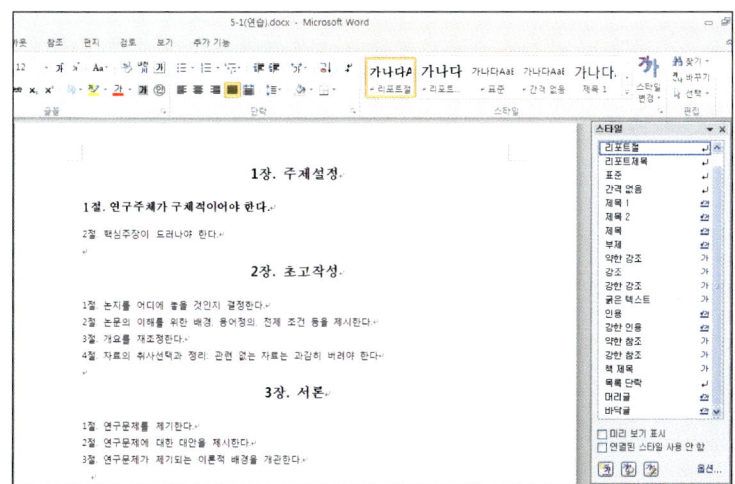

2. 5−2(연습) 파일에서 모든 장의 절 항목에 '리포트절' 스타일을 적용하고, 1페이지 '목차' 아래에 '리포트제목'을 1번으로, '리포트절'을 2번으로 설정하여 목차를 생성하시오. 단, 서식은 '정형'을 적용하고 나머지는 기본값을 사용하시오.

정답: 5−2(연습−풀이).docx

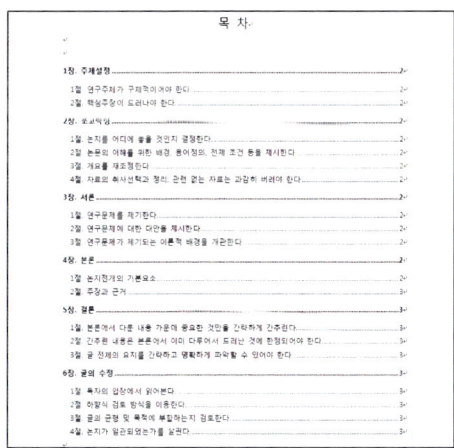

[설명] 정답의 풀이과정은 다음과 같다.

1) 5-2(연습).docx 파일에서 모든 절의 항목에 '리포
트절' 스타일을 적용한다.

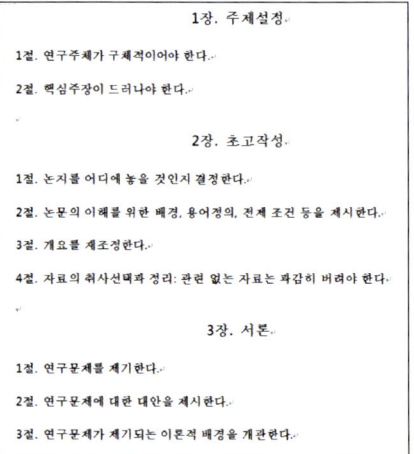

2) 목차를 생성하기 위해서는 목차가 삽입될 위치에 커서를 위치시킨 후, [참조] 탭-[목차] 그룹에
서 [목차]-[목차 삽입] 명령을 클릭한다.

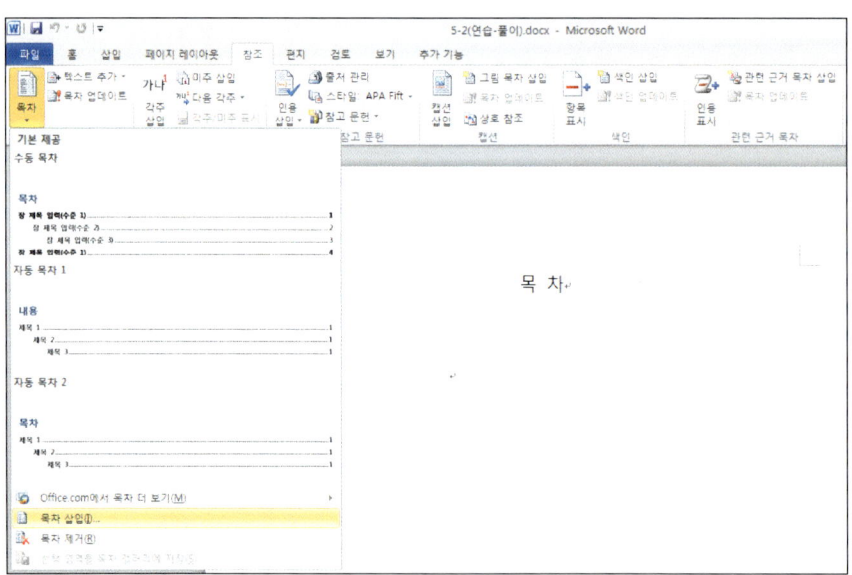

3) [목차] 대화 상자의 [목차] 탭에서 [일반]-
   [서식]에서 '정형'을 선택하고, 하단의 [옵션]
   명령을 클릭한다.

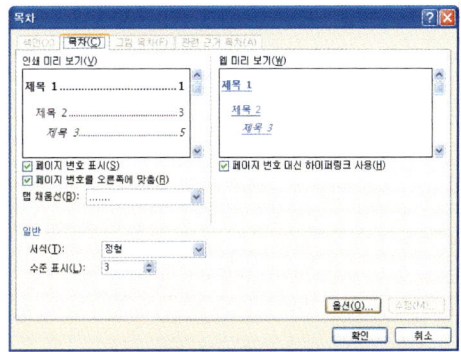

4) [목차 옵션] 대화상자에서는 제목1, 제목2, 제목3에 있
   는 '목차 수준'의 번호를 삭제하고, 지정한 스타일로 번
   호를 생성하기 위해 '리포트제목'의 '목차 수준'에 '1',
   '리포트절'의 '목차 수준'에 2를 입력하고 [확인] 명령-
   [목차] 대화 상자에서 [확인]을 클릭한다.

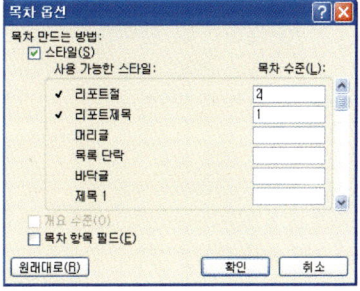

5) 커서가 있던 위치에 스타일로 지정된 단락들이 목차로 생성된 것을 알 수 있다.

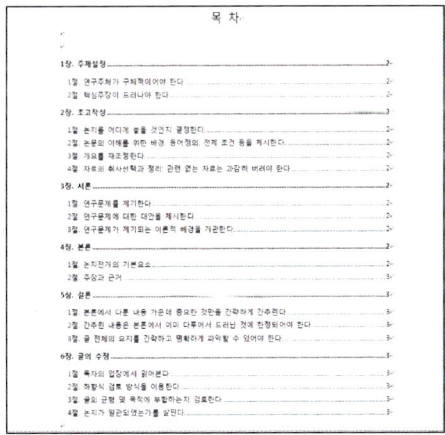

| **표와 그래픽의 삽입 및 목차 생성**

학습목표

- 표를 삽입하고 편집할 수 있다.
- 그래픽을 삽입하고 편집할 수 있다.
- 표와 그림에 대한 목차를 생성할 수 있다.

1. 표의 삽입 및 편집

리포트 작성 시 표를 사용하게 되며, 표는 다양한 내용을 보기 쉬운 형태로 나열하여 구조적으로 정리한 것으로, 미리 정의되어 있는 표 서식을 이용하여 빠르게 표를 삽입하거나 수정할 수 있다.

1) 표의 삽입

① 원하는 크기의 표를 삽입하기 위해서는 [표 삽입] 대화상자를 이용하여 삽입할 수 있다.

② 표를 삽입할 위치에 커서를 이동시킨 후 [삽입] 탭- [표] 그룹에서 [표] 명령을 클릭한 후 [표 크기]에서 열 개수와 행 개수를 입력한다.

③ [확인] 명령을 클릭하면 [표 삽입] 대화상자에서 입력한 [표 크기]대로 표가 삽입된다. 표가 선택되면 [표 도구]에 [디자인], [레이아웃] 탭이 보이게 된다.

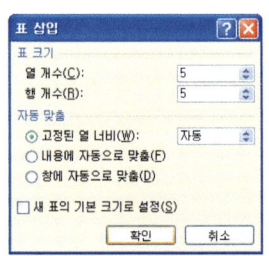

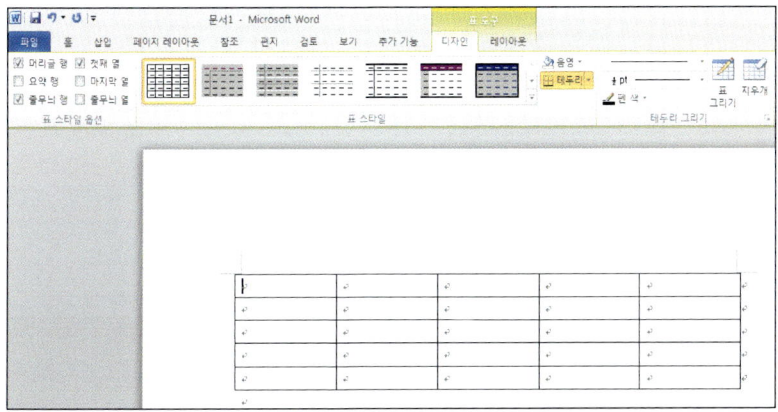

2) 표의 편집

표를 삽입한 후에는 행 높이와 열 너비를 변경할 수 있으며, 새로운 행과 열을 추가 혹은 삭제하거나 셀을 병합 혹은 분할할 수 있다.

① 열의 크기를 변경하기 위해서는 열 경계선 위로 마우스 포인터를 가져가 양방향 화살표 모양으로 변경되면 드래그하여 열 너비를 변경할 수 있다.

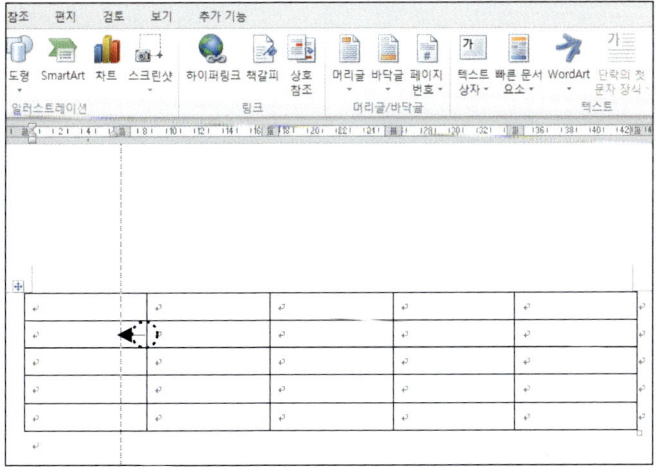

② 행의 크기도 행 경계선 위로 마우스 포인터를 가져가 양방향 화살표 모양으로 변경되면 드래그하여 행 높이를 변경할 수 있다.

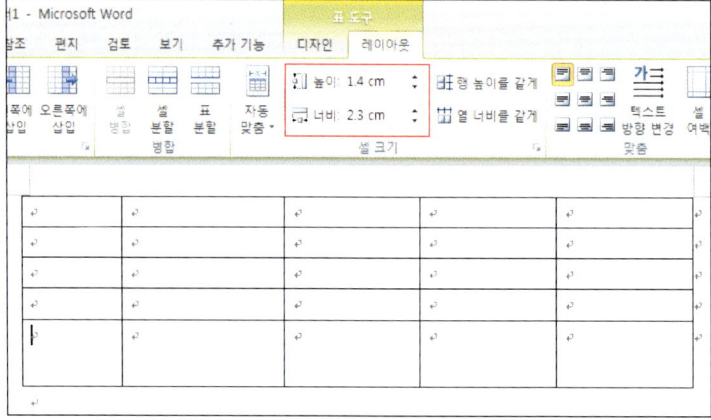

③ 행 높이나 열 너비를 정확한 값의 설정을 통해서 변경하려면, 변경하고자 하는 셀에 커서를 이동한 후 [표 도구]-[레이아웃] 탭-[셀 크기] 그룹에서 [표 행 높이]와 [표 행 너비]를 변경할 수 있다.

④ 행 높이나 열 너비를 동일하게 맞추려면, 대상 셀들을 선택한 다음 [표 도구]-[레이아웃] 탭-[셀 크기] 그룹에서 [행 높이를 같게]나 [열 너비를 같게] 명령을 선택하면 된다.

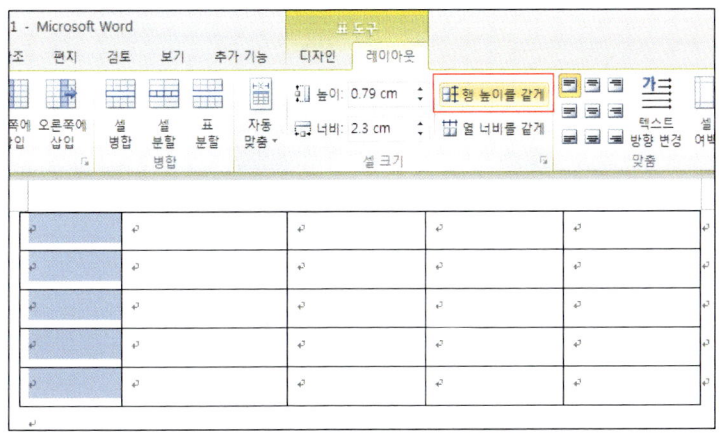

⑤ 행 및 열을 삽입하기 위해서는 [표 도구]−[레이아웃] 탭−[행 및 열] 그룹에서 추가할 수 있다. 단, 선택한 셀을 기준으로 새로운 행이나 열이 삽입된다. 만약 2행 1열의 'A' 셀로 커서를 이동한 후 [표 도구]−[레이아웃] 탭−[행 및 열] 그룹−[위에 삽입] 명령을 클릭하면 새로운 2행이 삽입된다.

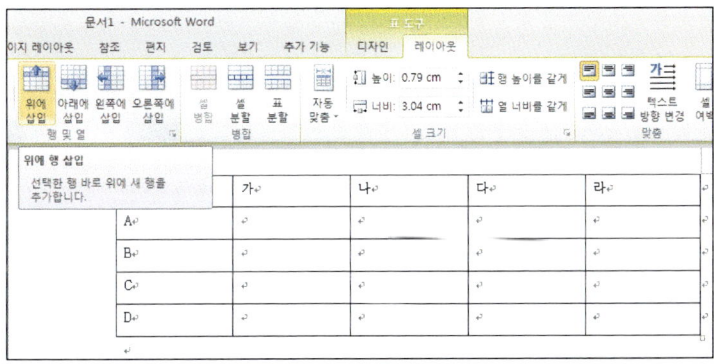

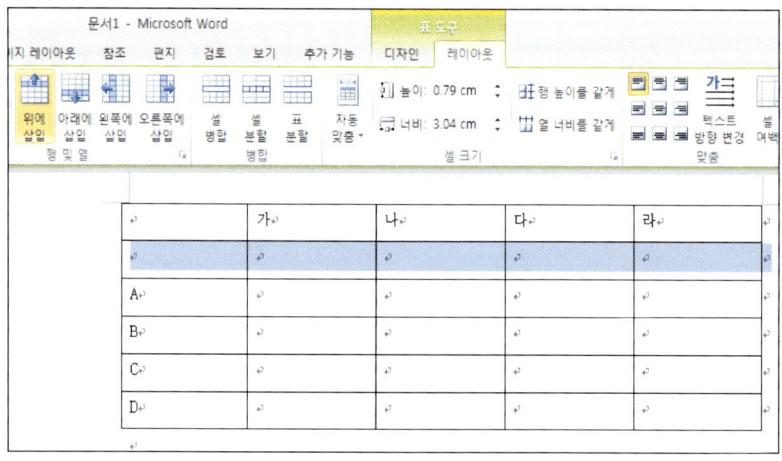

⑥ 행 및 열을 삭제하기 위해서는 [표 도구]-[레이아웃] 탭-[행 및 열] 그룹-[삭제]에
서 삭제할 수 있다. 단, 선택한 셀을 기준으로 새로운 행이나 열이 삭제된다. 만약
2행 1열로 커서를 이동한 후 [표 도구]-[레이아웃] 탭-[행 및 열] 그룹-[삭제]-
[행 삭제] 명령을 클릭하면 2행이 삭제된다.

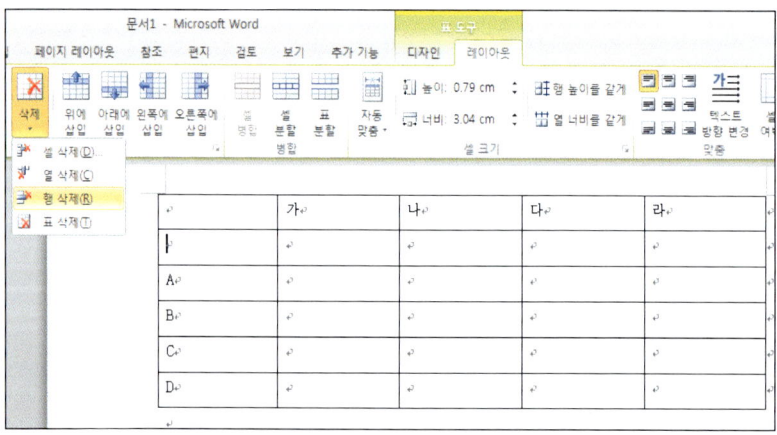

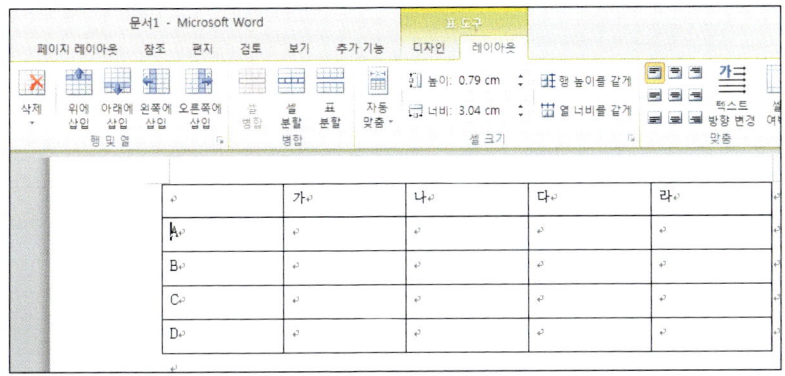

⑦ 셀 안의 텍스트의 위치는 [표 도구]-[레이아웃] 탭-[맞춤] 그룹에서 위치를 설정할 수 있다. 만약 셀 안의 텍스트를 '정가운데' 배치하고자 한다면 [표 도구]-[레이아웃] 탭-[맞춤] 그룹-[정가운데] 명령을 클릭하면 된다.

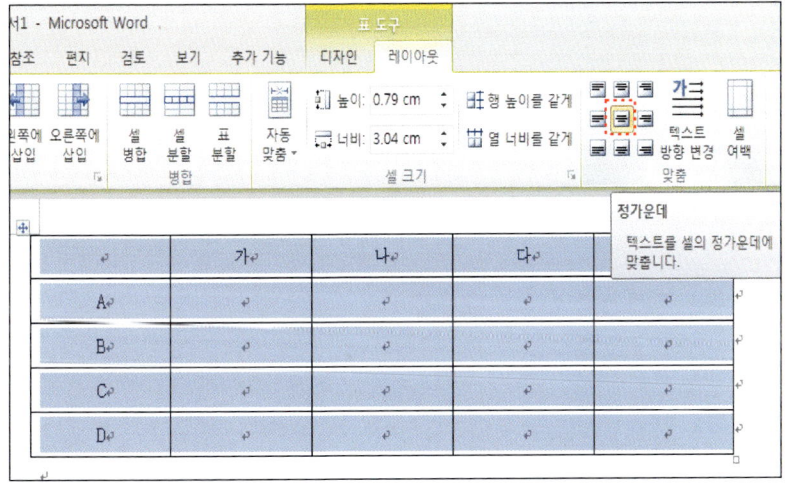

⑧ 셀 분할은 하나 혹은 여러 개의 셀을 분할하여 더 많은 수의 셀로 만드는 것으로 [표 도구]-[레이아웃] 탭-[병합] 그룹-[셀 분할] 명령을 클릭한다.

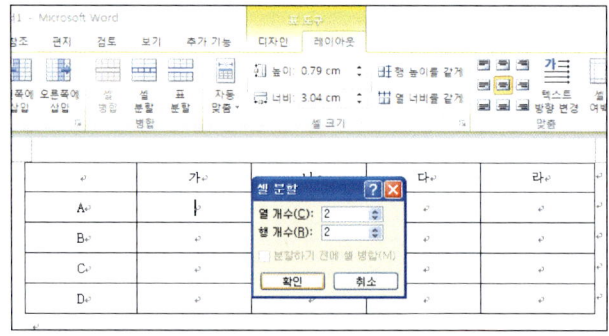

⑨ [확인] 명령을 클릭하면 커서가 있던 자리에 2행 2열의 셀이 삽입된다.

⑩ 여러 개의 셀을 하나의 셀로 병합하는 기능은 [표 도구]-[레이아웃] 탭-[병합] 그룹-[셀 병합] 명령을 클릭한다.

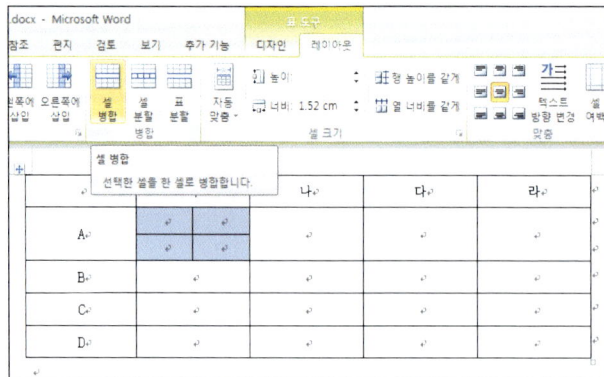

	가	나	다	라
A				
B				
C				
D				

⑪ 표에도 스타일을 적용할 수 있으며, 표 스타일에는 표 테두리, 셀 음영 등의 서식이 저장되어 있어서 다양한 테두리와 음영 서식을 빠르고 편리하게 적용할 수 있다. 표에 스타일을 적용하기 위해서는 표를 커서를 이동시킨 후 [표 도구]−[디자인] 탭−[표 스타일] 그룹에서 자세히 명령을 클릭하여 다양한 표 스타일을 볼 수 있다.

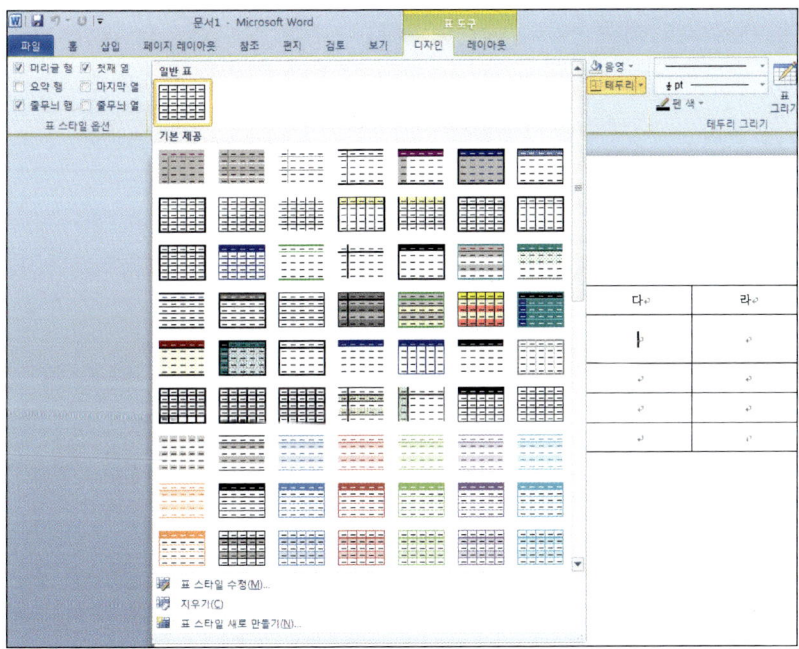

⑫ 표 스타일 중 '중간 눈금1'을 클릭하면 커서가 있던 표에 그 스타일이 적용된다.

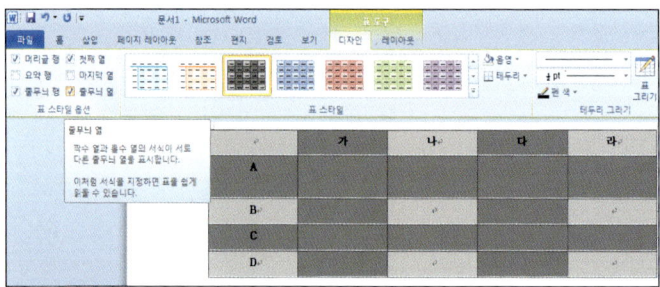

⑬ 지정한 표 스타일에 대해서도 [표 도구]-[디자인] 탭-[표 스타일 옵션] 그룹에서 머리글 행, 첫째 열, 요약 행, 마지막 열, 줄무늬 행, 줄무늬 열에 대해 적용여부를 선택할 수 있다. 만약 '줄무늬 열'을 체크하면 표에 줄무늬 열이 적용된다.

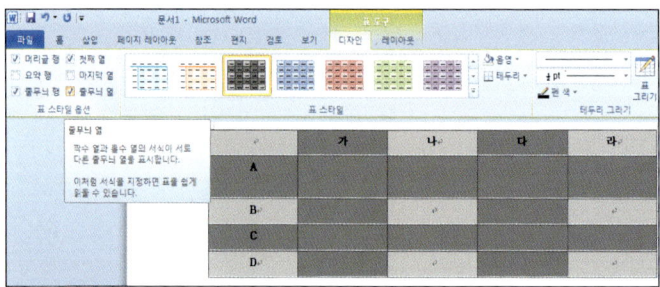

2. 그래픽의 삽입 및 편집

1) 그림의 삽입

① 그림을 삽입하기 위해서는 [삽입] 탭-[일러스트레이션] 그룹-[그림] 명령을 클릭하여 원하는 위치에 그림을 삽입할 수 있다.

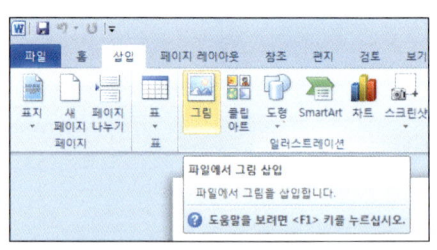

② [그림 삽입] 대화 상자가 나타나면 원하
　는 그림을 선택한 후 [삽입] 단추를 클
　릭하면 된다.

2) 클립아트 삽입

클립아트에는 그림, 사진, 비디오, 오디오 등이 있으며, 필요
한 유형의 클립아트를 검색하여 문서에 활용할 수 있다.

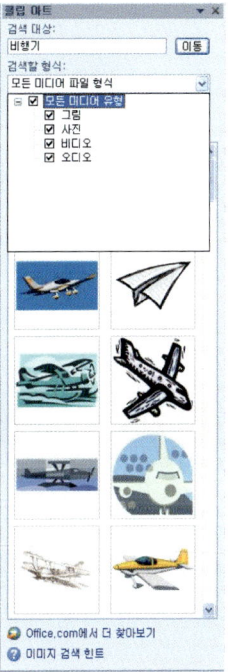

① [삽입] 탭-[일러스트레이션] 그룹-[클립아트] 명령을
　클릭하면 [클립아트] 작업창이 나오게 된다. 검색할 형식
　에 체크를 한 다음 [검색 대상]에 검색할 항목을 입력하
　고 [이동]을 클릭하면 된다.

② [클립아트] 창에서 삽입할 그림을 선택하면 오른쪽 커서가 위치해 있던 곳에 선
　택한 그림파일이 삽입된다.

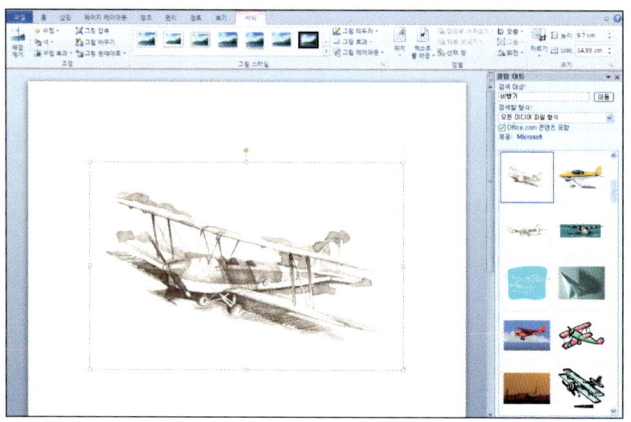

③ 삽입된 그림이나 클립아트는 [그림 도구]-[서식] 탭을 이용하여 그림 스타일 및
서식을 간단히 조정하여 그림에 다양한 효과를 줄 수 있다. [그림 도구]-[서식]
탭-[조정] 그룹-[꾸밈 효과]에서는 그림에 다양한 효과를 줄 수 있다. 단. [꾸밈
효과]는 jpg, png파일 등에만 적용할 수 있다.

④ 그림에 스타일을 적용하기 위해
　서는 [그림 도구]-[서식] 탭-
　[그림 스타일] 그룹에서 [자세
　히] 명령을 클릭한다.

⑤ 원하는 [그림 스타일]을 클릭하면 그림에 선택한 그림 스타일이 적용된다. 또한
　[그림 스타일] 그룹에서 스타일 지정 이외에도 그림 도형, 그림 테두리, 그림 효
　과를 적용할 수 있다.

- 그림 테두리: 그림 가장자리에 테두리 색, 두께, 대시 스타일을 설정한다.
- 그림 효과: 그림에 기본 설정, 그림자, 반사, 네온, 부드러운 가장자리, 입체 효
　과, 3차원 회전 효과를 설정한다.
- 그림 레이아웃: 그림을 쉽게 배열하고 캡션을 만들고 크기를 조정한다. 즉
　SmartArt 그래픽으로 변환한다.

⑥ [그림 도구]-[서식] 탭-[그림 스타일] 그룹-[그림 레이아웃] 명령을 클릭하면
그림을 쉽게 SmartArt 그래픽으로 변환할 수 있다.

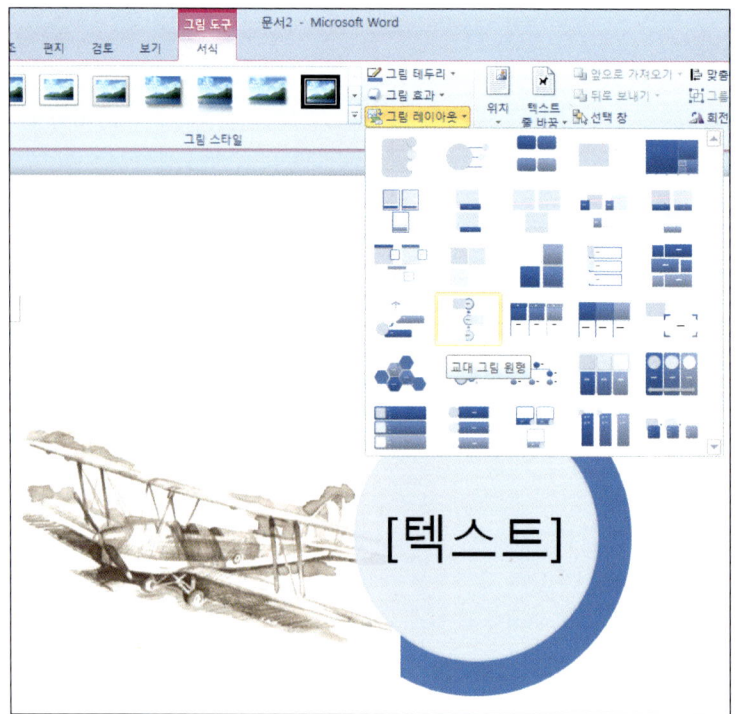

3. 표와 그래프의 목차 생성

준비파일: 표-그림 목차.docx

논문의 작성 시에는 표와 그림의 목차를 생성해야 한다. 표와 그림의 목차를 만드는
작업도 스타일을 이용한 목차 생성의 방법과 유사하다.

1) 표에 캡션 지정

① 표에 대한 목차를 생성하기 전에 표에
대한 캡션을 지정해야 한다. 캡션을 통
해 제목을 지정하기 위해서는 표 전체
를 드래그하여 선택한 후 마우스 오른
쪽 단추를 눌러 [캡션 삽입]을 클릭한다.

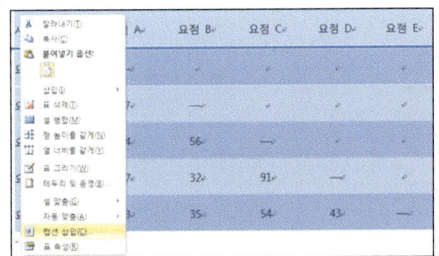

② [캡션] 대화상자가 나타나면 [레이블]의
값이 '표'로 선택되어 있는지 확인하고,
캡션이 들어갈 [위치]의 값을 선택한다.
일반적으로 표는 [선택한 항목 위에], 그
림은 [선택한 항목 아래에] 캡션이 들어
간다. [캡션] 아래에 표의 제목을 입력한
다. 단, '표 1'은 자동적으로 명시된다.

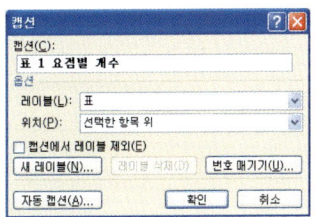

③ 2번째 표에는 '재학생 및 졸업생 수', 3
번째 표에는 '그리스어 알파벳'이라는 표 캡션을 삽입하기 위해서 표 위에 마우스
를 위치시키고, [참조] 탭-[캡션] 그룹-[캡션 삽입] 명령을 클릭해서 캡션을 삽입
할 수 있다.

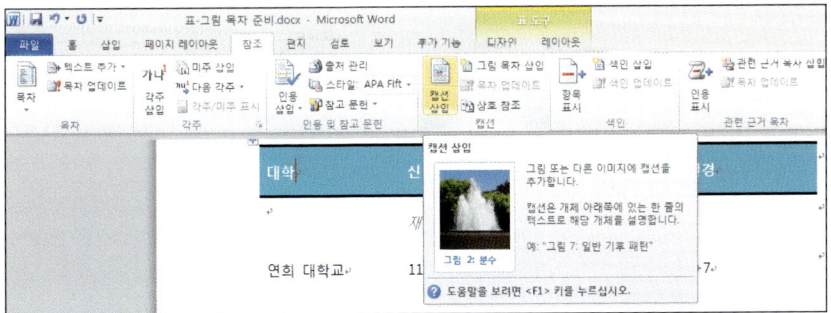

④ [캡션 삽입] 명령을 클릭하면 [캡션]에 자동적으로 '표 2'가 표시되며, 그 뒤에 이름을 입력하면 된다. 즉 표의 번호는 자동적으로 부여된다.

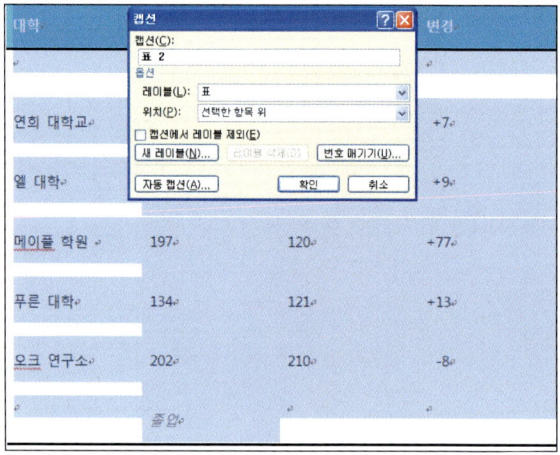

⑤ [캡션]에 표의 이름을 입력한 후에 [확인] 단추를 클릭하면 선택한 표 위에 입력한 캡션이 보이게 된다.

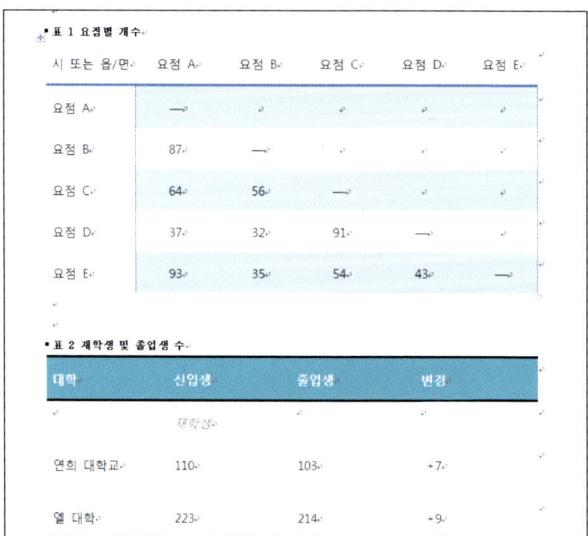

2) 그림에 캡션 지정

① 그림에 대한 목차를 생성하기 전에 그림에 대한 캡션을 지정해야 한다. 그림을 선택하고 [참조] 탭-[캡션] 그룹-[캡션 삽입] 명령을 클릭한다.

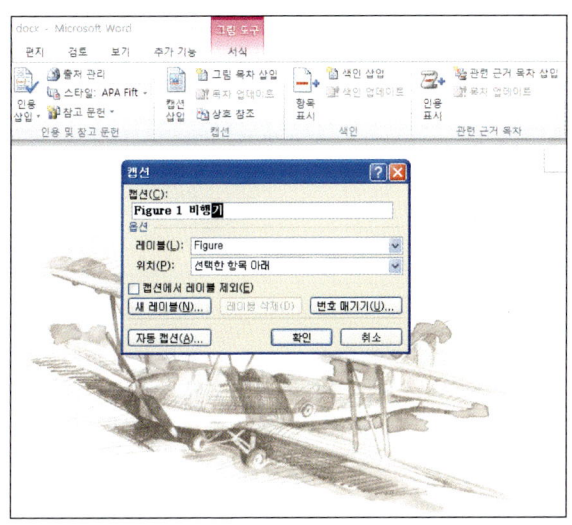

② 선택한 그림 아래에 캡션이 삽입된다.

③ 두 번째와 세 번째 그림에도 '자동차'와 '배'의 캡션을 같은 방식으로 삽입할 수 있다.

Figure 8 배.

Figure 2 자동차.

3) 표와 그림의 목차 생성

① 표 목차를 생성하기 위해서는 1페이지 표 목차 하단에 커서를 이동시킨 후 [참조]-[캡션] 그룹-[그림 목차 삽입] 명령을 클릭한다.

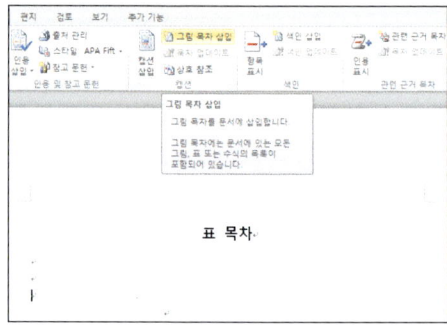

② [그림 목차] 대화 상자의 [캡션 레이블]에서 '표'를 선택하고 서식을 지정한 다음 [확인]을 클릭하면 된다.

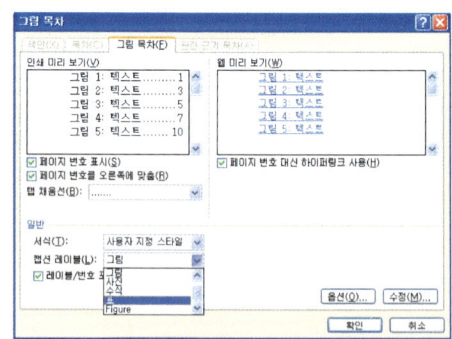

③ 커서가 있던 위치에 표로 지정
된 캡션들이 목차로 생성된다.

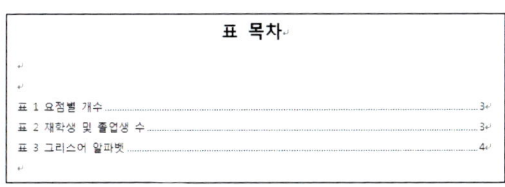

④ 그림의 목차를 생성하기 위해서
는 그림의 목차가 들어갈 위치
에 커서를 이동시킨 후 [참조]−
[캡션] 그룹−[그림 목차 삽입]
−[그림 목차] 대화 상자의 [캡
션 레이블]에서 '그림'을 선택하
고, 서식을 지정한다.

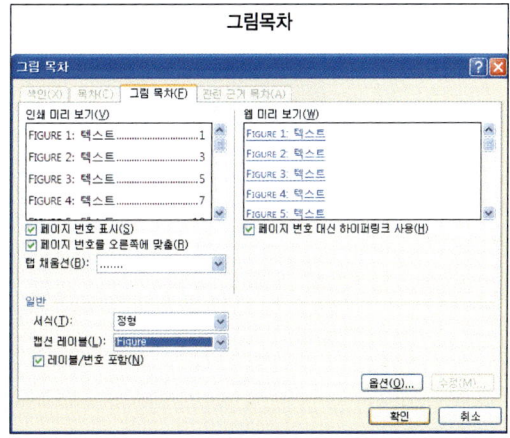

⑤ [확인]을 클릭하면 커서가 있던
위치에 그림 목차가 삽입된다.

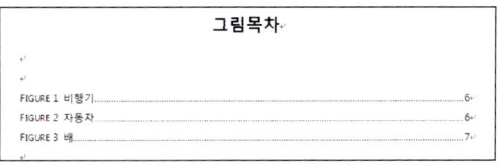

1. 표의 삽입 및 편집
   - 표를 삽입할 위치에 커서를 이동시킨 후 [삽입] 탭-[표] 그룹에서 [표] 명령을 클릭한 후 [표 크기]에서 열 개수와 행 개수를 입력한다.
   - 행 높이나 열 너비는 [표 도구]-[레이아웃] 탭-[셀 크기] 그룹에서 [표 행 높이]와 [표 행 너비]를 설정할 수 있다.
   - 행 및 열을 삽입하기 위해서는 [표 도구]-[레이아웃] 탭-[행 및 열] 그룹에서 추가할 수 있다.
   - 행 및 열을 삭제하기 위해서는 [표 도구]-[레이아웃] 탭-[행 및 열] 그룹-[삭제]에서 삭제할 수 있다.
   - 셀 안의 텍스트의 위치는 [표 도구]-[레이아웃] 탭-[맞춤] 그룹에서 위치를 설정할 수 있다.
   - 셀 분할은 [표 도구]-[레이아웃] 탭-[병합] 그룹-[셀 분할] 명령을 클릭하여 설정한다.
   - 셀 병합은 [표 도구]-[레이아웃] 탭-[병합] 그룹-[셀 병합] 명령을 클릭하여 설정한다.
   - 표에 스타일을 적용하기 위해서는 표를 커서를 이동시킨 후 [표 도구]-[디자인] 탭-[표 스타일] 그룹에서 설정한다.

2. 그래픽의 삽입 및 편집
   - 그림을 삽입하기 위해서는 [삽입] 탭-[일러스트레이션] 그룹-[그림] 명령을 클릭한다.
   - 클립아트를 삽입하기 위해서는 [삽입] 탭-[일러스트레이션] 그룹-[클립아트] 명령을 클릭하여 삽입한다.
   - 삽입된 그림이나 클립아트는 [그림 도구]-[서식] 탭을 이용하여 그림 스타일 및 서식을 간단히 조정하여 그림에 다양한 효과를 줄 수 있다.
   - [그림 도구]-[서식] 탭-[그림 스타일] 그룹-[그림 레이아웃] 명령을 클릭하여 그림을 SmartArt 그래픽으로 변환할 수 있다.

3. 표와 그래프의 목차 생성
   - 표의 캡션을 생성하기 위해서는 표 위에 마우스를 위치시키고, [참조] 탭-[캡션] 그룹-[캡션 삽입] 명령을 클릭해서 캡션을 삽입할 수 있다.
   - 그림에 대한 캡션을 지정하기 위해서는 그림을 선택하고 [참조] 탭-[캡션] 그룹-[캡션 삽입] 명령을 클릭한다.
   - 그림이나 표의 목차를 생성하기 위해서는 그림이나 표의 목차가 들어갈 위치에 커서를 이동시킨 후 [참조]-[캡션] 그룹-[그림 목차 삽입] 명령을 클릭한다.

1. 다음의 그림과 같은 표를 작성하시오(단, '연한 눈금−강조색 2' 스타일을 지정).

지역	제품	계획수량	판매수량
중부	바이올린	460	495
	비올라	120	70
	첼로	80	40
합계		660	605
남부	바이올린	220	130
	비올라	110	50
	첼로	50	30
합계		380	210

정답: 6−1(연습−풀이).docx

[설명] 정답의 풀이과정은 다음과 같다.

1) 표를 만들기 위해 [삽입] 탭−[표] 그룹−[표]−[표 삽입] 명령을
   클릭한다.

2) 표의 모양을 만들기 위해 [표 도구]−[레이아웃] 탭−[병합] 그룹
   에서 [셀 병합] 명령을 이용하여 '2~4행 1열', '6~8행 1열', '5행
   1~2열', '9행 1~2열'을 각각 병합한다.

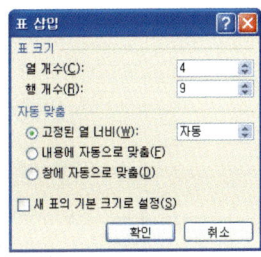

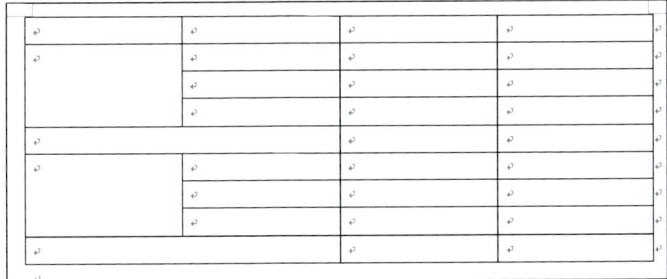

3) 각 셀에 텍스트를 입력한다.

지역	제품	계획 수량	판매 수량	
중부	바이올린	460	495	
	비올라	120	70	
	첼로	80	40	
합계		660	605	
남부	바이올린	220	130	
	비올라	110	50	
	첼로	50	30	
합계		380	210	

4) 스타일을 지정하기 위해 표를 선택하고 [표 도구]−[디자인] 탭−[표 스타일] 그룹에서 [자세히] 명령을 클릭하여 '연한 눈금−강조색 2' 스타일을 선택한다.

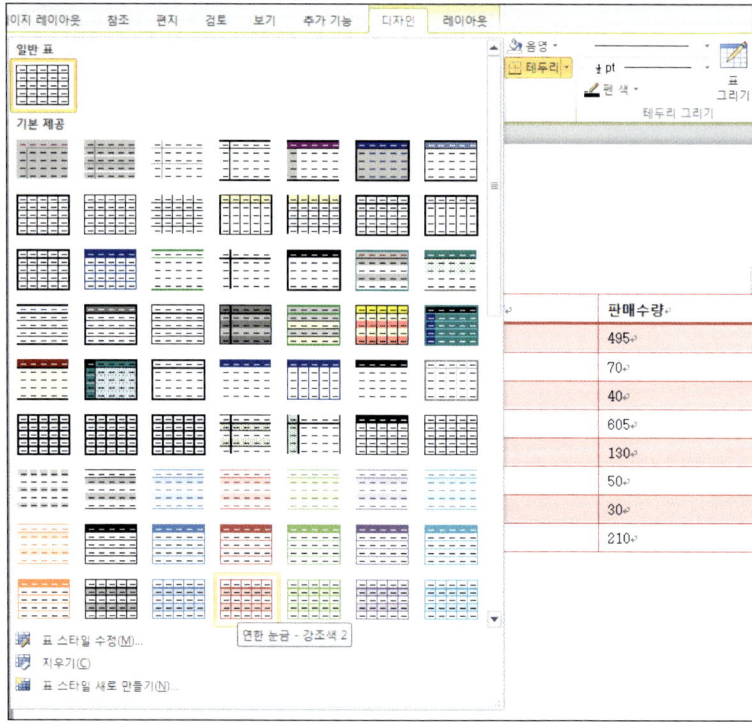

5) 표에 '연한 눈금-강조색 2' 스타일이 적용된다.

지역	제품	계획수량	판매수량	
중부	바이올린	460	495	
	비올라	120	70	
	첼로	80	40	
합계		660	605	
남부	바이올린	220	130	
	비올라	110	50	
	첼로	50	30	
합계		380	210	

2. 6-2(연습).docx 파일에서 첫 번째 표에는 '지역별 판매량', 두 번째 표에는 '달력', 세 번째 표에는 '그리스어 알파벳' 캡션을 지정하고, 첫 번째 그림에는 '나무', 두 번째 그림에는 '바다' 캡션을 지정하여 표와 그림의 목차를 각각 생성하시오(단, 정형 스타일을 적용).

정답: 6-2(연습-풀이).docx

[설명] 정답의 풀이과정은 다음과 같다.

1) 6-2(연습).docx 파일에서 첫 번째 표를 선택하고 [참조] 탭-[캡션] 그룹-[캡션 삽입] 명령을 클릭한다.

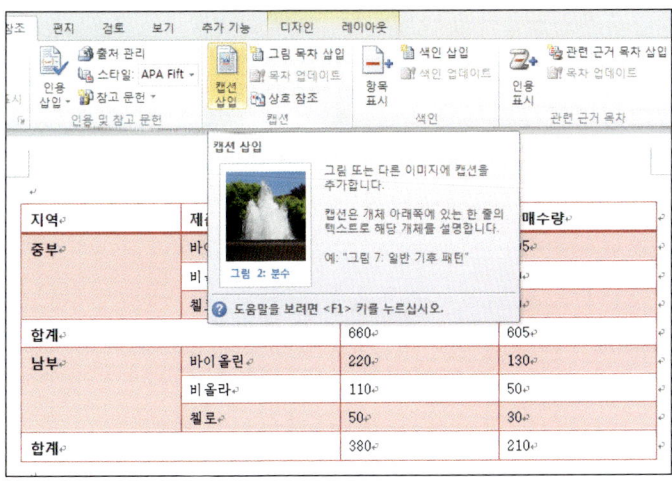

2) [캡1션] 대화상자에서 '표 1' 다음에 '지역별 판매량'을 입력하고 [확인]을 클릭한다.

▪ 표 1 지역별 판매량

지역	제품	계획수량	판매수량
중부	바이올린	460	495
	비올라	120	70
	첼로	80	40
합계		660	605
남부	바이올린	220	130
	비올라	110	50
	첼로	50	30
합계		380	210

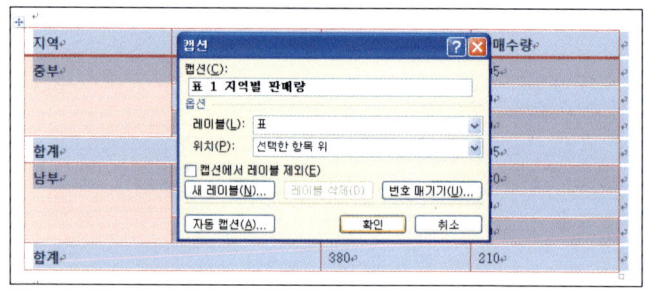

3) '표 2'와 '표 3'에도 같은 방식으로 캡션을 입력한다.

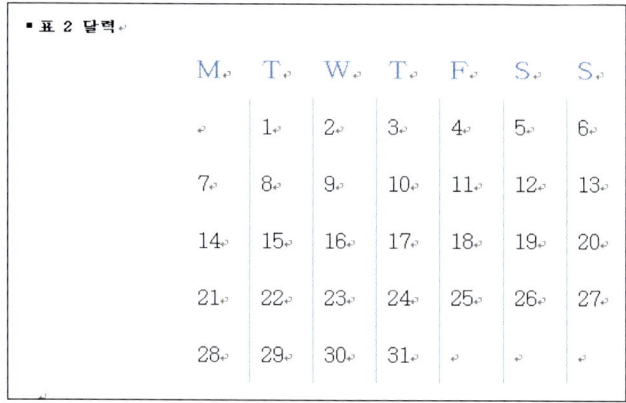

▪ 표 2 달력

M	T	W	T	F	S	S
	1	2	3	4	5	6
7	8	9	10	11	12	13
14	15	16	17	18	19	20
21	22	23	24	25	26	27
28	29	30	31			

■ 표 3 그리스어 알파벳

문자	대문자	소문자	문자	대문자	소문자
알파	A	α	뉴	N	ν
베타	B	β	크사이	Ξ	ξ
감마	Γ	γ	오미크론	O	o
델타	Δ	δ	파이	Π	π
엡실론	E	ε	로	P	ρ
제타	Z	ζ	시그마	Σ	σ
에타	H	η	타우	T	τ
테타	Θ	θ	입실론	Y	υ
이오타	I	ι	화이	Φ	φ
카파	K	κ	카이	X	χ
람다	Λ	λ	프사이	Ψ	ψ
뮤	M	μ	오메가	Ω	ω

4) 첫 번째 그림에 캡션을 지정하기 위해서 그림을 선택하고, [참조] 탭-[캡션] 그룹-[캡션 삽입] 명령을 클릭하고 [레이블]에서 [그림]을 선택하고 [캡션] 창에서 '그림 1' 다음에 '나무'를 입력한다.

그림 2 바다

5) '그림 2'에 '바다' 캡션을 같은 방식으로 입력한다.

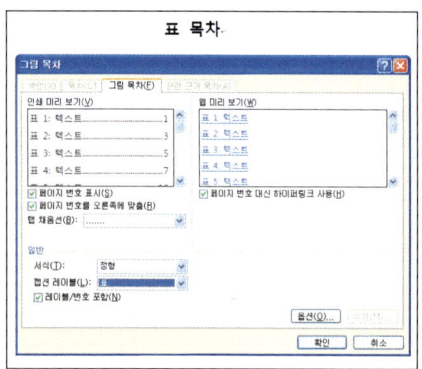

6) 표 목차를 생성하기 위해 1쪽의 [표 제목] 하단에 커서를 이동시킨 후 [그림 목차] 대화상자의 [일반]에서 [서식]은 '정형', [캡션 레이블]은 '표'를 선택하고 [확인] 명령을 클릭한다.

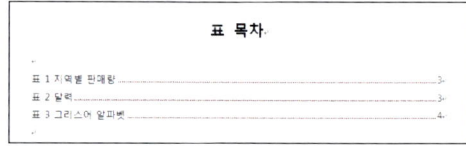

7) 그림 목차를 생성하기 위해 2쪽의 [그림 제목] 하단에 커서를 이동시킨 후 [그림 목차] 대화상자의 [일반]에서 [서식]은 '정형', [캡션 레이블]은 '그림'을 선택하고 [확인] 명령을 클릭한다.

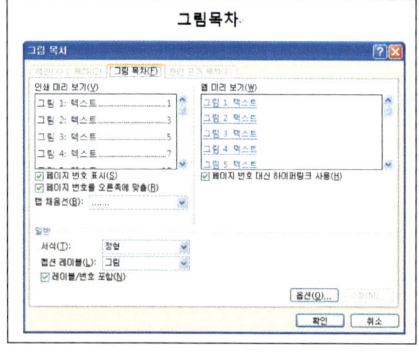

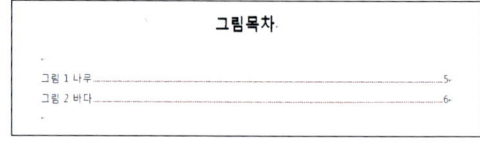

Part III

엑셀 2010을 활용한
그래프와 함수 작성

학습목표

- 셀과 워크시트를 이해할 수 있다.
- 함수를 이용해 데이터를 효율적으로 처리할 수 있다.

1. 셀과 워크시트 이해

엑셀은 각종 수학적 데이터를 편리하게 컴퓨터로 처리할 수 있게 해주는 스프레드시트 프로그램이다. 각종 수치를 계산하는 데 유용할 뿐만 아니라 차트 작성, 데이터베이스 관리 그리고 문서 작업 등의 다양한 기능을 수행하는 데 유용하다.

1) 셀의 이해

① 셀에는 열번호와 행번호가 있으며, 이 두 번호를 붙여 셀주소라고 한다.

② 열번호나 행번호를 클릭하여 열이나 행 전체를 선택한다.

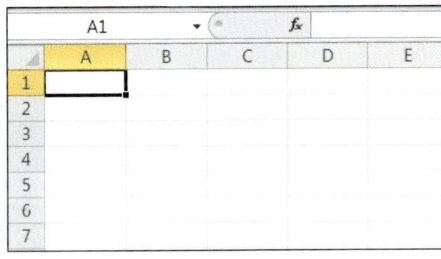

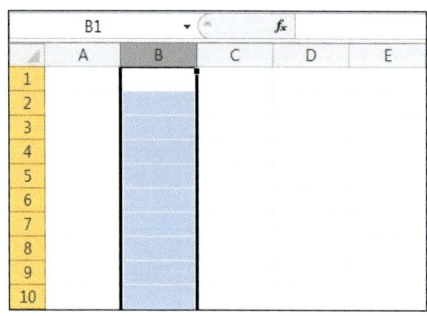

③ SHIFT 키와 CTRL 키를 이용하여 원하는 셀의 범위를 선택한다.

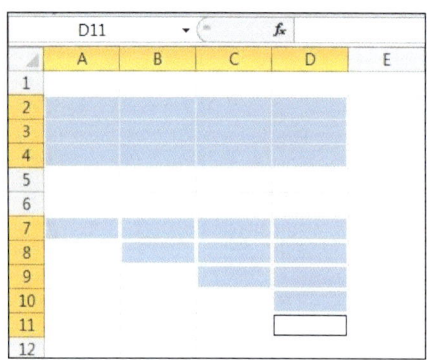

④ 워크시트의 임의의 셀을 마우스로 클릭하여 셀의 선택을 취소한다.

2) 워크시트의 이해

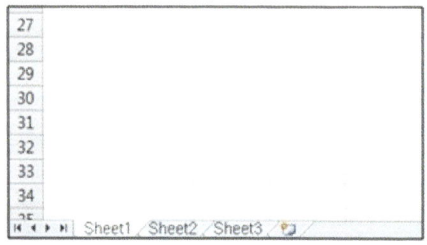

① 셀이 모여 워크시트를 이루며 최대 1,048,576 행과 16,384열의 크기를 가진다. 엑셀을 실행하면 기본적으로 총 3개의 워크시트 탭이 생성되며 총 255개의 워크시트를 만들 수 있다.

② 워크시트의 탭을 마우스로 더블 클릭하여 워크시트의 이름을 변경할 수 있다.

③ 마우스를 드래그하여 워크시트를 이
   동할 수 있다.

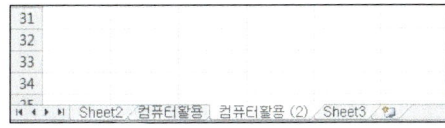

④ CTRL 키를 누른 채로 워크시트를 드
   래그하여 복사할 수 있다.

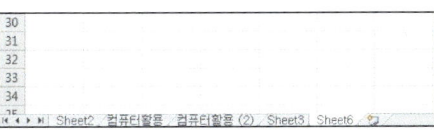

⑤ 워크시트 삽입 버튼을 이용하여 새로
   운 워크시트를 삽입할 수 있다.

⑥ 메뉴 버튼을 이용하여 워크시트를 삭
   제할 수 있다.

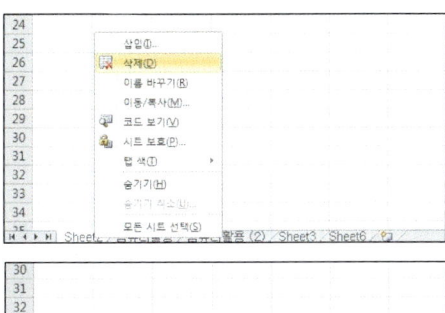

3) 채우기 핸들의 이해

채우기 핸들은 셀 포인터 아래의 검은 점을 가리키며, 연속된 셀에 복사를 하거나 특정 문자열을 증가시키면서 셀에 데이터를 채운다. 마우스 포인터를 채우기 핸들로 가져가면 십자가 모양으로 바뀌며 채우기 핸들을 드래그하여 데이터를 자동으로 입력할 수 있다.

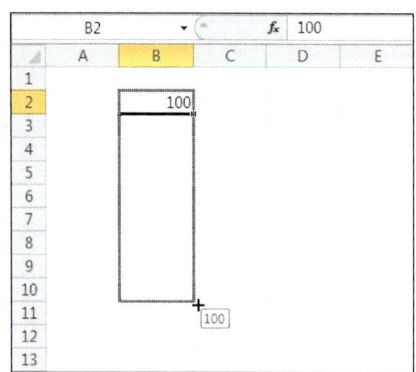

① 채우기 핸들을 사용할 수 있다.

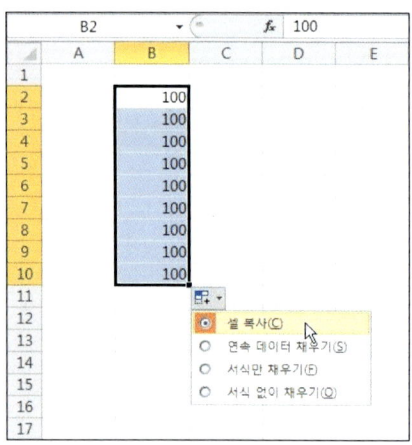

② 셀 복사 옵션을 사용해 본다. 일반적으로 자동 채우기 옵션을 사용하지 않는 경우에는 자동적으로 복사 기능을 수행한다.

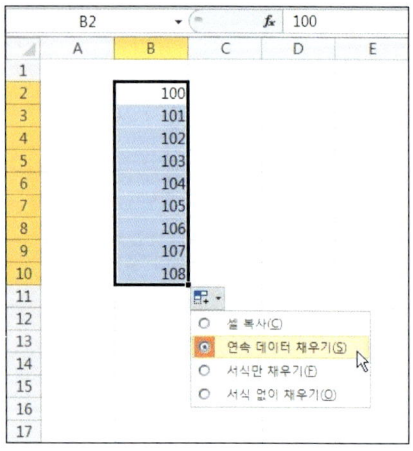

③ 연속 데이터 채우기 옵션을 사용해 본다.

④ 서식만 채우기 옵션을 사용해 본다.

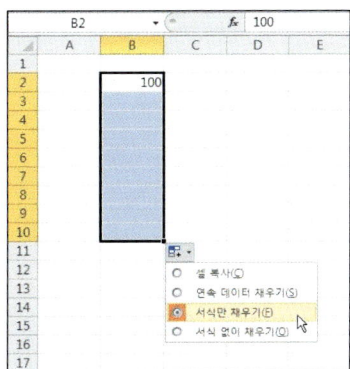

⑤ 서식 없이 채우기 옵션을 사용해 본다.

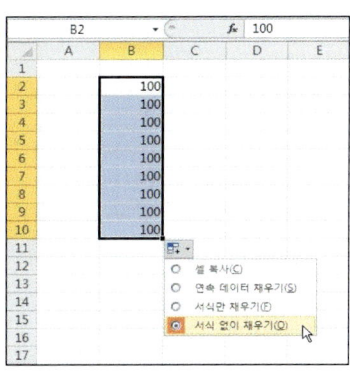

⑥ 자동 채우기를 이용하여 숫자의 증가를 확인한다.

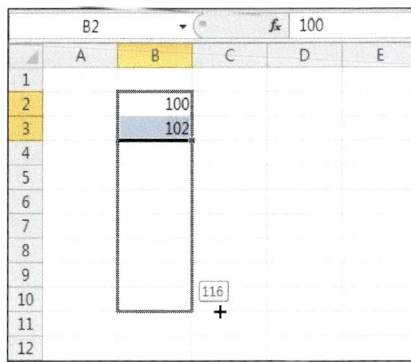

⑦ 자동 채우기를 이용하여 숫자의 증가를 확인한다.

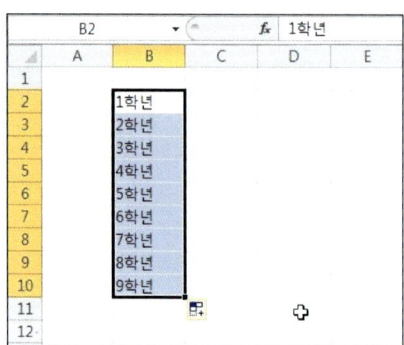

⑧ 자동 채우기를 이용하여 문자에 대해서 데이터를 입력해 본다.

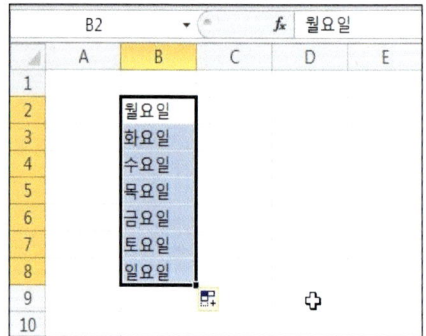

4) 단축키의 사용

① 작업의 취소: CTRL + Z

② 작업의 복구: CTRL + Y

③ 데이터 복사하기: CTRL + C

④ 데이터 붙여넣기: CTRL + V

⑤ 데이터 잘라내기: CTRL + X

2. 함수를 이용한 데이터의 효율적인 처리

수식은 워크시트에서 등호(=)를 이용하여 값을 계산한다. 수식은 연산자, 숫자, 셀주소로 구성된다. 셀주소가 수식에 사용되면, 셀의 내용이 바뀔 때 자동으로 다시 계산된다. 함수는 미리 만들어진 수식으로 엑셀에서는 다양한 함수를 제공하고 있다.

1) 수식의 이해

① 셀에 등호(=)를 이용하여 수식을 입력할 수 있다.

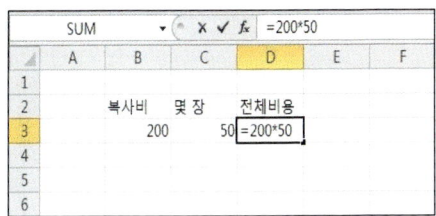 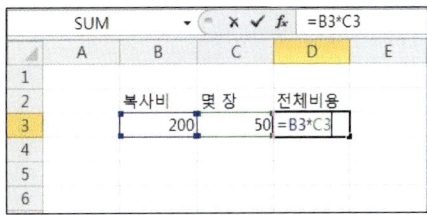

② 셀주소가 수식에 사용되어 셀의 내용이 바뀌면 자동으로 다시 계산된다.

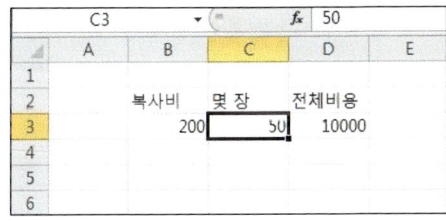 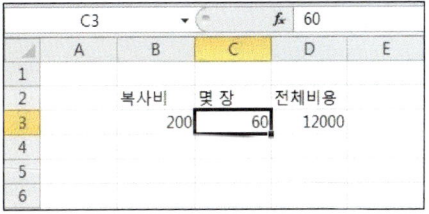

2) 함수의 이해

① 직접 셀주소를 입력하여 합계를 계산
할 수 있다.

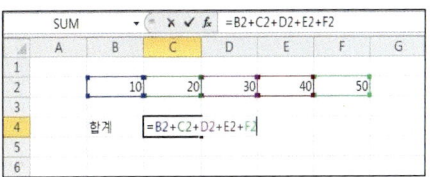

② 함수를 입력하여 합계를 계산할 수 있다.

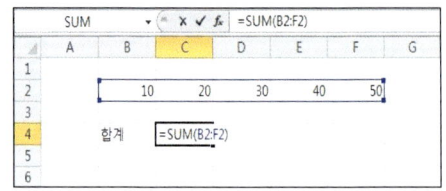

3) 함수 마법사의 사용

① 함수 마법사 버튼을 마우스로 클릭한다.

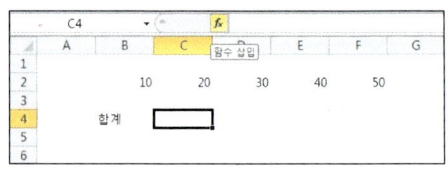

② 함수 마법사 대화상자에서 원하는 함수를 선택한다.

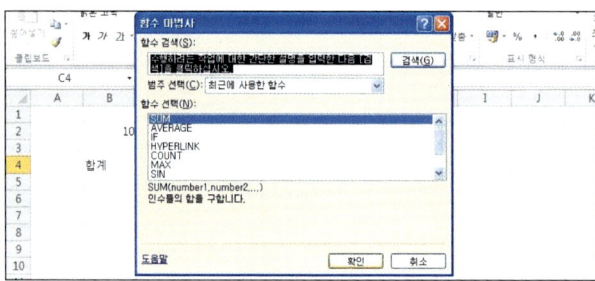

③ 함수 마법사 인수 대화상자에서 인수를 지정한다.

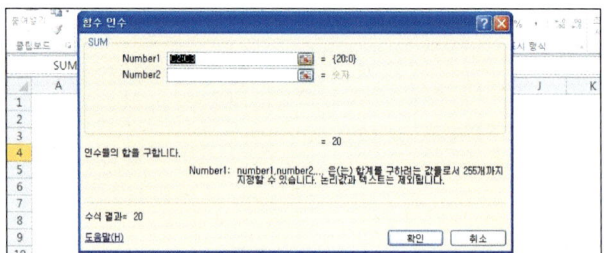

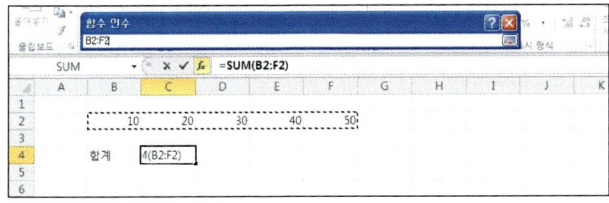

④ 함수 마법사 대화상자에서 확인을 클릭한다.

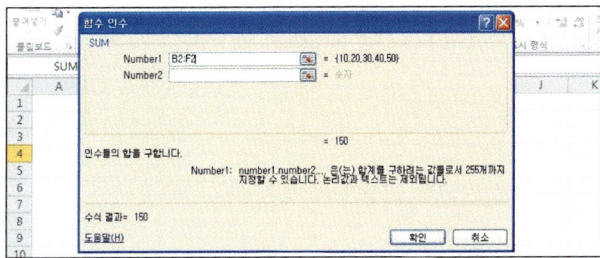

⑤ 결과를 확인한다.

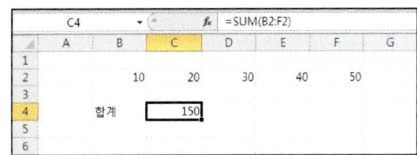

4) 효율적인 데이터의 처리

① 다수의 데이터의 합계와 평균을 함수를
이용하여 간단히 계산할 수 있다.

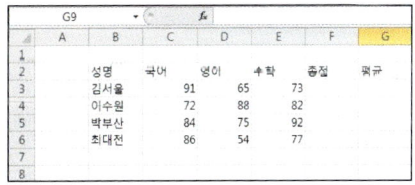

② 함수 마법사 버튼을 마우스로 클릭한다.

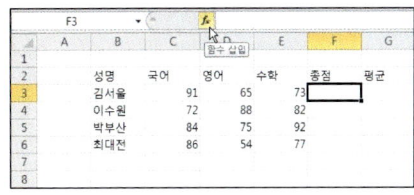

③ 함수 마법사 대화상자에서 원하는 함수를 선택한다.

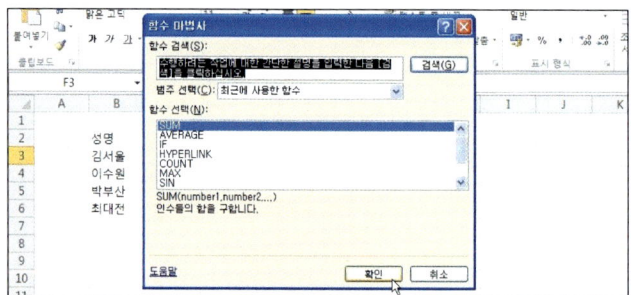

④ 함수 마법사 인수 대화상자에서 인수를 지정한다.

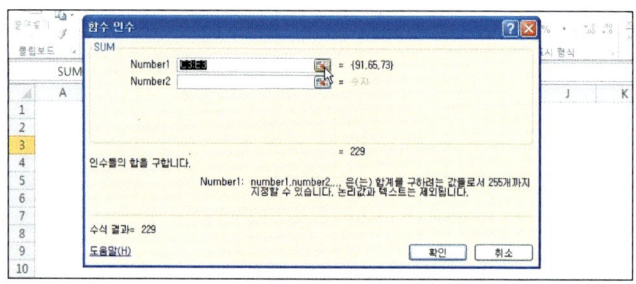

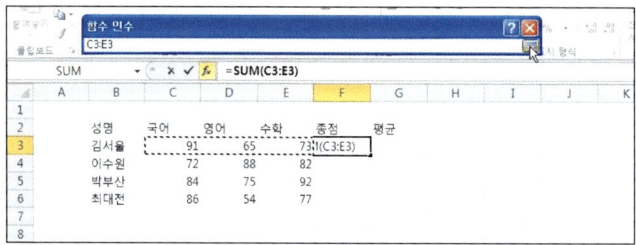

⑤ 함수 마법사 대화상자에서 확인을 클릭한다.

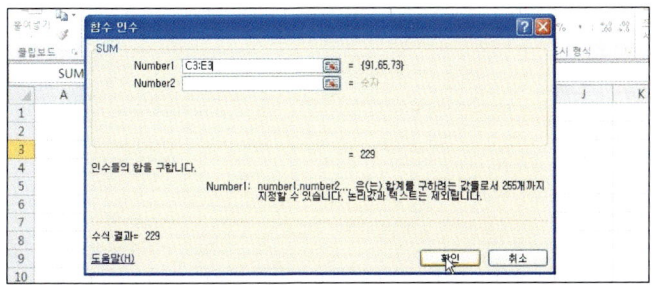

⑥ 결과를 확인한다.

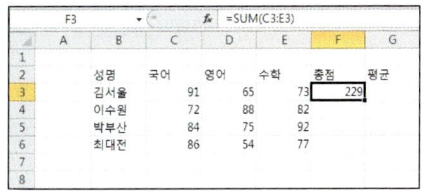

⑦ 채우기 핸들을 이용하여 나머지 합계를
  계산한다.

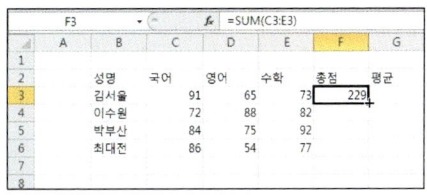

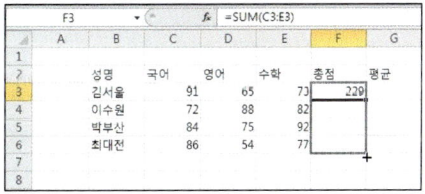

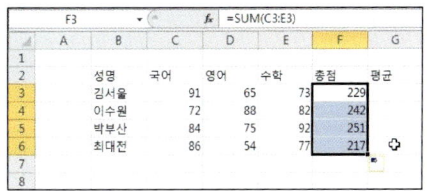

1. 셀과 이해
   - 셀에는 열번호와 행번호가 있으며, 이 두 번호를 붙여 셀주소라고 한다.
   - 열번호나 행번호를 클릭하여 열이나 행 전체를 선택할 수 있다.
   - SHIFT 키와 CTRL 키를 이용하여 원하는 셀의 범위를 선택할 수 있다.
   - 워크시트의 임의의 셀을 마우스로 클릭하여 셀의 선택을 취소한다.

2. 워크시트의 이해
   - 셀이 모여 워크시트를 이루며, 1,048,576행과 16,384열의 크기를 가진다.
   - 엑셀을 실행하면 총 3개의 워크시트 탭이 생성되며 총 255개의 워크시트를 만들 수 있다.
   - 워크시트의 탭을 마우스로 더블 클릭하면 워크시트의 이름을 변경할 수 있다.
   - 마우스로 드래그하여 워크시트를 이동할 수 있다.
   - CTRL 키를 누른 채로 워크시트를 드래그하여 복사할 수 있다.
   - 워크시트 삽입 버튼을 이용하여 새로운 워크시트를 삽입할 수 있다.
   - 메뉴 버튼을 이용하여 워크시트를 삭제할 수 있다.

3. 채우기 핸들의 이해
   - 채우기 핸들은 셀 포인터 아래의 검은 점을 가리키며, 연속된 셀에 복사를 하거나 특정 문자열을 증가시키면서 셀에 데이터를 채운다.
   - 마우스 포인터를 채우기 핸들로 가져가면 십자가 모양으로 바뀌며 채우기 핸들을 드래그하여 데이터를 자동으로 입력할 수 있다.
   - 채우기 핸들에는 셀 복사, 연속 데이터 채우기, 서식만 채우기, 그리고 서식 없이 채우기 4개의 옵션이 있다.
   - 자동 채우기를 이용하여 숫자를 증가시키거나 감소시켜 데이터를 입력할 수 있다.

4. 단축키의 사용
   - 작업의 복구: CTRL + Y
   - 데이터 복사하기: CTRL + C

- 데이터 붙여넣기: CTRL + V
- 작업의 취소: CTRL + Z
- 데이터 잘라내기: CTRL + X

5. 효율적인 데이터의 처리
- 수식을 이용하여 원하는 데이터의 결과를 얻을 수 있다.
- 함수를 이용하여 원하는 데이터의 결과를 얻을 수 있다.
- 함수 마법사를 사용하여 다양한 함수를 적용할 수 있다.

1. 다음의 그림과 같은 표를 작성하시오(총점, 평균, 과목평균, 최고점수는 함수를 이용하시오).

성명	국어	영어	수학	과학	사회	음악	체육	총점	평균	최고점수
김서울	91	65	73	86	95	54	94	558	79.71429	95
이수원	72	88	82	86	79	84	84	575	82.14286	88
박부산	84	75	92	80	93	86	86	596	85.14286	93
최대전	86	54	77	74	84	94	87	556	79.42857	94
김천안	94	84	54	84	86	88	82	572	81.71429	94
임대구	92	86	84	86	94	82	92	616	88	94
장부산	76	94	86	82	75	92	87	592	84.57143	94
한경주	88	68	86	92	87	84	96	601	85.85714	96
조창원	85	80	97	88	67	86	76	579	82.71429	97
정마산	92	79	68	78	85	94	77	573	81.85714	94
과목평균	86	77.3	79.9	83.6	84.5	84.4	86.1			

정답: 7-1(연습-풀이).docx

[설명] 정답의 풀이과정은 다음과 같다.

1) 함수 마법사 버튼을 클릭한다.

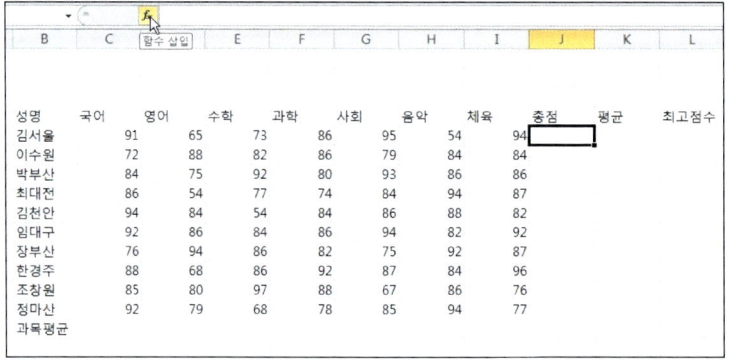

2) 함수 마법사 대화상자에서 SUM 함수를 선택한다.

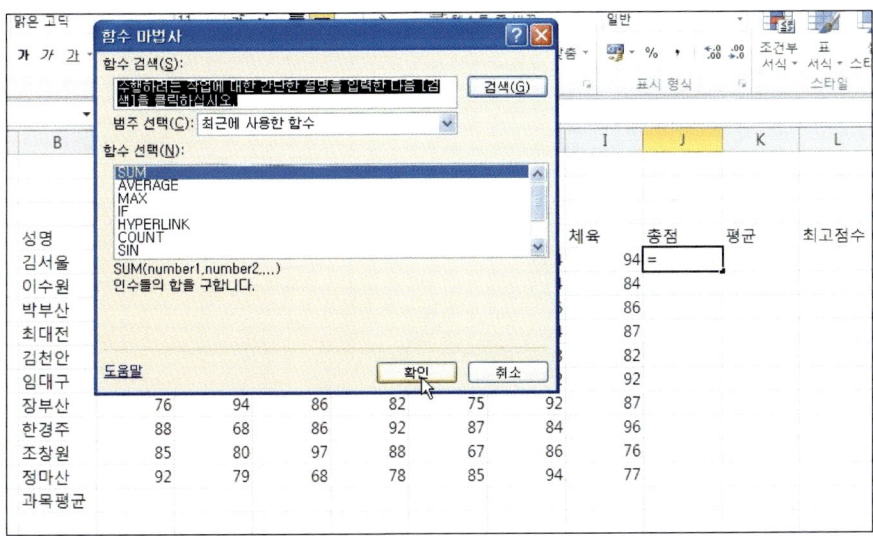

3) 함수 마법사 인수 대화상자에서 인수를 지정한다.

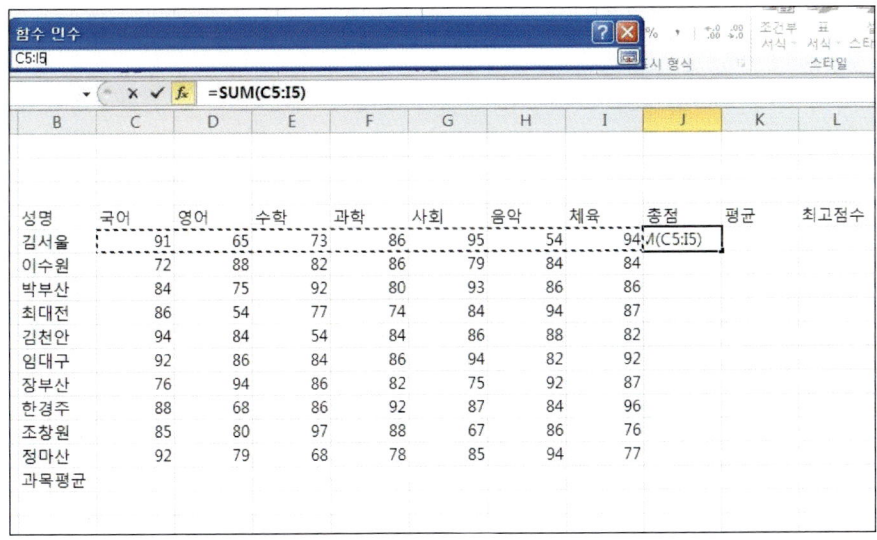

4) 채우기 핸들을 이용하여 나머지 인원에 대한 총점도 구한다.

5) 총점 결과를 확인한다.

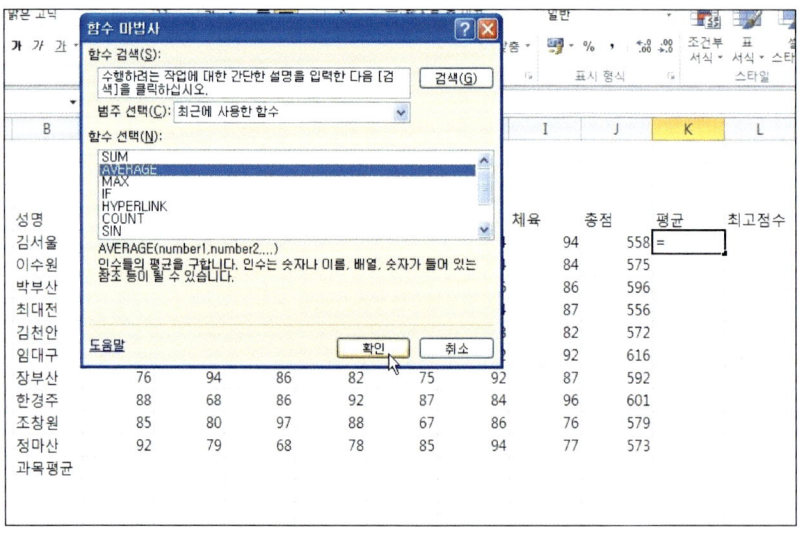

6) 평균을 구하기 위해 함수 마법사를 선택하여 대화상자에서 **AVERAGE** 함수를 선택한다.

7) 함수 마법사 인수 대화상자에서 인수를 지정한다.

성명	국어	영어	수학	과학	사회	음악	체육	충점	평균	최고점수
김서울	91	65	73	86	95	54	94	558	E(C5:I5)	
이수원	72	88	82	86	79	84	84	575		
박부산	84	75	92	80	93	86	86	596		
최대전	86	54	77	74	84	94	87	556		
김천안	94	84	54	84	86	88	82	572		
임대구	92	86	84	86	94	82	92	616		
장부산	76	94	86	82	75	92	87	592		
한경주	88	68	86	92	87	84	96	601		
조창원	85	80	97	88	67	86	76	579		
정마산	92	79	68	78	85	94	77	573		
과목평균										

8) 채우기 핸들을 이용하여 나머지 인원에 대한 평균을 구한다.

성명	국어	영어	수학	과학	사회	음악	체육	충점	평균	최고점수
김서울	91	65	73	86	95	54	94	558	79.71429	
이수원	72	88	82	86	79	84	84	575		
박부산	84	75	92	80	93	86	86	596		
최대전	86	54	77	74	84	94	87	556		
김천안	94	84	54	84	86	88	82	572		
임대구	92	86	84	86	94	82	92	616		
장부산	76	94	86	82	75	92	87	592		
한경주	88	68	86	92	87	84	96	601		
조창원	85	80	97	88	67	86	76	579		
정마산	92	79	68	78	85	94	77	573		
과목평균										

9) 평균 결과를 확인한다.

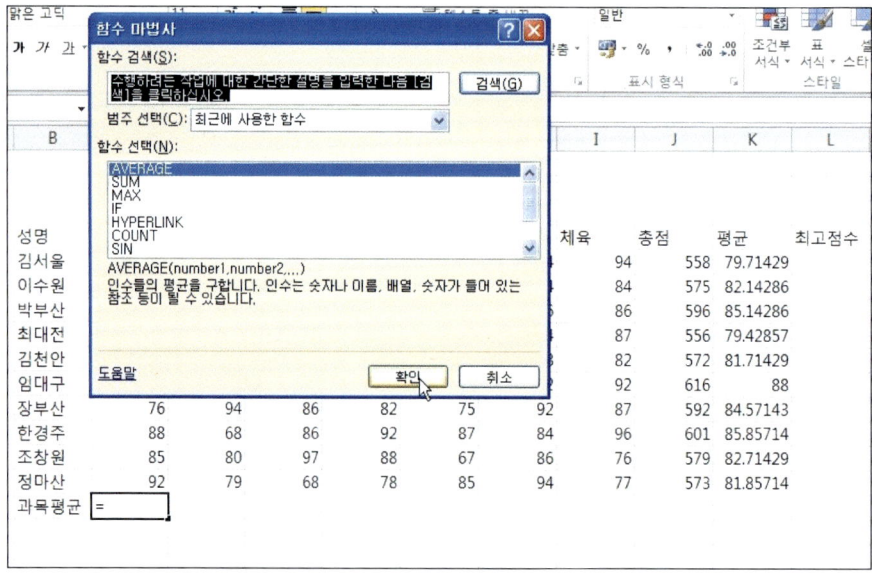

B	C	D	E	F	G	H	I	J	K	L
성명	국어	영어	수학	과학	사회	음악	체육	총점	평균	최고점수
김서울	91	65	73	86	95	54	94	558	79.71429	
이수원	72	88	82	86	79	84	84	575	82.14286	
박부산	84	75	92	80	93	86	86	596	85.14286	
최대전	86	54	77	74	84	94	87	556	79.42857	
김천안	94	84	54	84	86	88	82	572	81.71429	
임대구	92	86	84	86	94	82	92	616	88	
장부산	76	94	86	82	75	92	87	592	84.57143	
한경주	88	68	86	92	87	84	96	601	85.85714	
조창원	85	80	97	88	67	86	76	579	82.71429	
정마산	92	79	68	78	85	94	77	573	81.85714	
과목평균										

10) 과목평균을 구하기 위해 함수 마법사를 선택하여 대화상자에서 AVERAGE 함수를 선택한다.

11) 함수 마법사 인수 대화상자에서 인수를 지정한다.

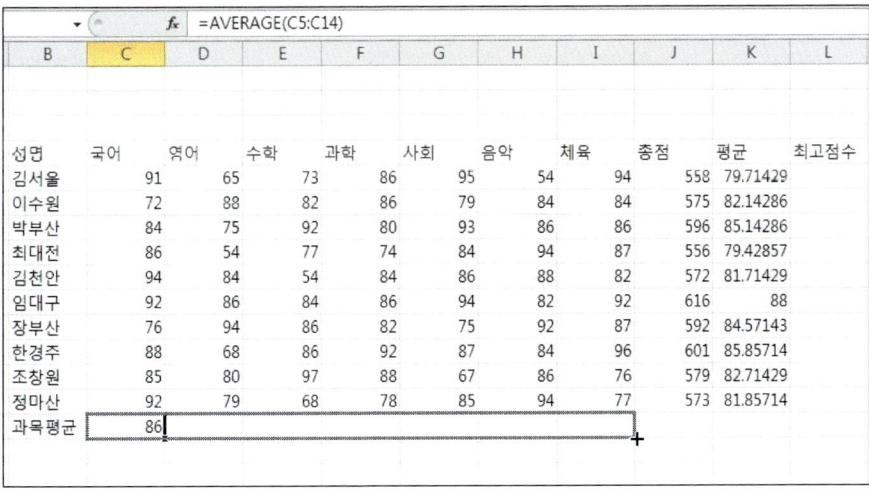

12) 채우기 핸들을 이용하여 나머지 과목에 대한 과목평균을 구한다.

B	C	D	E	F	G	H	I	J	K	L
	국어	영어	수학	과학	사회	음악	체육	총점	평균	최고점수
성명										
김서울	91	65	73	86	95	54	94	558	79.71429	
이수원	72	88	82	86	79	84	84	575	82.14286	
박부산	84	75	92	80	93	86	86	596	85.14286	
최대전	86	54	77	74	84	94	87	556	79.42857	
김천안	94	84	54	84	86	88	82	572	81.71429	
임대구	92	86	84	86	94	82	92	616	88	
장부산	76	94	86	82	75	92	87	592	84.57143	
한경주	88	68	86	92	87	84	96	601	85.85714	
조창원	85	80	97	88	67	86	76	579	82.71429	
정마산	92	79	68	78	85	94	77	573	81.85714	
과목평균	86									

13) 과목평균 결과를 확인한다.

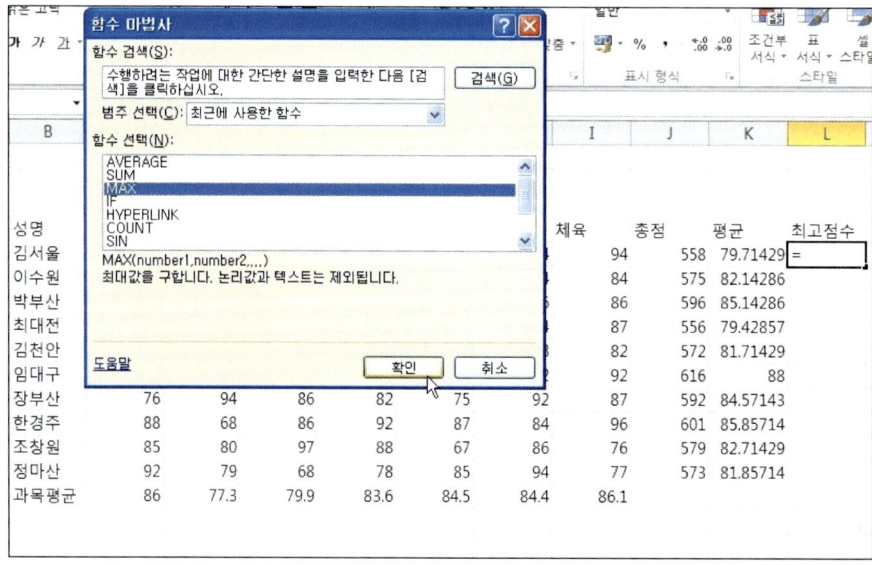

	B	C	D	E	F	G	H	I	J	K	L
	성명	국어	영어	수학	과학	사회	음악	체육	총점	평균	최고점수
	김서울	91	65	73	86	95	54	94	558	79.71429	
	이수원	72	88	82	86	79	84	84	575	82.14286	
	박부산	84	75	92	80	93	86	86	596	85.14286	
	최대전	86	54	77	74	84	94	87	556	79.42857	
	김천안	94	84	54	84	86	88	82	572	81.71429	
	임대구	92	86	84	86	94	82	92	616	88	
	장부산	76	94	86	82	75	92	87	592	84.57143	
	한경주	88	68	86	92	87	84	96	601	85.85714	
	조창원	85	80	97	88	67	86	76	579	82.71429	
	정마산	92	79	68	78	85	94	77	573	81.85714	
	과목평균	86	77.3	79.9	83.6	84.5	84.4	86.1			

14) 최고점수를 구하기 위해 함수 마법사를 선택하여 대화상자에서 MAX 함수를 선택한다.

15) 함수 마법사 인수 대화상자에서 인수를 지정한다.

16) 채우기 핸들을 이용하여 나머지 인원에 대한 최고점수를 구한다.

17) 최고점수 결과를 확인한다.

		fx	=MAX(C5:I5)								
B	C	D	E	F	G	H	I	J	K	L
성명	국어	영어	수학	과학	사회	음악	체육	충점	평균	최고점수
김서울	91	65	73	86	95	54	94	558	79.71429	95
이수원	72	88	82	86	79	84	84	575	82.14286	88
박부산	84	75	92	80	93	86	86	596	85.14286	93
최대전	86	54	77	74	84	94	87	556	79.42857	94
김천안	94	84	54	84	86	88	82	572	81.71429	94
임대구	92	86	84	86	94	82	92	616	88	94
장부산	76	94	86	82	75	92	87	592	84.57143	94
한경주	88	68	86	92	87	84	96	601	85.85714	96
조창원	85	80	97	88	67	86	76	579	82.71429	97
정마산	92	79	68	78	85	94	77	573	81.85714	94
과목평균	86	77.3	79.9	83.6	84.5	84.4	86.1			

- 차트의 종류 및 구성 요소를 이해할 수 있다.
- 다양한 레이아웃을 이용해 데이터의 시각화 처리를 할 수 있다.

1. 차트의 종류 및 구성 요소의 이해

1) 차트의 종류

① 세로막대형: 데이터의 변화와 항목간의 데이터 분포를 비교하기 위한 목적으로 사용한다.

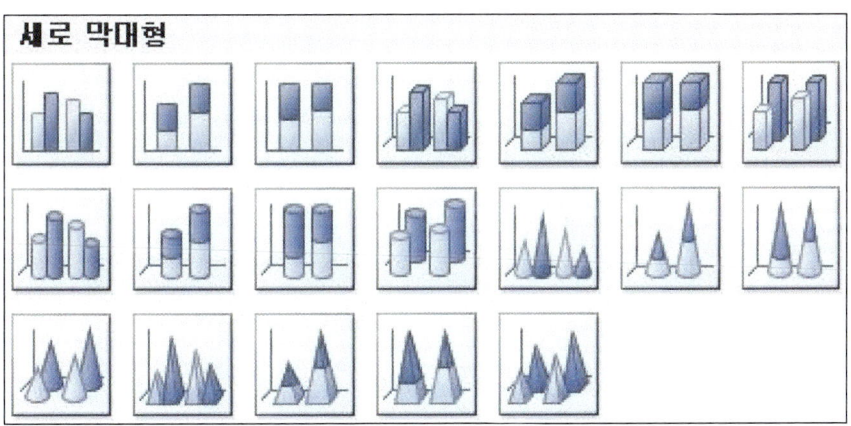

② 꺾은선형: 세로 막대형 차트와 같이 데이터의 변화와 분포를 나타내는 목적으로 사용하며, 선으로 표시한다.

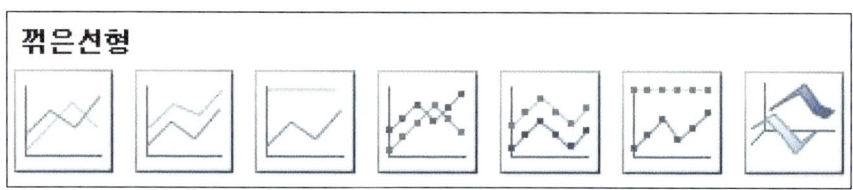

③ 원형: 데이터 전체의 각 항목에 대해 크기와 비율로 나타내는 목적으로 사용하며, 보통은 원형 차트를 사용하고, 입체적인 효과를 위해 3차원 원형차트를 사용하기도 한다.

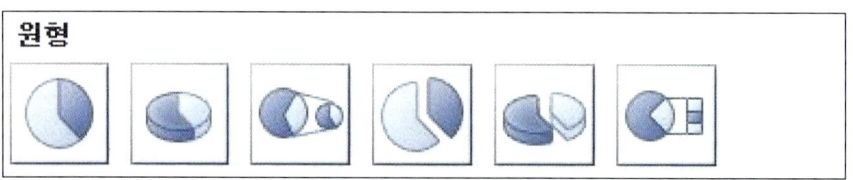

④ 가로막대형: 데이터의 각 항목 값을 비교하기 위해 사용한다. 보통 데이터의 대소 비교, 분포, 상관관계를 표현하기 위한 목적으로 이용한다.

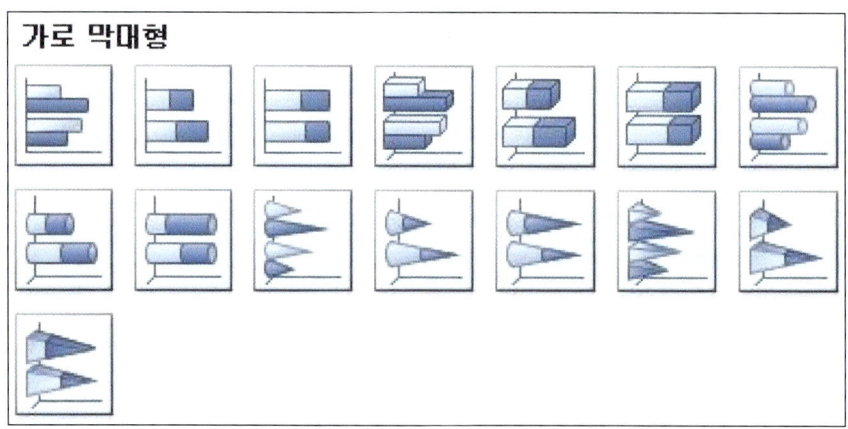

⑤ 영역형: 시간의 흐름에 따른 데이터 변화를 강조하기 위해 사용한다.

⑥ 분산형: 데이터의 분포, 혹은 불규칙한 간격을 나타낼 때 사용하며 과학적인 데이터의 분석에 주로 이용한다.

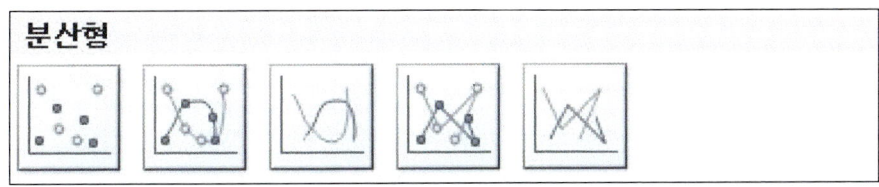

⑦ 주식형: 주가의 가격과 거래량의 추이를 표현할 때 사용된다.

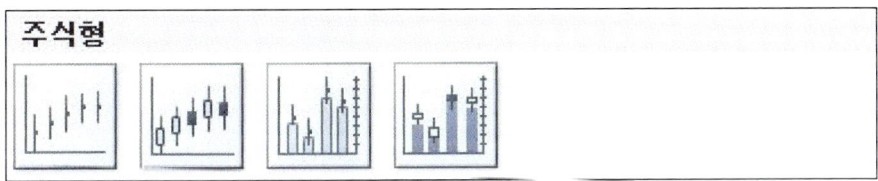

⑧ 표면형: 두 가지의 데이터를 이용하여 최적의 조합을 찾을 때 주로 사용된다.

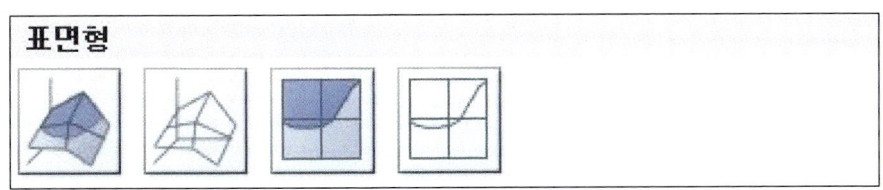

⑨ 도넛형: 원형차트와 마찬가지로 데이터 계열을 구성하는 전체에 대한 비율을 도 넛 형태로 표현하는 데 사용한다. 복수 계열의 데이터를 원형으로 표현하는 데 적 합하다.

⑩ 거품형: 분산형 차트와 같이 데이터의 상관과 분포를 표현하기 위해 사용한다.

⑪ 방사형: 두 개 이상의 데이터 계열의 대칭비교를 나타낼 때 사용되며, 여러 항목 을 동시에 비교할 수 있다.

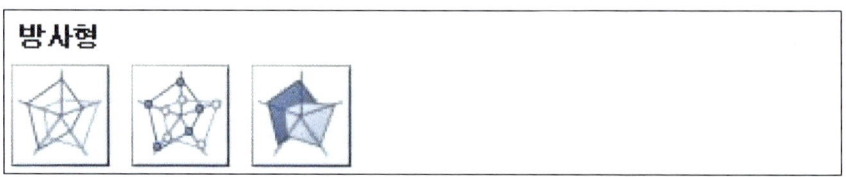

2) 기본적인 차트의 작성

① 차트로 만들 데이터의 범위를 블록으로 지정한다.

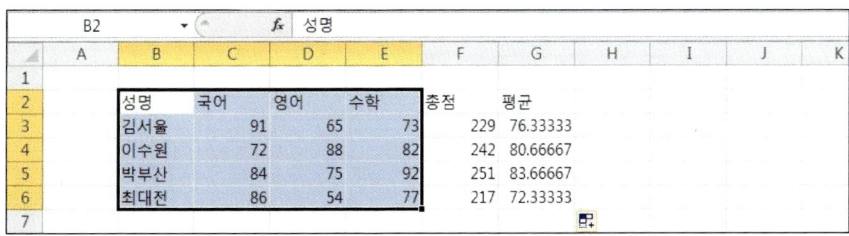

② [삽입] 탭-[차트] 그룹에서 [세로 막대형] 아이콘을 클릭한 다음 원하는 차트 형태를 선택한다.

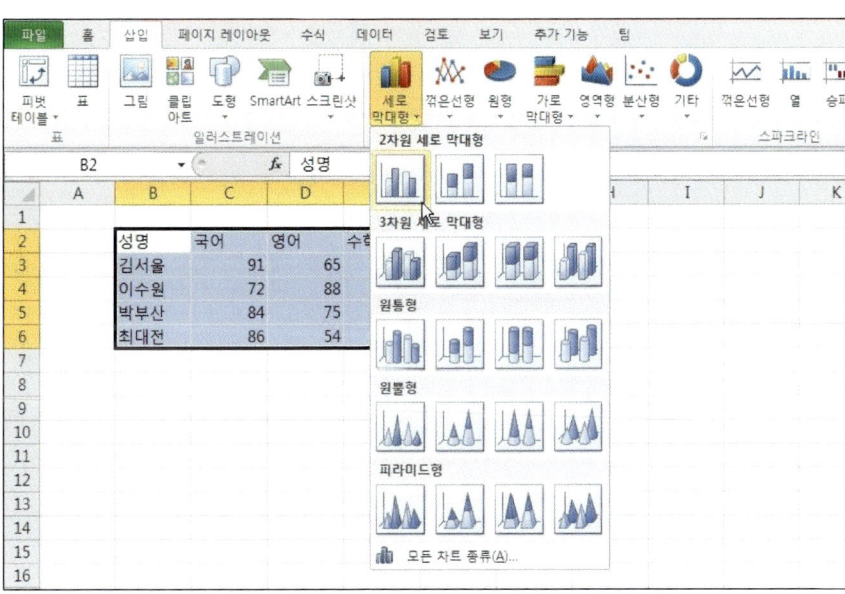

③ 완성된 차트를 확인한다.

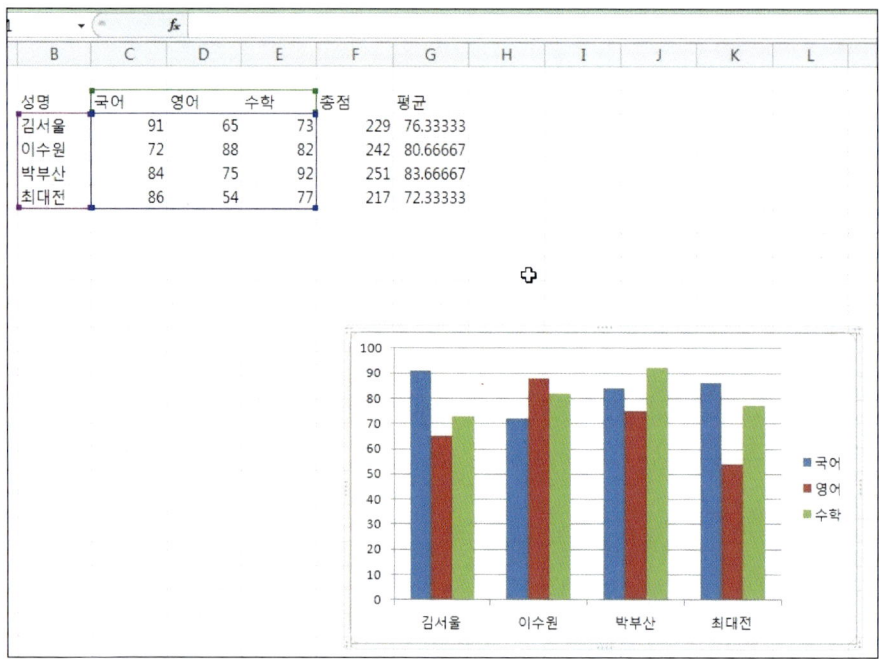

3) 차트의 구성 요소

차트의 각 구성 요소들은 차트 안에서 각각 독립적으로 이동, 크기 조절, 수정, 삭제 등이 가능하다. [레이아웃] 탭에서 각각의 그룹에서 아래와 같이 다양한 구성 요소들을 수정할 수 있다.

① 세로(값) 축: 데이터 계열의 수치

② 세로(값) 축 제목: 세로축의 제목

③ 가로(값) 축: 데이터 계열의 이름

④ 가로(값) 축 제목: 가로축의 제목

⑤ 데이터 계열/요소: 동일한 색으로 표시되는 데이터의 집합

⑥ 차트 제목: 차트의 제목

⑦ 데이터 레이블: 데이터 요소의 정보

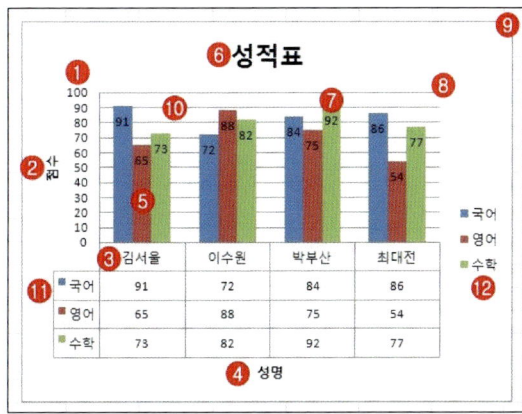

⑧ 그림 영역: 차트가 그려지는 영역

⑨ 차트 영역: 차트의 모든 요소가 포함되는 차트 전체

⑩ 눈금선: 그림 영역에서 데이터 값을 알기 쉽게 구분하는 선

⑪ 데이터 테이블: 차트를 그리는 원본 데이터

⑫ 범례: 차트에서 사용하는 데이터 계열의 이름

2. 다양한 레이아웃을 이용한 데이터의 시각화 처리

1) 차트 종류 변경

① [디자인] 탭-[종류] 그룹에서 [차트 종류 변경] 아이콘을 클릭한다.

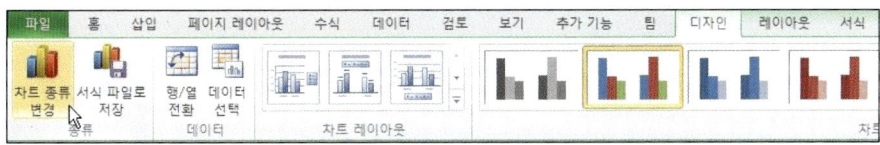

② [꺾은 선형] 탭에서 원하는 차트의 종류를 선택한다.

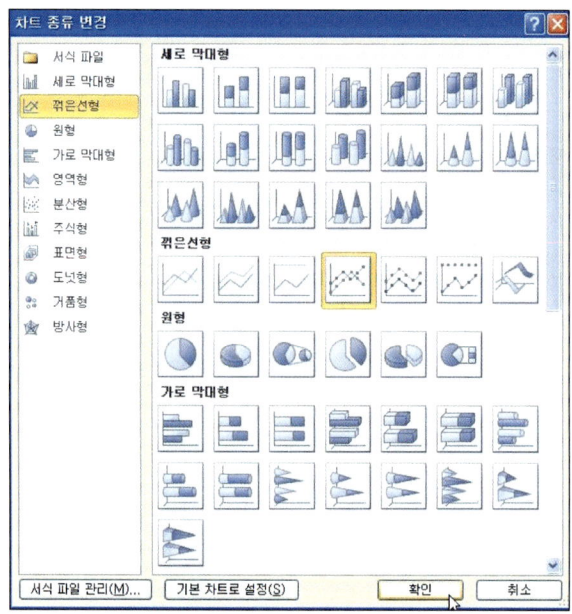

③ 변경된 차트를 확인한다.

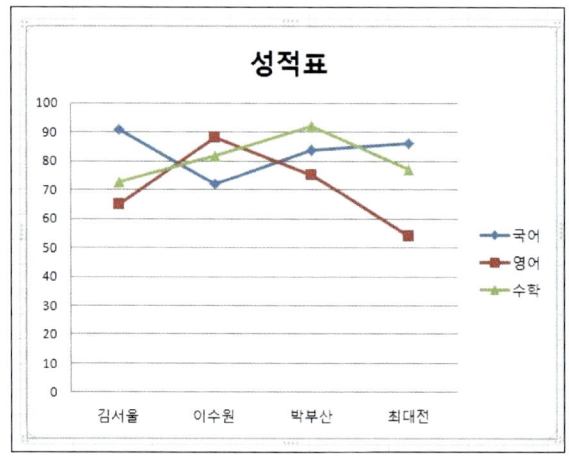

2) 차트 행/열 전환

① [디자인] 탭-[데이터] 그룹에서 [행/열 전환] 아이콘을 클릭한다.

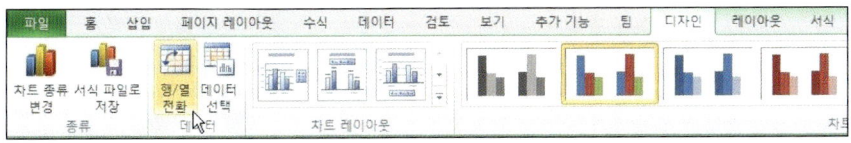

② 변경된 차트를 확인한다.

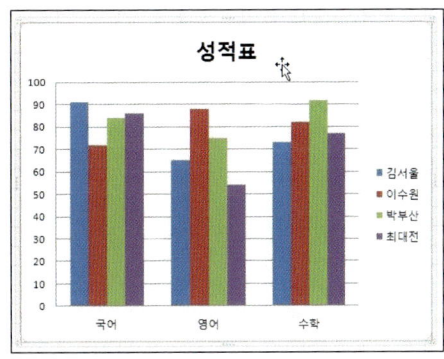

3) 차트 레이아웃 변경

① [디자인] 탭-[차트 레이아웃] 그룹에서 원하는 레이아웃을 클릭한다.

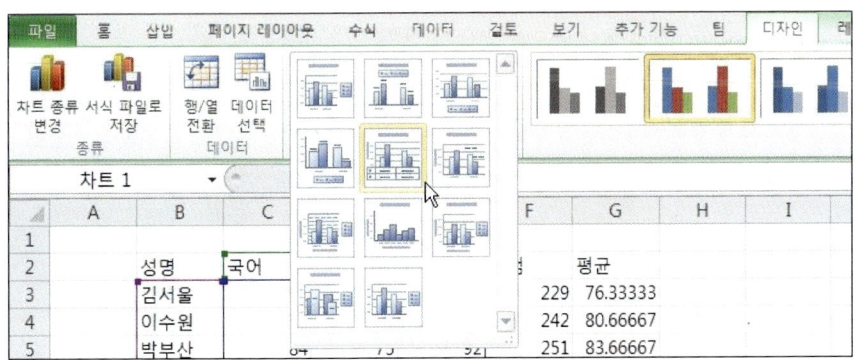

② 변경된 차트를 확인한다.

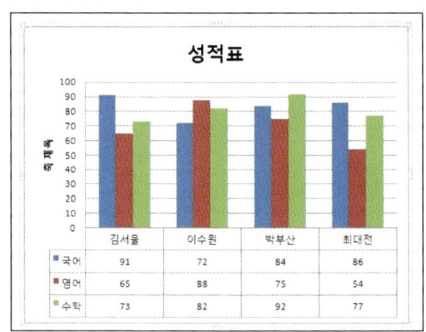

4) 차트 스타일 변경

① [디자인] 탭-[차트 스타일] 그룹에서 원하는 스타일을 클릭한다.

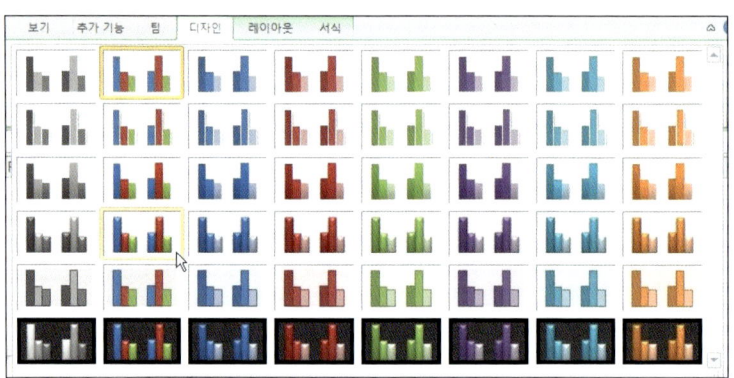

② 변경된 차트를 확인한다.

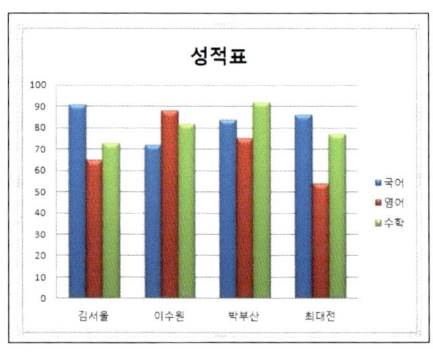

1. 엑셀에서는 다양한 차트를 제공하고 있으며 각각 데이터의 특성을 고려하여 사용한다.

2. 차트의 종류
   - 세로막대형: 추이와 항목간의 데이터 분포를 비교하기 위한 목적으로 사용한다.
   - 꺾은선형: 세로 막대형 차트와 같이 추이와 분포를 나타내는 목적으로 사용하며, 선으로 표시한다.
   - 원형: 데이터 전체의 각 항목에 대해 크기와 비율로 나타내는 목적으로 사용하며, 보통은 원형 차트를 사용하고, 입체적인 효과를 위해 3차원 원형차트를 사용하기도 한다.
   - 가로막대형: 데이터의 각 항목 값을 비교하기 위해 사용한다. 보통 데이터의 대소 비교, 분포, 상관관계를 표현하기 위한 목적으로 이용한다.
   - 영역형: 내역의 추이를 나타내기 위한 목적으로 사용되며, 특히 시간의 흐름에 따른 데이터 변화를 강조하기 위해 사용한다.
   - 분산형: 상관과 분포를 표현하기 위한 목적으로 이용하며, 과학적 데이터의 분석에 주로 이용한다.
   - 주식형: 주가의 가격과 거래량의 추이를 표현할 때 사용된다.
   - 표면형: 두 가지의 데이터를 이용하여 최적의 조합을 찾을 때 주로 사용되며, 지형 지도를 그릴 때 사용한다.
   - 도넛형: 원형차트와 마찬가지로 데이터 계열을 구성하는 전체에 대한 비율을 도넛 형태로 표현하는데 사용한다. 복수 계열의 데이터를 원형으로 표현하는데 적합하다.
   - 거품형: 분산형 차트와 같이 데이터의 상관과 분포를 표현하기 위해 사용한다.
   - 방사형: 두 개 이상의 데이터 계열의 대칭비교를 나타낼 때 사용되며, 여러 항목을 동시에 비교할 수 있다.

3. 차트의 구성요소
   - 세로(값) 축: 데이터 계열의 수치
   - 세로(값) 축 제목: 세로축의 제목
   - 가로(값) 축: 데이터 계열의 이름
   - 가로(값) 축 제목: 가로축의 제목

- 데이터 계열/요소: 동일한 색으로 표시되는 데이터의 집합
- 차트 제목: 차트의 제목
- 데이터 레이블: 데이터 요소의 정보
- 그림 영역: 차트가 그려지는 영역
- 차트 영역: 차트의 모든 요소가 포함되는 차트 전체
- 눈금선: 그림 영역에서 데이터 값을 알기 쉽게 구분하는 선
- 데이터 테이블: 차트를 그리는 원본 데이터
- 범례: 차트에서 사용하는 데이터 계열의 이름

4. 엑셀에서 제공하는 다양한 레이아웃을 이용해 데이터의 시각화 처리를 할 수 있다.
- 차트 종류 변경
- 차트 행/열 전환
- 차트 레이아웃 변경
- 차트 스타일 변경

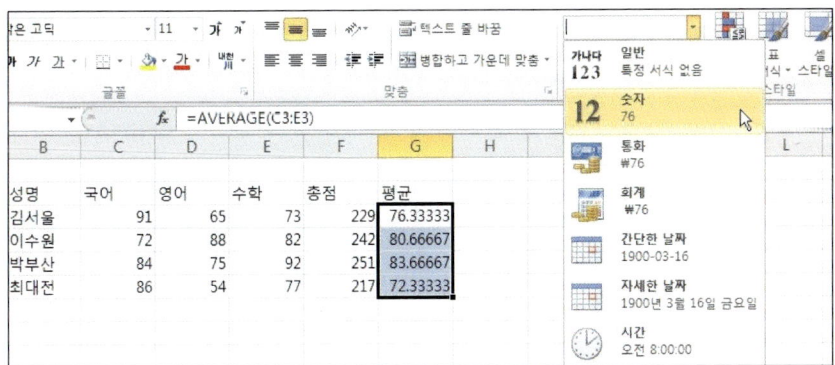

연습문제

1. 다음의 그림과 같은 차트를 작성하시오.

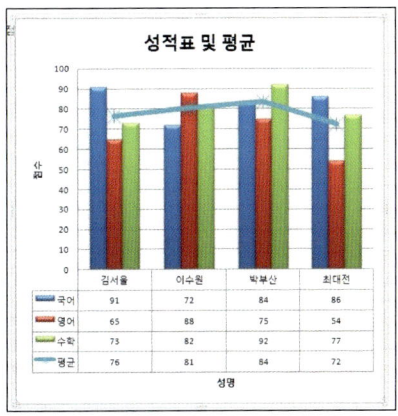

정답: 8-1(연습-풀이).xlsx

[설명] 정답의 풀이과정은 다음과 같다.

1) 평균의 숫자의 소수점을 없애기 위해 데이터의 형식을 숫자로 바꿔준다.

2) 변경된 결과를 확인한다.

성명	국어	영어	수학	총점	평균
김서울	91	65	73	229	76
이수원	72	88	82	242	81
박부산	84	75	92	251	84
최대전	86	54	77	217	72

3) [삽입] 탭-[차트] 그룹에서 [세로 막대형] 아이콘을 클릭하여 원하는 차트를 선택한다.

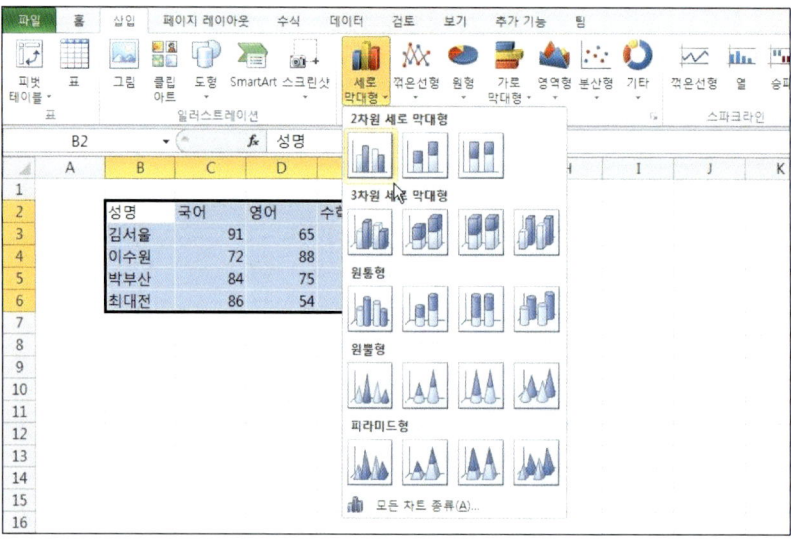

4) 새로 만들어진 차트를 확인한다.

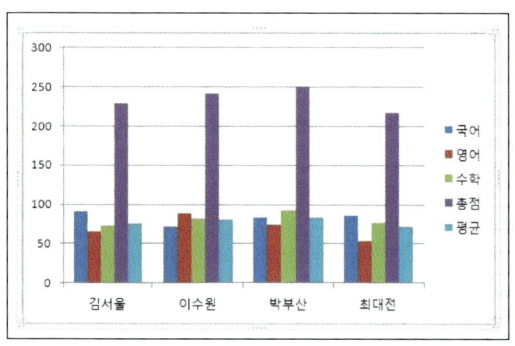

5) 필요 없는 데이터 계열을 삭제한다(총점).

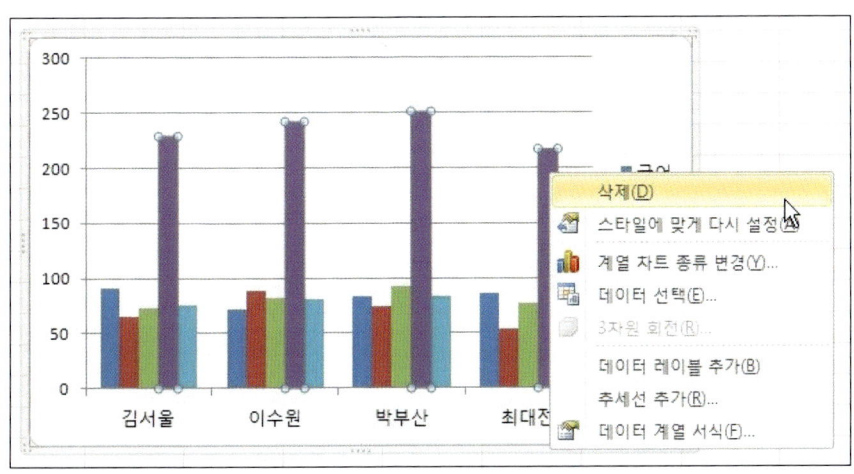

6) 삭제된 결과를 확인한다.

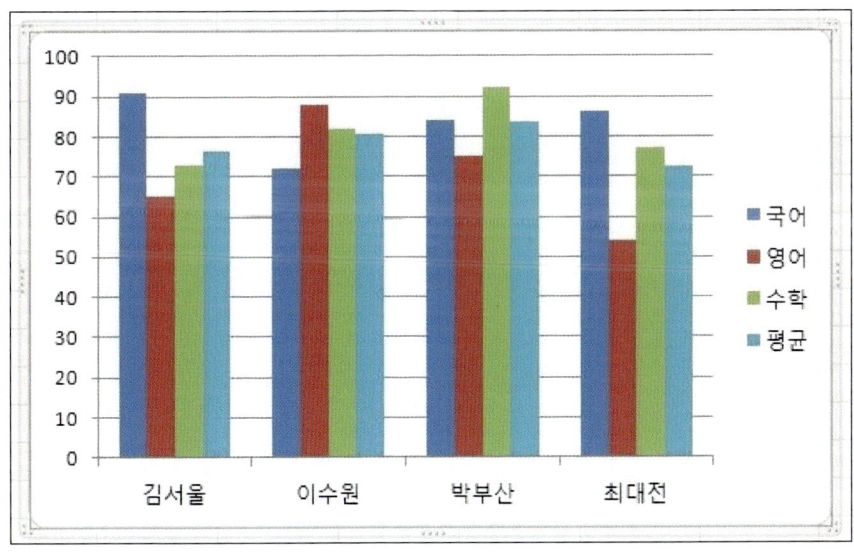

7) 꺾은선 그래프로 바꿀 데이터 계열을 선택하고 계열 차트 종류 변경 메뉴를 클릭한다.

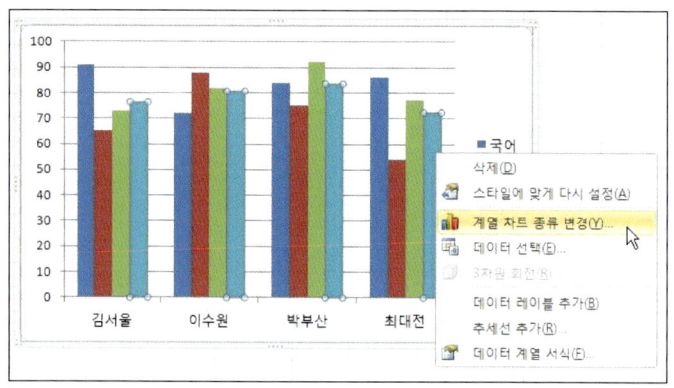

8) 꺾은선 그래프를 선택하고 확인을 클릭한다.

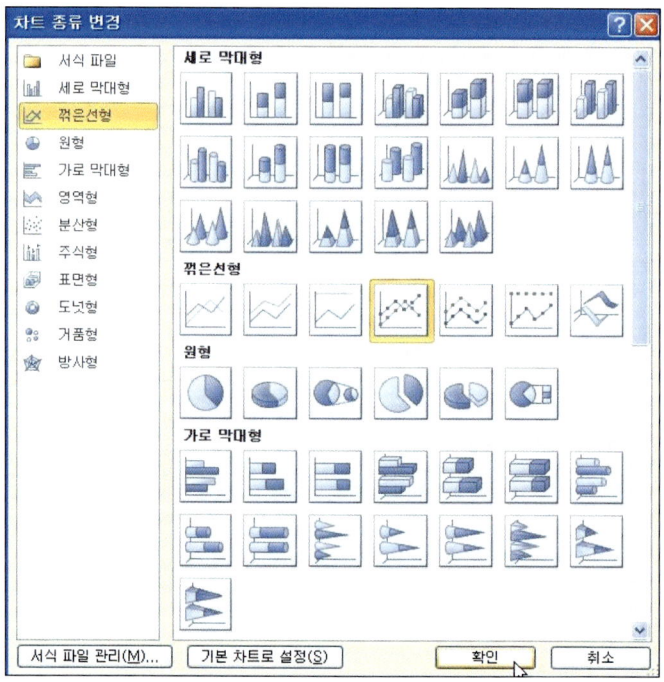

9) 결과를 확인한다.

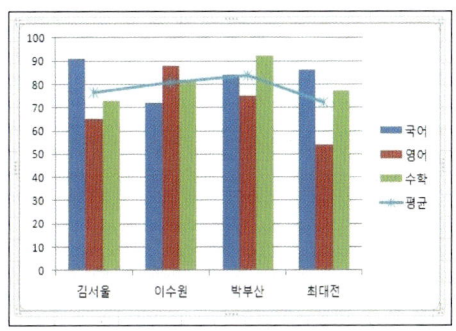

10) 차트의 레이아웃 및 스타일을 변경한다.

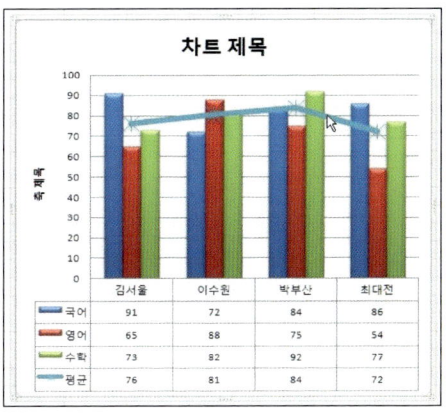

11) 세로축 제목과 차트 제목을 입력하고 가로축 제목을 추가한다.

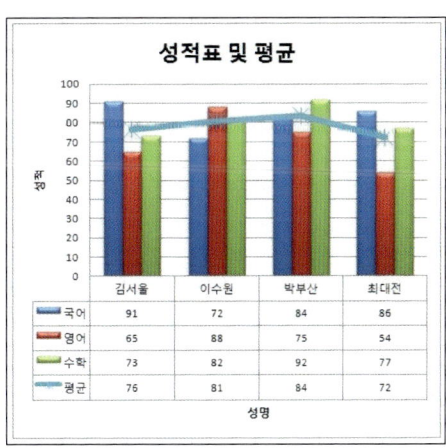

Part IV

파워포인트 2010을 이용한 프레젠테이션 작성

1. 프레젠테이션 성공의 3P 요소

프레젠테이션의 진행단계는 크게 기획, 구
성, 실시의 3단계로 나뉠 수 있다. 기획단계에
서는 프레젠테이션의 핵심 주장과 구체적인
실행 방안을 준비하며, 구성단계에서는 기획

에서 발생된 아이템을 청중이 이해하기 쉽도록 순서적으로 구성하고 디자인한다. 마지
막으로 실시단계는 실행 단계로 세부적으로 분류하면 리허설, 프레젠테이션의 2단계로
나뉠 수 있다. 이번 절에서는 기획서를 작성하기 위한 주요 방법들에 대한 내용을 알아
본다.

프레젠테이션은 사람들에게 일정한 장소에서 특정한 목적을 전달 혹은 설득하고자
하는 것이다. 여기서 특정한 목적은 제품의 홍보, 제안, 협상, 자료의 제공 등이 될 수
있으며, 참석자의 특성과 목적 그리고 장소에 따라 발표의 내용과 전달방식이 달라져
야 한다. 즉, 프레젠테이션의 성공적 수행을 위해서는 청중(People), 목적(Purpose), 장
소(Place)를 고려해야 한다. 이를 프레젠테이션 성공의 3P 요소라 한다.

1) 청중 분석

프레젠테이션을 수행하기 전에 프레젠테이션에 참석하는 사람들에 대한 정보를 분석해야 한다. 즉 청중에 대한 철저한 사전 분석을 수행하고 이를 프레젠테이션에 반영해야한다. 가장 기본적인 사항으로는 다음과 같은 사항들이 있다.

- 어떠한 사람들을 대상으로 하는가?
- 청중이 원하는 것은 무엇인가?
- 청중에게 무엇을 줄 것인가?
- 청중에게 무엇을 얻을 수 있는가?

(1) 청중의 규모

① 청중이 적은 경우: 청중의 관심과 분위기를 발표자가 의도한 대로 이끌어 나가는 것이 용이하고, 모든 사람들에게 고루 시선을 맞출 수 있으며 그들의 반응과 이해 정도를 자세히 확인하면서 진행할 수 있어서 성공적으로 프레젠테이션을 수행할 가능성이 높다.

② 청중이 많은 경우: 청중들의 집중도가 떨어지고, 넓은 장소에서 프레젠테이션이 수행되므로 마이크 사용에 주의해야 한다. 청중이 적은 경우보다 일반적으로 프레젠테이션을 수행하기에 어려운 점이 많다.

(2) 청중의 수준

청중의 수준은 개인 간의 편차가 있어서 정확하게 수준을 결정하기는 어렵지만, 청중의 평균 수준을 파악하고 그에 맞춰 설명을 진행해야 한다.

모든 청중들을 이해시키기는 어려우며, 의사결정권자를 비롯한 참석자들의 70~80% 정도 이해시킬 수 있으면 비교적 성공한 프레젠테이션이라 할 수 있다.

(3) 청중 파악을 위한 질문

- 청중이 기대하는 것은 무엇인가?
- 청중이 공유하고 있는 정보는 무엇인가?
- 청중은 어떠한 특성을 가지고 있는가?
- 다루려는 정보와 청중과의 관계는 어떠한 것이 있는가?
- 시작하는 시각과 마치는 시각은 어떠한가?
- 이 프레젠테이션에 대한 청중의 반응은 중립적, 호의적, 비호의적 중에서 어느 쪽인가?

예를 들어, 청중을 분석한 자료를 근거로 청중을 표출형(영업이나 마케팅 담당자, 홍보 부서 담당자 등), 우호형(대인 서비스업 담당자, 인사·교육·총무 담당자 등), 주도형(CEO나 고위 임원과 같이 의사결정권을 행사하는 사람, 관리직 등), 분석형(엔지니어, 연구개발자, IT 담당 등)으로 분류한다면 프레젠테이션 수행 시에 다음과 같은 방법으로 프레젠테이션 효과를 높일 수 있다.

① 표출형: 이 유형의 청중은 먼저 칭찬하고 인정해 주는 것이 좋으며, 긍정적이고 경쾌하게 다가가면 프레젠테이션의 효과를 높일 수 있다.

② 우호형: 이 유형의 청중에게는 친근감을 주는 것이 중요하며, 다른 사람 대부분이 프레젠테이션 내용의 주장에 찬성하고 있으며 상황에 따라 주장의 타협이 가능하다는 것을 시사하는 것이 좋다.

③ 주도형: 주도형 청중에게는 결론을 먼저 제시해주고, 무엇이 중요한지 요점 위주로 진행하는 것이 발표에 효과적이다.

④ 분석형: 분석형 청중은 확실하고 안전한 것을 선호하기 때문에 프레젠테이션의 주장을 기존의 성공적인 전례와 연관시키는 것이 좋다. 또한 제시된 주장이 충분히 검증된 것임을 보여준다면 더욱 효과적이다.

발표자는 청중에 대해서 많이 알면 알수록 프레젠테이션에서 성공할 확률이 높아지게 된다.

2) 목적 분석

목적분석이라는 것은 어떠한 목적으로 프레젠테이션을 할 것인가를 분명히 하는 것을 의미한다. 그에 따라 프레젠테이션의 방향이 결정되기 때문이다. 프레젠테이션을 하는 목적은 연구주제 발표, 신제품에 대한 정보 전달, 신규 프로젝트 제안 등 그 종류가 매우 다양하다.

(1) 정보 전달

학문적 성과, 신제품, 새로운 정보 등을 관련 연구자들이나 고객들에게 이해시키거나 소개하는 것을 말한다. 정보를 전달하는 경우에는 관련된 모든 사항을 발표해야 하므로 비교적 내용을 자세하게 구성해야 한다. 일반적인 특성은 다음과 같다.

• 새로운 정보를 전달하기에 청중의 집중도는 높지만, 시간이 길어지면 지루함을 느낄 수 있으므로, 다양한 사진이나 멀티미디어 자료를 이용하면 효과적으로 내용을

전달할 수 있다.

- 신제품의 경우 직접 시연하는 것도 좋은 방법이다.
- 청중의 이해를 높이려면 가급적 정보를 분석하고 가공하여 쉽게 이해할 수 있도록 준비해야 한다.
- 발표 후 청중에게서 질문이 제기될 경우에는 관련 기술자나 담당자들에게 직접 답변할 수 있도록 하는 것이 좋은데 이는 발표자가 모든 내용을 완벽하게 알고 있기가 어렵기 때문이다.
- 중요한 사항은 강조나 반복을 통하여 확실히 전달해야 한다.
- 기존의 정보와 비교하여 새로운 정보를 전달하면 청중을 설득하기 용이하다.

(2) 설득 및 제안

새로운 기획안이나 사업 계획 등을 준비하여 관련 사람들에게 발표함으로써 기존의 생각이나 가치관을 바꾸어 그 사람들의 동의와 지원을 얻는 것을 말한다. 이러한 발표자료는 그 내용이 기술성, 시장성, 수익성, 경쟁 제품과의 차별성 등 여러 가지 조건을 만족시켜야 한다. 청중을 설득하는 요령과 순서는 다음과 같다.

- 초기에는 이성보다 감성에 접근하며, 원만한 관계형성을 통하여 새로운 도전의식이 생기도록 감정의 변화를 이끌어내야 한다. 이 단계에서는 실제 사례나 관련 스토리를 소개할 수 있다.
- 다양한 자료들을 이용하여 논리적으로 구성함으로써 주장에 대한 타당성과 가능성으로 청중의 이성에 호소한다.
- 제안한 내용을 실행함으로써 청중이 얻을 수 있는 이익과 가치를 알린다.

이러한 유형의 발표는 특히 발표자 자신이 먼저 강한 확신을 가지고 발표를 해야 청중의 마음을 움직일 수 있다.

(3) 동기부여

동일한 목표나 계획을 가진 많은 청중에게 목표를 이루기 위한 결단과 행동을 취하도록 격려하는 프레젠테이션을 의미한다. 이러한 유형의 프레젠테이션은 논리나 이론보다는 감성과 정신 자세에 중점을 두는 것이 좋다. 이때 중요한 것은 발표자의 카리스마와 효과적인 전달 기술이다. 동기부여를 좀 더 효과적으로 하기 위해서는 음악이나 조명, 사람들의 각오와 다짐 발표 등을 미리 계획하고 준비하는 것이 좋다. 잘 구성된 각본과 준비된 연출을 통하여 동기부여 프레젠테이션을 더욱더 효과적으로 수행할 수 있다. 청중에게 동기를 부여하는 방법은 다음과 같다.

- 모두에게 공동의 목표와 구성원 각 개인의 목표를 구체적으로 부여
- 구성원들 간에 선의의 경쟁을 유도
- 목표 대비 결과를 평가하고 스스로 피드백을 하도록 유도

(4) 엔터테인먼트 및 행사

팀원 간의 단합이나 성과, 목표 등을 기념하기 위한 프레젠테이션으로 구성원들의 일체감 조성이나 목표 달성에 대한 축하를 위한 것이다. 이러한 프레젠테이션도 미리 계획된 분위기 연출이 중요하다. 또한 분위기에 어울리는 유머를 준비하면 분위기를 매끄럽게 이끌어 갈 수 있다.

3) 장소 분석

프레젠테이션은 주로 시각과 청각에 의존하게 되므로 장소에 대한 상황이 반드시 고려되어야 한다. 장소와 관련된 사항들은 사전에 확인해야 하는 것은 물론이요, 발표하는 당일에도 현장에 미리 도착하여 최종적인 점검을 하는 것이 필요하다.

(1) 장소의 크기

프레젠테이션의 대상에 따라서도 장소가 정해진다. 프레젠테이션 할 대상이 최종 결정권자나 소수의 인원에 한정된다면 회의실이나 기타 실내장소가 될 수 있겠지만, 투자설명회, 사업설명회 등과 같이 프레젠테이션 할 대상이 수십 명, 또는 수백 명에 이른다면 대형건물의 컨벤션홀 같은 넓은 장소를 일정기간 임대하여 사용할 수 있을 것이다. 이럴 경우 많은 인원을 통제할 안내요원들의 배치까지 기획되어야 한다.

(2) 주변 환경 고려

발표 당일 주변의 특수환경까지 고려되어야 한다. 가까운 곳에 큰 소음이 있는 공사현장이나 공항이 있지 않은지, 소음을 차단할 장치가 되어있는지, 예약된 장소에 비슷한 프레젠테이션이 있어 청중이 혼동할 우려가 있지는 않은지, 메아리현상이 일어나는 곳인지, 시간대를 고려해 볼 때 너무 밝지는 않은지 등에 대한 정보도 필요하다. 이러한 주변 환경의 특수성은 프레젠테이션에 직접적인 영향을 미치지는 않지만 간접적으로 영향을 미치게 되므로 반드시 고려해야 한다. 사전에 이러한 정보를 파악한 후 문제의 소지가 될 만한 요인들을 보완, 제거하고, 자료의 기획 단계에서부터 이러한 특수성을 고려한다면 보다 완벽한 프레젠테이션이 될 수 있다.

(3) 스크린 및 프로젝터

파워포인트 자료를 이용하는 프레젠테이션이라면 참석 예상인원에 비례하는 스크린을 선택하여야 하며, 발표할 장소의 스크린 크기에 따라 글씨의 크기도 고려되어야 한다. 스크린의 크기는 내용의 레이아웃에 영향을 준다. 스크린이 크면 시원스러운 레이아웃과 큰 폰트를, 스크린이 좁으면 간결한 레이아웃과 적절한 크기의 폰트를 사용한다. 또한 주변의 밝기에 따라 화면의 밝기도 보정해주는 것이 좋으며 대형스크린의 화면이 뒤에서도 잘 보일 수 있게 레이아웃이나 배색 등이 기획단계에서부터 고려되어야 한다.

현장에는 발표자료를 영사하게 될 빔 프로젝터도 준비되어야 하는데, 선명도(ANSI RUMENS단위/높을수록 밝음)가 스크린의 크기, 거리, 참석할 청중의 인원을 고려하여 적당한지도 확인하여야 한다. 만일 적당하지 않다면 직접 구입하거나 대여하는 방법을 택할 수도 있다. 그러나 만약 너무 낮은 선명도의 프로젝터를 사용하여 현장의 불을 모두 꺼야 한다면, 집중도가 떨어져 산만해질 우려가 있으므로 주의해야 한다. 아울러 준비해 갈 장비와의 호환성도 점검해야 한다. 실제로 모든 것을 다 체크하고 갔는데 준비해 온 자료와 현장의 장비가 맞지 않아 프레젠테이션 시간이 지연됨으로써 청중의 불만을 얻게 되어 낭패를 보는 경우가 있다.

(4) 음향에 대한 고려

프레젠테이션 화면에 대한 내용과 디자인에만 집착하여 자칫 간과하기 쉬운 것 중의 하나가 음향효과이다. 만약 발표할 현장에 음향시설이 전혀 없다면 음향시설을 직접 설치하는 것이 가능한지, 설치한다면 준비해가는 컴퓨터와 연결이 가능한지, 발표자의 마이크와 동시에 연결이 가능한지 등등을 꼼꼼히 체크해 보아야 한다.

만약, 오직 발표자의 육성으로만 발표를 해야 한다면 음향효과는 고려하지 않아도 되겠지만, 일반적으로 발표자의 설명 이외에, 적절한 애니메이션과 동시에 사용되는 효과음과 배경음은 청중의 이해와 집중도를 높이는 데 매우 유용하게 사용된다. 또한 발표자의 말이 끊어지는 순간의 적막함을 배경음악이 보완해 줄 수 있으며, 이러한 음악은 프레젠테이션의 원만한 진행의 흐름을 돕는 효과가 있으므로 음향시설이 없다면 설치하는 것이 좋다.

마이크의 종류에는 유선과 무선 두 가지가 있는데, 유선 마이크는 손으로 잡고 사용해야 하고 무대에서 이동할 때 줄이 걸려 이동거리에 제한을 받을 수 있다. 무선 마이크의 경우에는 양손이 자유로워 자연스러운 제스처가 가능하고 이동거리의 제한이 없어 무대에서 이동할 때 편리하다.

2. 프레젠테이션 계획서 작성

1) 주제의 설정

보고서나 논문처럼 프레젠테이션에 사용할 자료가 완성되면 프레젠테이션에서 콘텐츠로 사용할 수 있도록 먼저 핵심적인 부분을 중심으로 내용을 정리하는 것이 필요하다. 실제 프레젠테이션에서는 수집한 정보나 원고 내용을 모두 사용하는 것이 아니라 큰 주제를 정하고 그 주제에 초점을 맞춰 필요한 정보만을 활용하기 때문이다.

만약 논문의 내용 중 A를 설명하는 B, C, D의 요소가 있다면 먼저 이 세 가지를 통합해 하나의 주제로 선택하고, 프레젠테이션의 주제와 관련이 없는 다른 사항들은 과감히 정리해서 메시지를 간결하게 해야 한다. 자료의 주요 내용을 단어 중심으로 체크해 서로 연관되는 토픽으로 묶어 설명하는 입체적인 자료 구성 연습을 하면 도움이 된다.

프레젠테이션은 상대방에게 자신의 주장이나 논리의 타당성을 알리고 상대방을 설득시켜 궁극적으로 설득하는 작업이므로, What(무엇을), So What(그래서), How(어떻게)로 구성해 보면 쉽게 주제를 도출할 수가 있다.

① **What:** 전하고자 하는 핵심 메시지로 타당성과 논리성에 초점을 맞춘다.

② So What: 전달하는 메시지가 상대방에게 어떤 의미가 있는지, 그들에게 어떤 가치나 이득을 주는지 이야기하는 부분이다.

③ How: 핵심 메시지를 청중들에게 효과적으로 전달하는 수단과 방법으로 스타일, 신뢰감, 권위, 호기심, 열정, 맥락, 분위기, 보디랭귀지, 스토리텔링 등을 다루는 것이다.

여기서 중요한 것은 So What으로 그 내용이 청중에게 어떤 가치와 의미를 전달할지를 고려해야 한다. 즉, 주제(What)를 효율적으로 정하기 위해서는 So What과 How를 동시에 고려해야 청중에게 이득이 되고, 그렇게 되는 이유를 잘 설명할 수 있는 전달력 있는 What을 만들 수 있다.

좋은 발표가 되기 위해서는 프레젠테이션 주제가 구체적이어야 한다. 또한 프레젠테이션 주제에서 발표자의 핵심적 주장이 드러나야 되며, 그렇다고 해서 주제의 범위를 너무 축소시켜도 곤란하다. 프레젠테이션 주제가 제대로 설정되어 있는지를 확인하기 위해서는 연구질문을 작성해 보면 된다. 연구질문은 다음의 3단계로 구성된다.

① 주제를 명명한다: 나는 _____을 연구한다/관심을 가지고 있다/알아보고 싶다.
② 질문을 작성한다: 나는 _____을 연구하고 있다. 왜냐하면 나는 누구/무엇을/언제/어디서/왜/어떻게 _____하였는가 알고 싶기 때문이다.
③ 질문의 동기를 밝힌다: 왜/어떻게 _____하는지(아닌지)를 이해하기 위해서이다.

첫 번째 단계에서 두 번째 단계로 이행하는 과정에서 연구주제는 특정한 궁금증을 해소하기 위해 구체화되며, 두 번째 단계에서 세 번째 단계로 이행하는 과정에서 연구질문은 개인적 호기심의 단계에서 청중의 호기심도 충족시킬 수 있는 것으로 구체화된다.

그리고 프레젠테이션에서 설득하는 주제는 하나이어야 한다. 주제가 둘 이상이면 청중은 실컷 들어도 돌아서면 자기가 무엇을 들었는지 모르는 경우가 많다. 그러므로 시종일관 하나의 주제에 집중하여야 한다. 주제를 정할 때 일반적으로 범위를 크게 잡게 되면 초점이 흐려지기 때문에 구체적이고 명확한 주제를 잡아야 한다.

2) 프레젠테이션 계획서 작성

사람(People), 목적(Purpose), 장소(Place)에 대한 3P 분석이 완료되었다면, 프레젠테이션을 구성하는 데 필요한 요소들을 정리하면서 전체적인 그림을 그려야 한다. 청중이 누구인지, 개최 일시는 언제인지, 주제와 발표자는 누구인지 세부적인 항목들을 자세하게 확인하다 보면 발표할 프레젠테이션의 윤곽이 드러나게 된다. 특히 프레젠테이션 목표에 대해서는 제1목표, 제2목표, 최종목표 식으로 차별적으로 나누어 정리하고, 기획서 작성에 많이 쓰이는 5W2H(언제, 누가, 어디서, 무엇을, 왜, 어떻게, 얼마나) 원칙에 따라 구체적으로 작성해 보는 것이 좋다. 다음은 프레젠테이션 계획을 세울 때 활용할 수 있는 계획서 양식을 나타낸 것이다.

청중		
발표 일시		
주제		
목적 ● 정보 전달 ● 설득 및 제안 ● 동기부여 ● 엔터테인먼트 및 행사		
목표	제1목표	
	제2목표	
	최종 목표	
	언제(When)	
	누가(Who)	
	어디서(Where)	
	무엇을(What)	
	어떻게(How)	
	왜(Why)	
	얼마나 (How much)	
질의응답		

1. 실제 프레젠테이션에서는 수집한 정보나 원고 내용을 모두 사용하는 것이 아니라 큰 주제를 정하고 그 주제에 초점을 맞춰 필요한 정보만 활용한다.

2. 프레젠테이션 주제가 제대로 설정되어 있는지를 확인하기 위해서는 연구질문을 작성해 보면 된다. 연구질문은 다음의 3단계로 구성된다.
   • 주제를 명명한다: 나는 _____을 연구한다/관심을 가지고 있다/알아보고 싶다.
   • 질문을 작성한다: 나는 _____을 연구하고 있다. 왜냐하면 나는 누구/무엇을/언제/어디서/왜/
   어떻게 _____하였는가 알고 싶기 때문이다.
   • 질문의 동기를 밝힌다: 왜/어떻게 _____하는지(아닌지)를 이해하기 위해서이다.

3. 프레젠테이션의 성공적 수행을 위해서는 청중(People), 목적(Purpose), 장소(Place)를 고려해야 한다. 이를 프레젠테이션 성공의 3P 요소라 한다.

4. 청중분석
   • 청중에 대한 철저한 사전 분석을 수행하고 이를 프레젠테이션에 반영해야 함
   • 청중의 규모
   • 청중의 수준
   • 청중의 관심 사항 및 성향

5. 목적분석
   • 목적분석이라는 것은 어떠한 목적으로 프레젠테이션을 할 것인가를 분명히 하는 것을 의미함
   • 정보 전달: 학문적 성과, 신제품, 새로운 정보 등을 관련 연구자들이나 고객들에게 이해시키거나 소개하는 것을 말함
   • 설득 및 제안: 새로운 기획안이나 사업 계획 등을 준비하여 관련 사람들에게 발표함으로써 기존의 생각이나 가치관을 바꾸어 그 사람들의 동의와 지원을 얻는 것을 말함
   • 동기부여: 동일한 목표나 계획을 가진 많은 청중들에게 목표를 이루기 위한 결단과 행동을 취하도록 격려하는 프레젠테이션을 의미함
   • 엔터테인먼트 및 행사: 팀원 간의 단합이나 성과, 목표 등을 기념하기 위한 프레젠테이션으로

구성원들의 일체감 조성이나 목표 달성에 대한 축하를 위한 것임

6. 장소 분석
   - 프레젠테이션은 주로 시각과 청각에 의존하게 되므로 장소에 대한 상황이 반드시 고려되어야 함
   - 장소의 크기: 프레젠테이션의 대상에 따라서 장소가 정해짐
   - 주변 환경 고려: 발표 당일 주변의 특수환경까지 고려되어야 함
   - 스크린 및 프로젝터: 장소에 적당하게 스크린의 크기 및 프로젝터가 선정되어야 함
   - 음향에 대한 고려: 프레젠테이션 자료의 배경음악 및 마이크에 대해 고려

7. 프레젠테이션을 수행하기에 앞서 3P 분석을 수행한 후에 청중, 발표 일시, 주제, 목적, 목표와 관련된 5W2H 질의응답을 작성하는 프레젠테이션 계획서를 만들 수 있다. 이러한 프레젠테이션 계획서는 프레젠테이션 자료를 만드는 데 전체적인 그림을 보여줄 수 있다.

1. 프레젠테이션 주제를 정하고, 그 주제에 맞는 연구질문을 작성하시오.

[설명] 정답의 풀이과정은 다음과 같다.

1) 각자 본인이 가장 잘 알거나 관심 있는 분야에서 프레젠테이션 주제를 정하고 그에 대한 연구질문을 작성하면 됩니다. 연구질문은 다음과 같이 작성하면 됩니다.

① 주제를 명명한다: 나는 _____을 연구한다/관심을 가지고 있다/알아보고 싶다.
② 질문을 작성한다: 나는 _____을 연구하고 있다. 왜냐하면 나는 누구/무엇을/언제/어디서/왜/어떻게 _____하였는가 알고 싶기 때문이다.
③ 질문의 동기를 밝힌다: 왜/어떻게 _____하는지(아닌지)를 이해하기 위해서이다.

2. 1에서 설정한 주제에 대해서 강의실을 대상으로 장소 분석을 수행하시오.

[설명] 다음은 장소분석에 대한 주요 사항들이다.

1) 발표장소에 대한 사전답사를 통해 정전, 소음, 전기 및 전자 기구의 불량, 좌석 배치, 통행로 등을 사전에 확인한다.
2) 특히 발표장 주변에서 심한 소음을 내는 공사가 진행된다면 발표장에 영향을 미치지는 않는지 확인하고, 만일 행사에 방해가 된다고 판단되면 다른 장소를 선택해야 한다.
3) 장소와 관련된 사항들은 사전에 확인해야 함은 물론 발표 당일에도 현장에 미리 도착하여 최종 점검을 실시해야 한다.
4) 파워포인트를 사용할 경우에는 발표자가 컴퓨터와 LCD 패널 또는 빔 프로젝터 등을 연결하여 원활히 작동하는지 확인하고 마이크의 음량 상태도 확인해야 한다.
5) 청중이 좌석 앞쪽부터 차례대로 앉을 수 있도록 안내하여 뒤쪽에만 청중이 가득하고 앞자리는 듬성듬성 비어 분위기가 어수선해지는 것을 방지해야 한다.
6) 발표장 안에 있는 여러 기기들의 스위치 위치와 작동법도 미리 숙지해야 한다. 조명의 밝기를 발표 내용에 따라 수시로 바꾸고 조절할 수 있어야 한다.

7) 음향기기의 볼륨 조절도 미리 시험해 봐야 한다. 발표 진행 중 마이크 소리를 조절할 필요가 있을 때 조작이 미숙하여 소음이 발생할 수 있기 때문이다.

8) 주차장, 엘리베이터, 화장실, 자판기 등의 편의시설 위치는 사전에 충분히 확인한 뒤 청중에게 안내한다.

9) 컴퓨터가 발표장소에 있는지의 여부와 발표자의 위치와 컴퓨터의 위치를 확인하여 컴퓨터가 직접 조작할 수 없는 위치에 있는 경우 클릭커(레이저 포인터 기능과 슬라이드 페이지를 넘기는 기능을 모두 가지고 있는 도구)를 준비해야 한다.

10) 발표장소에 컴퓨터가 없는 경우에는 노트북을 준비해야 하며, 노트북은 내장 배터리만으로 사용하기보다는 전원을 연결하여 사용해야 한다.

11) 빔 프로젝터의 경우에는 스크린에 비춰지는 초점과 화면의 밝기 및 크기를 확인하여 미리 적정한 크기로 설정해야 한다.

12) 넓은 장소에서는 마이크를 사용해야 하며, 사전에 마이크가 발표자의 목소리를 잘 감지하는지, 잡음은 없는지, 볼륨이나 울림은 적당한지 테스트를 해야 한다.

3. 1에서 설정한 주제를 고려하여 가상 청중을 설정하고 그에 대한 청중분석을 수행하시오.

[설명] 다음은 청중분석에 대한 주요 사항들이다.

1) 참석자에 대한 일반적인 사항을 알아본다.
- 청중은 누구인가?
- 청중이 원하는 것은 무엇인가?
- 청중에게 어떤 가치나 이익을 줄 것인가?
- 청중에게서 무엇을 얻을 수 있는가?

2) 청중의 규모가 어느 정도인지 조사한다.
- 청중이 적을 때는 발표 장소가 넓지 않으므로 대체로 마이크를 사용하지 않으며, 청중의 관심과 분위기를 발표자가 의도한 대로 이끌어 나가는 것이 비교적 용이하다. 또한 모든 사람에게 고루 시선을 맞출 수 있고 그들의 반응과 이해 정도를 자세히 확인하면서 진행할 수 있다.
- 청중이 많을 때는 청중의 긴장감이 풀어져 집중도가 떨어지고 청중의 수에 압도되어 실수할 가능성이 크며, 마이크 사용에 유의해서 발표를 수행해야 한다.

3) 청중의 수준을 조사한다.
- 모든 청중을 동시에 이해시키기는 불가능하므로, 의사결정권자를 이해시키고 참석자들의 70~80% 정도 이해시킬 수 있다면 비교적 성공한 프레젠테이션이라고 할 수 있다.
- 청중의 수준이 전문가, 비전문가 혹은 전문가와 비전문가가 섞여 있는지 파악해야 한다.
- 전문가: 전문 용어를 구사하여 전문적, 체계적으로 구성하며, 독창적인 아이디어를 제공하여 흥미를 유발
- 비전문가: 전문 용어는 피하며 이해시키기 위한 슬라이드를 구성하며, 최대한 쉽게 설명하고, 배경 및 목적에 관한 전제를 설명
- 전문가와 비전문가가 섞여 있는 경우: 모든 사람을 이해시킬 수 있는 슬라이드로 구성하고, 전문 용어를 해설하여 모든 참석자가 이해할 수 있도록 하며 배경 및 목적에 관한 전제를 음미할 수 있도록 함

4) 청중의 성
- 여성: 테마를 알기 쉽고 구체적으로 설명하며, 경험담과 생활위주 사례를 활용한다.
- 남성: 테마를 논리적으로 설명하며, 통계자료를 활용한다.

5) 청중의 연령
- 젊은 계층: 이미지를 많이 사용하며, 키워드를 활용한다.
- 노년 계층: 경의를 표하는 발표 태도와 현실적이고 실제적인 사안을 활용한다.

6) 청중의 반응과 자세
- 청중의 몸짓을 유심히 살피면서 프레젠테이션을 진행해야 하며, 청중의 심리 상태를 파악하고 그 상황에 적절한 대응 방법으로 대처하면서 프레젠테이션을 진행해야 한다.

4. 앞에서 분석한 3P 자료를 기반으로 프레젠테이션 계획서를 작성하시오

[설명] 3P 분석을 수행한 자료를 기반으로 각 항목에 해당하는 내용을 적어보자.

청중		
발표 일시		
주제		
목적 ● 정보 전달 ● 설득 및 제안 ● 동기부여 ● 엔터테인먼트 및 행사		
목표	제1목표	
	제2목표	
	최종 목표	
	언제(When)	
	누가(Who)	
	어디서(Where)	
	무엇을(What)	
	어떻게(How)	
	왜(Why)	
	얼마나(How much)	
질의 응답		

CHAPTER 10

리포트를 이용한 파워포인트 자료의 자동 생성

학습목표

- 리포트 워드 문서를 이용하여 자동으로 프레젠테이션 자료를 생성하는 방법을 수행할 수 있다.
- 생성한 프레젠테이션 자료를 테마를 이용하여 쉽게 디자인하는 방법을 알 수 있다.

1. 워드 문서의 개요 보기

프레젠테이션 자료를 자동으로 생성하기 위해서는 워드 문서에서 기본적인 설정작업이 필요하다. 이러한 설정은 워드에서 개요를 통해 설정할 수 있다.

1) 워드의 '개요 수준' 개념

① 워드에서 개요 수준을 설정하려면 [보기] 탭-[문서 보기] 그룹-[개요] 명령을 클릭하여 개요 보기로 이동해야 한다.

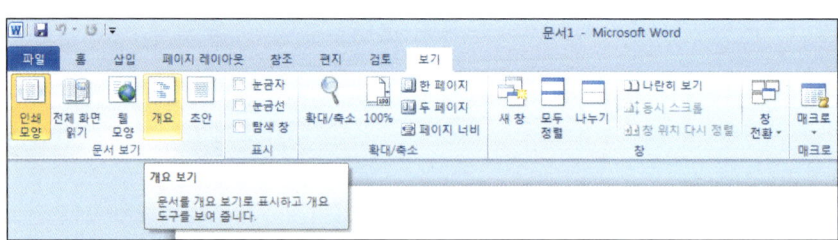

② 개요 보기는 그림과 같이 여러 수준으로 구성되어 있다. 각 수준은 파워포인트의 수준과 관련되어 있다.

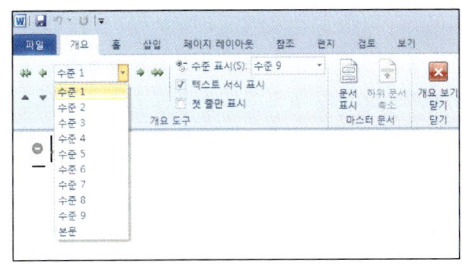

③ 수준의 조정은 워드 프로그램의 [개요] 탭에 있는 [개요 도구] 그룹에서 개요 수준을 조정할 수 있다.

여기서 ①은 수준 올리기(Alt+Shift+←) 명령으로 선택한 항목을 한 수준을 올리며, 가장 높은 수준은 '수준 1'이다. ②는 수준 내리기(Alt+Shift+→) 명령으로 선택한 항목을 한 수준 내리며, 가장 낮은 수준은 9수준 다음에 본문 수준으로 되어 있다.

2) 워드의 '개요 수준'과 파워포인트 텍스트 위치와의 관계

① 워드의 개요보기와 파워포인트의 내용은 다음과 같은 관련성을 가지고 있다.
- 개요보기의 수준 1은 마스터 제목에 연결되며, 새로운 슬라이드에서 시작됨
- 개요보기의 수준 2는 파워포인트 텍스트 상자의 첫째 수준에 연결됨
- 개요보기의 수준 3은 파워포인트 텍스트 상자의 둘째 수준에 연결됨
- 개요보기의 수준 4는 파워포인트 텍스트 상자의 셋째 수준에 연결됨
- 개요보기의 수준 5는 파워포인트 텍스트 상자의 넷째 수준에 연결됨
- 개요보기의 수준 6은 파워포인트 텍스트 상자의 다섯째 수준에 연결됨

특히 개요보기의 수준 1은 마스터 제목으로 내용이 들어가면서, 다른 슬라이드로 넘

어가게 된다. 그러므로 워드의 개요보기에서 적절하게 수준을 조정하게 되면, 그 수준에 따라 프레젠테이션의 슬라이드에 해당 내용이 자동으로 생성된다.

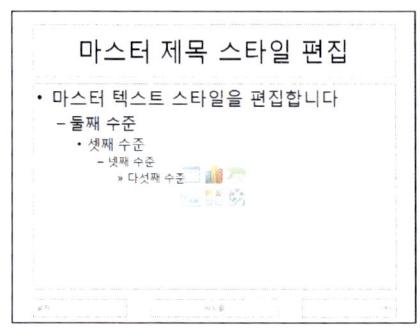

2. 워드의 개요로 프레젠테이션 파일 만들기

준비파일: 글의 구성.docx

워드의 개요 텍스트를 기반으로 새로운 프레젠테이션 파일을 만들 수 있다. 이것은 수준이 조정되어 있는 워드의 개요를 파워포인트에서 열면, 워드의 내용들이 각 슬라이드로 구분되어 변환되는 것을 알 수 있다.

1) 워드를 활용한 프레젠테이션 생성

① 워드 문서의 수준을 [보기] 탭-[문서 보기] 그룹-[개요] 명령을 클릭하여 장은 '수준 1', 절은 '수준 2', 항은 '수준 3'으로 조정한다.

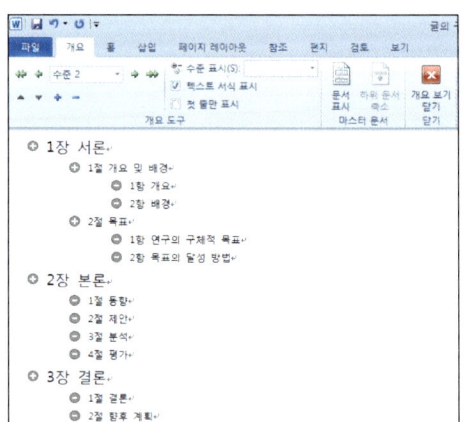

② 파워포인트에서 개요 문서를 이용하여 프레젠테이션 파일을 만들려면, 파워포인트 프로그램을 실행시킨 후, 파워포인트의 [열기] 버튼을 클릭한다.

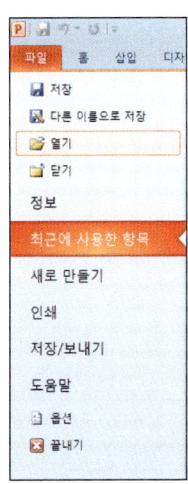

③ [열기] 메뉴를 클릭하여 [열기] 대화상자를 실행한 후, [열기] 대화상자에서 파일 형식을 [모든 개요]로 설정하고 해당 워드 문서를 선택 후 [열기] 단추를 클릭한다.

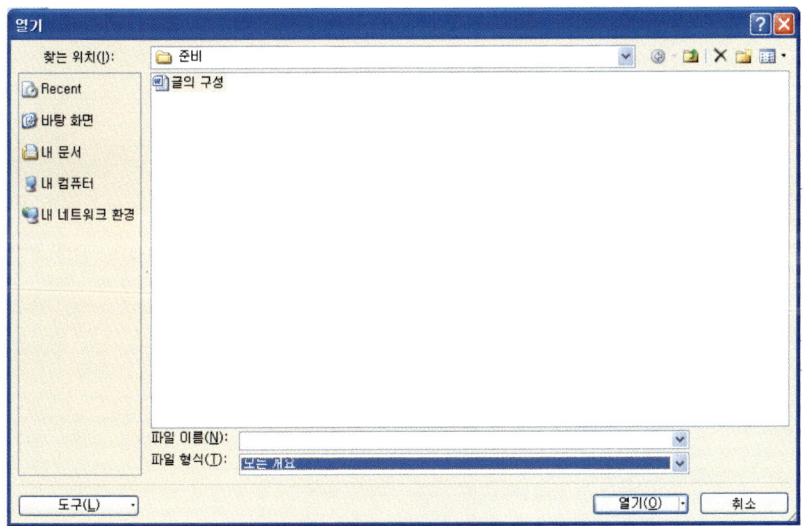

④ 워드에서 지정한 수준의 형식대로 파워포인트 파일이 생성된다.

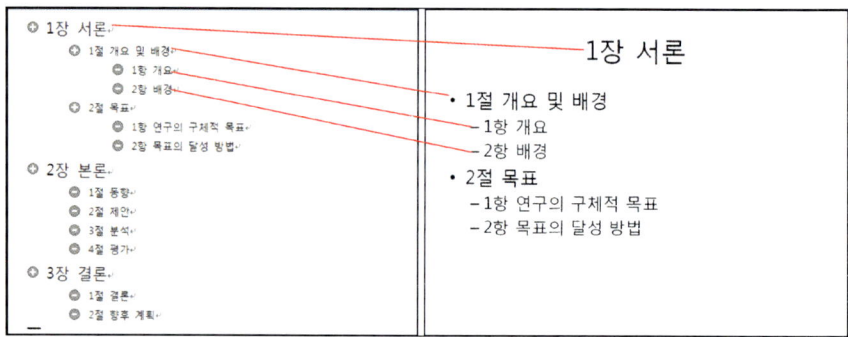

워드의 '수준 1'은 새로운 슬라이드로 넘어가는 동시에 제목으로 들어가게 되며, 워드의 '수준 2'는 파워포인트 슬라이드 텍스트 상자의 첫째 수준에 그리고 워드의 '수준 3'은 파워포인트 슬라이드 텍스트 상자의 둘째 수준에 들어가게 된다.

그리고 워드에서 2장 본론은 '수준 1'로 설정되어 있으므로, 새로운 슬라이드의 제목으로 해당 내용이 삽입된다. 즉, 워드의 내용들이 새 프레젠테이션에 각 단락의 수준별로 구분되어 여러 장의 슬라이드로 변환된 것을 알 수 있다.

3. 슬라이드에 워드문서 삽입

준비파일: 글의 구성.docx, 프레젠테이션2.pptx

워드 문서나 개요 문서(*.rtf, *.txt)를 기존의 프레젠테이션에 추가적으로 삽입할 수 있다. 이때 삽입되는 문서의 내용은 현재 선택한 슬라이드 다음에 삽입된다.

1) 기존 슬라이드에 워드 문서를 활용한 슬라이드 추가

① 기존의 프레젠테이션 파일에서 추가할 위치를 선택하기 위해서 추가될 위치의 바로 전의 슬라이드를 선택하고, [홈] 탭에 있는 [슬라이드] 그룹에서 [새 슬라이드] 명령의 목록 단추를 클릭한다. 그리고 [슬라이드 개요]를 선택한다.

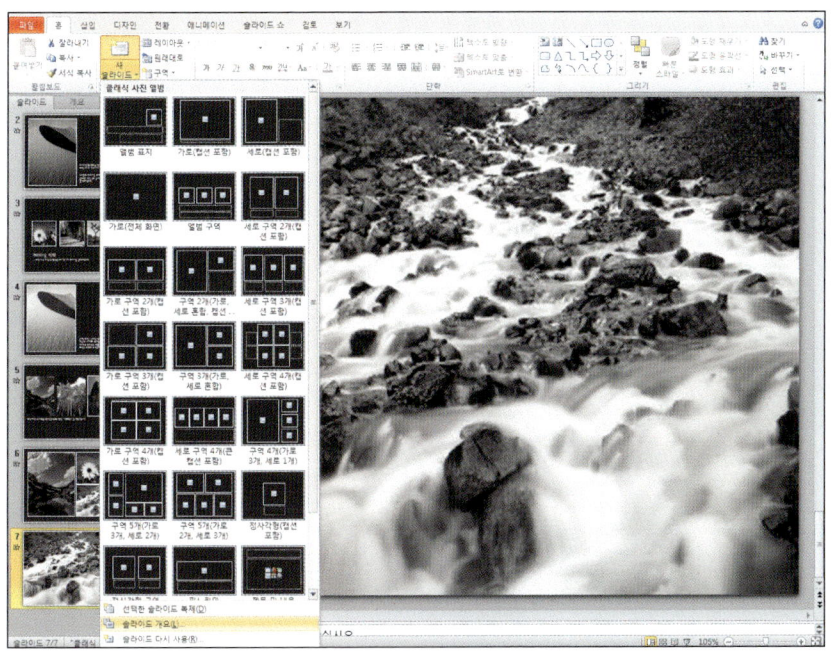

② [개요 삽입] 대화 상자에서 추가 할 문서를 선택하고 [삽입] 단추를 클릭한다.

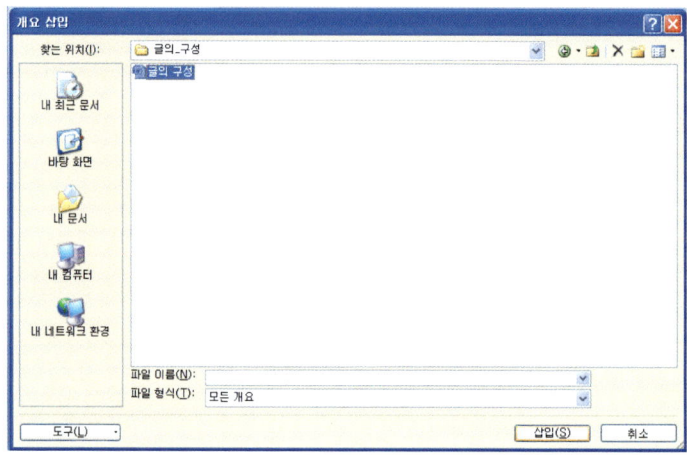

③ 현재 선택되어 있는 슬라이드 7의 뒤에 워드의 내용들이 그 수준에 따라 새로운 슬라이드로 삽입된 것을 확인할 수 있다.

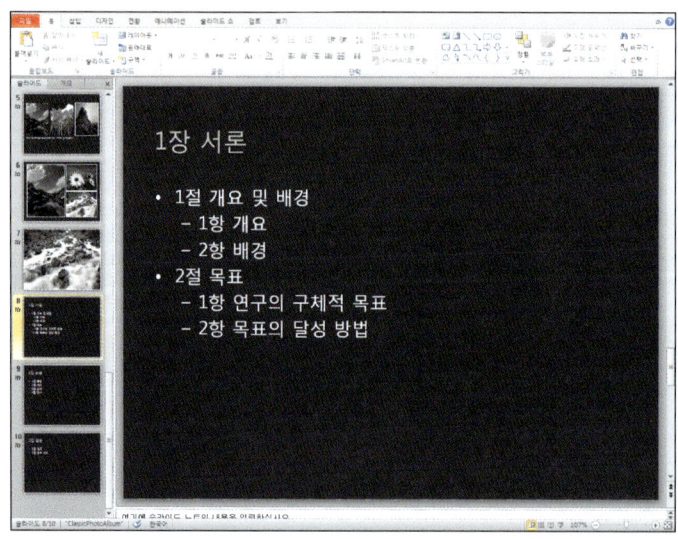

④ 기존의 슬라이드 7의 뒤에 워드의 내용들이 그 수준에 따라 파워포인트 정해진 위치에 삽입되었다.

4. 테마서식을 이용한 디자인 설정

준비파일: 글의 구성.pptx

새로 생성한 프레젠테이션 파일은 슬라이드 마스터에서 간략한 테마 서식을 지정하여 디자인을 설정할 수 있다.

- 슬라이드 마스터: 모든 슬라이드의 서식을 일괄적으로 디자인할 수 있는 디자인 영역

파워포인트는 최상위 슬라이드 마스터와 각 슬라이드 레이아웃(구성)별 마스터가 존재한다. 일반적으로 최상위 슬라이드 마스터에서 제목이나 본문의 글꼴, 맞춤 서식, 개체의 크기 및 위치, 배경 디자인 등을 변경하면 모든 슬라이드에 변경된 디자인이 적용된다. 개별 슬라이드 레이아웃(구성)의 마스터를 변경하면, 해당 레이아웃(구성)의 슬라이드에만 변경된 서식이 적용된다.

- 테마: 프레젠테이션에서 사용되는 구성요소의 색, 글꼴, 그래픽 효과를 모아 놓은 디자인들의 집합

테마는 기본적인 기본 제공 테마와 Office.com에서 제공하는 테마가 있으며, 각 테마에 대해 색, 글꼴 그리고 효과를 변경하여 지정할 수 있다.

1) 테마의 지정

① 전체적인 디자인을 설정하기 위해서는 마스터 보기로 이동해야 한다. 마스터 보기로 이동하기 위해서는 다음의 명령을 수행한다.
[보기] 탭-[프레젠테이션 보기] 그룹-[슬라이드 마스터] 명령을 클릭한다.

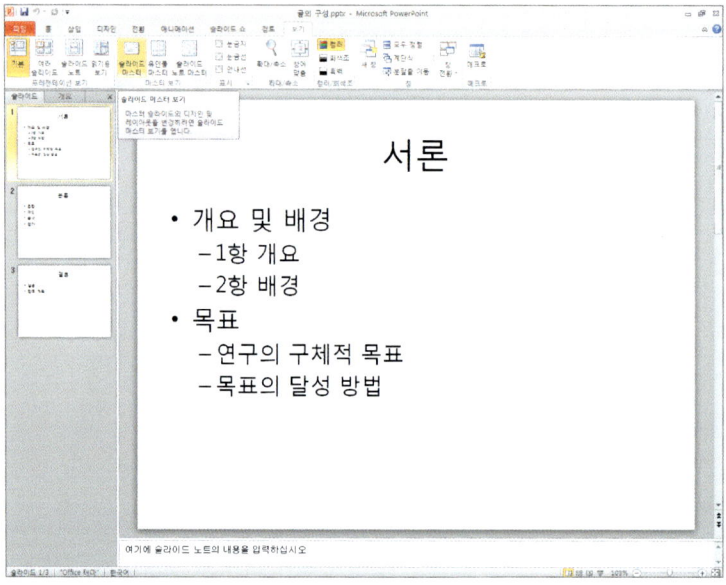

② 테마를 적용하기 위해서는 [슬라이드 마스터] 탭-[테마 편집] 그룹-[테마] 명령을 클릭한다. 테마 효과를 전체 슬라이드에 적용하기 위해서는 [슬라이드 마스터] 탭에서 '첫 번째' 슬라이드를 선택하고 효과를 적용해야 한다.
③ 메뉴에서 제공되는 테마 중에 원하는 테마를 선택하면 된다. 만약 광선 테마를 선택하였다면, 다음의 그림과 같이 새로운 프레젠테이션의 슬라이드 마스터에 광선 테마가 적용된 것을 알 수 있다.

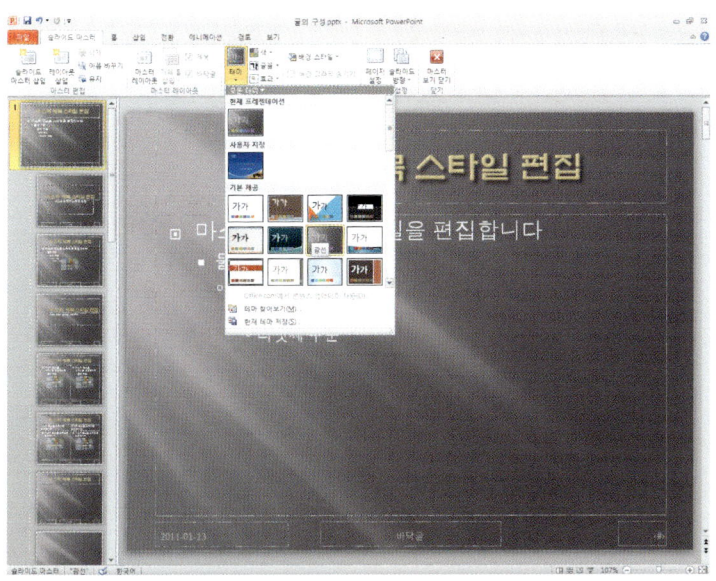

④ 테마가 적용되었으면, [슬라이드 마스터] 탭-[닫기] 그룹-[마스터 보기 닫기] 명령을 클릭하여, '기본' 보기로 이동해서 변경된 내용을 확인할 수 있다.

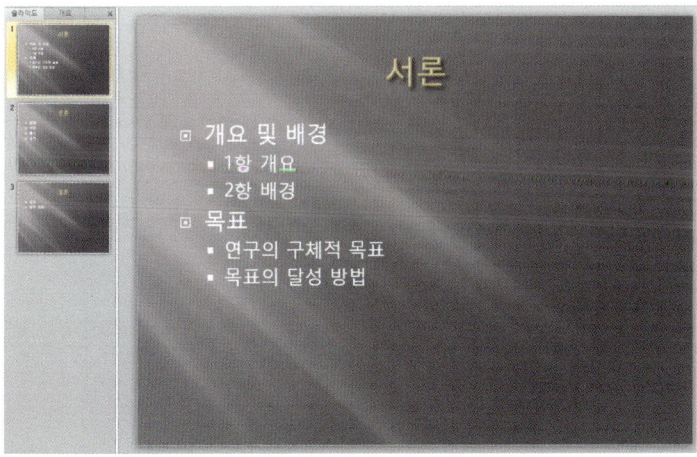

2) 테마 효과의 변경

① 제공되는 테마에서 테마 색, 테마 글꼴, 테마 효과를 변경할 수 있다. 먼저 테마 색은 다음의 과정을 통하여 변경할 수 있다.
- [보기] 탭－[프레젠테이션 보기] 그룹－[슬라이드 마스터] 명령을 클릭한다.
- [슬라이드 마스터] 탭－[테마 편집] 그룹－[색] 명령을 클릭한다.

② 만약 테마 색을 [실행]으로 설정한다면, 다음과 같이 색이 변경된 것을 확인할 수 있다.

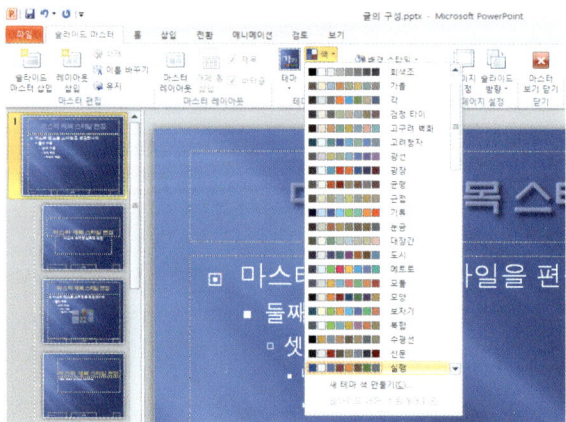

③ 테마 글꼴을 변경하기 위해서는 [보기] 탭-[프레젠테이션 보기] 그룹-[슬라이드 마스터] 명령을 클릭한 뒤 [슬라이드 마스터] 탭에서 [테마 편집] 그룹-[글꼴] 명령을 클릭한다.

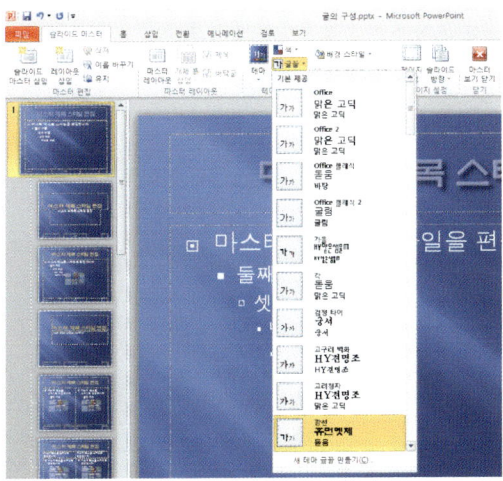

④ 만약 테마 글꼴을 [고구려 벽화]로 설정하였다면, 다음과 같이 글꼴이 변경된 것을 확인할 수 있다.

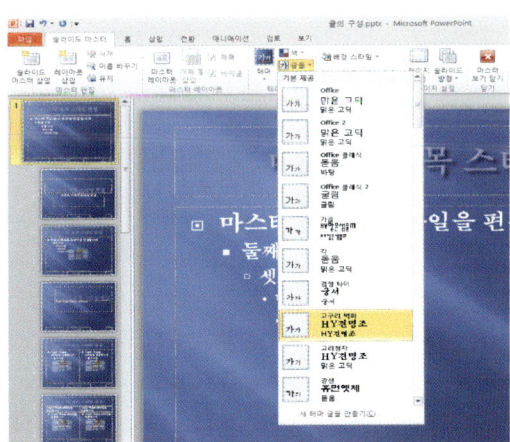

⑤ 이와 마찬가지로 테마 효과도 다음의 명령을 통하여 변경할 수 있다.
- [보기] 탭-[프레젠테이션 보기] 그룹-[슬라이드 마스터] 명령을 클릭한다.
- [슬라이드 마스터] 탭-[테마 편집] 그룹-[효과] 명령을 클릭한다.

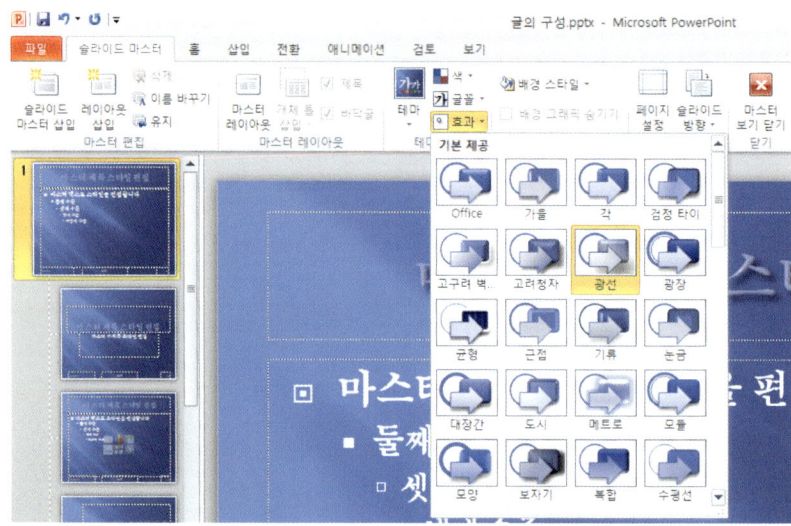

일반적으로 기본제공과 Office.com 테마를 적용하면 다양한 디자인을 적용할 수 있다.

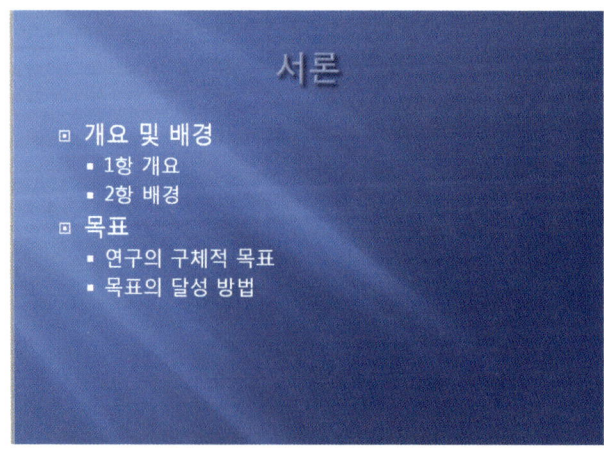

1. 워드의 개요 수준 설정을 통해 워드의 자료들을 프레젠테이션의 원하는 위치에 자동으로 생성할 수 있다.

2. 워드의 개요 수준 설정
   - [보기] 탭-[문서 보기] 그룹-[개요] 명령 클릭
   - 수준의 조정은 워드 프로그램의 [개요] 탭에 있는 [개요 도구] 그룹에서 개요 수준 조정
   - 개요보기의 수준 1은 마스터 제목에 연결되며, 새로운 슬라이드에서 시작
   - 워드의 수준 2는 파워포인트 텍스트 상자의 첫째 수준에 연결
   - 워드의 수준 3은 파워포인트 텍스트 상자의 둘째 수준에 연결
   - 워드의 수준 4는 파워포인트 텍스트 상자의 셋째 수준에 연결
   - 워드의 수준 5는 파워포인트 텍스트 상자의 넷째 수준에 연결
   - 워드의 수준 6은 파워포인트 텍스트 상자의 다섯째 수준에 연결

3. 워드의 개요로 파워포인트 파일 만들기
   - [열기] 메뉴를 클릭하여 [열기] 대화상자를 실행
   - [열기] 대화상자에서는 파일 형식을 '모든 개요'로 설정하고, 해당 워드 문서를 선택하여 [열기] 단추를 클릭하면 프레젠테이션 파일이 생성

4. 슬라이드에 워드문서 삽입
   - 기존의 프레젠테이션 파일에서 추가할 위치를 선택하기 위해서 추가될 위치의 바로 전의 슬라이드를 선택
   - [홈] 탭에 있는 [슬라이드] 그룹에서 [새 슬라이드] 명령의 목록 단추를 클릭하고, [슬라이드 개요]를 선택
   - [개요 삽입] 대화 상자에서 추가할 문서를 선택하고 [삽입] 단추를 클릭
   - 현재 선택된 슬라이드 뒤에 워드의 내용들이 그 수준에 따라 새로운 슬라이드로 삽입

5. 테마서식을 이용한 디자인 설정
   - 전체적인 디자인을 설정하기 위해서 [보기] 탭-[프레젠테이션 보기] 그룹-[슬라이드 마스터]

명령을 클릭
- [슬라이드 마스터] 탭−[테마 편집] 그룹−[테마] 명령을 클릭
- 24개의 기본 제공 테마 중에 원하는 테마를 선택
- [슬라이드 마스터] 탭−[닫기] 그룹−[마스터 보기 닫기] 명령을 클릭하여 기본보기로 돌아감

6. 테마 색, 테마 글꼴, 테마 효과 지정
- [보기] 탭−[프레젠테이션 보기] 그룹−[슬라이드 마스터] 명령을 클릭
- [슬라이드 마스터] 탭−[테마 편집] 그룹−[색] 명령을 클릭하여 색 변경
- [슬라이드 마스터] 탭−[테마 편집] 그룹−[글꼴] 명령을 클릭하여 글꼴 변경
- [슬라이드 마스터] 탭−[테마 편집] 그룹−[효과] 명령을 클릭하여 효과 변경
- [슬라이드 마스터] 탭−[닫기] 그룹−[마스터 보기 닫기] 명령을 클릭하여 기본보기로 돌아감

1. '10 - 1(연습).docx' 파일에서 장 단락에는 개요보기의 '수준 1'을, 절 단락에는 개요보기의 '수준 2'를, 항 단락에는 개요보기의 '수준 3'을, 목 단락에는 개요보기의 '수준 4'를 적용하시오.

정답: 10 - 1(연습 - 풀이).docx

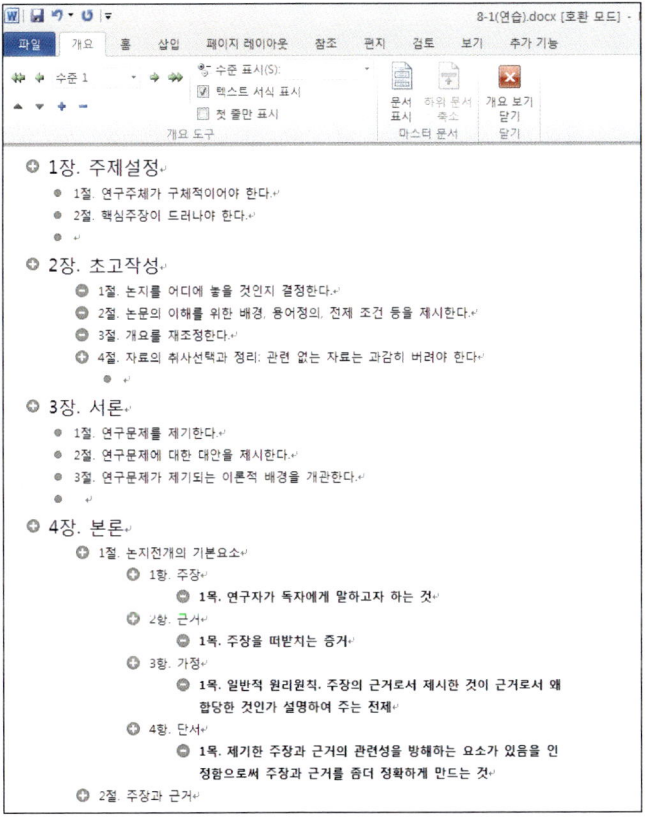

[설명] 정답의 풀이과정은 다음과 같다.

1) 워드에서 개요 수준을 설정하려면 [보기] 탭−[문서 보기] 그룹−[개요] 명령을 클릭하여 개요보기로 이동한다.

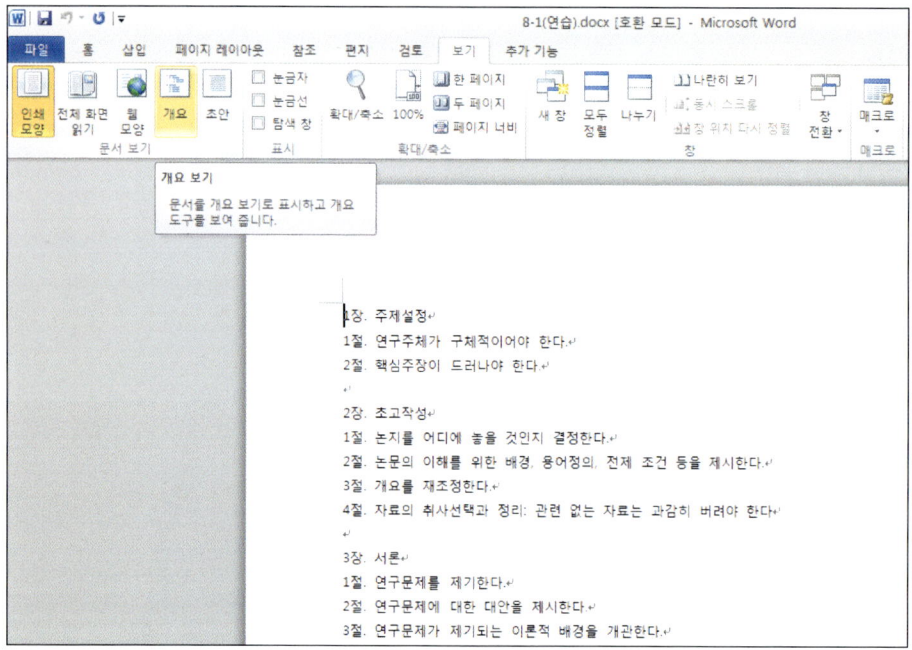

2) 워드에서 개요 수준을 설정하려면 1장 단락에 커서를 위치시키고, [개요] 탭의 [개요 도구] 그룹에서 '수준 1'을 지정한다.

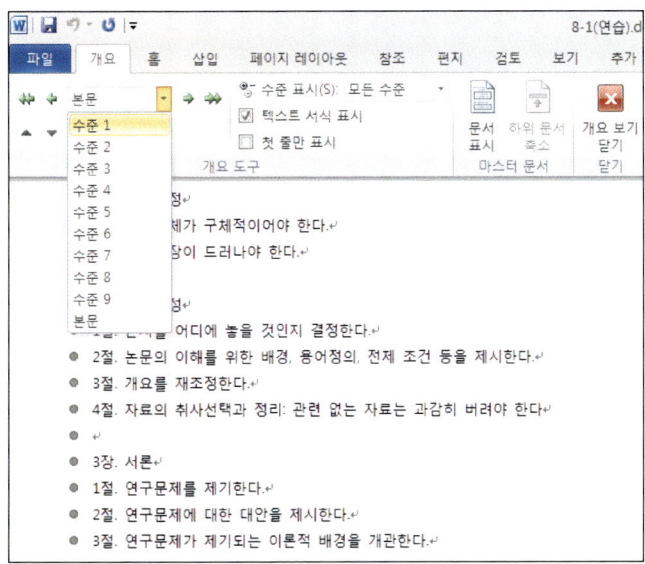

3) 1장 단락 아래에 있는 1절, 2절을 선택하고, [개요] 탭의 [개요 도구] 그룹에서 '수준 2'를 지정한다.

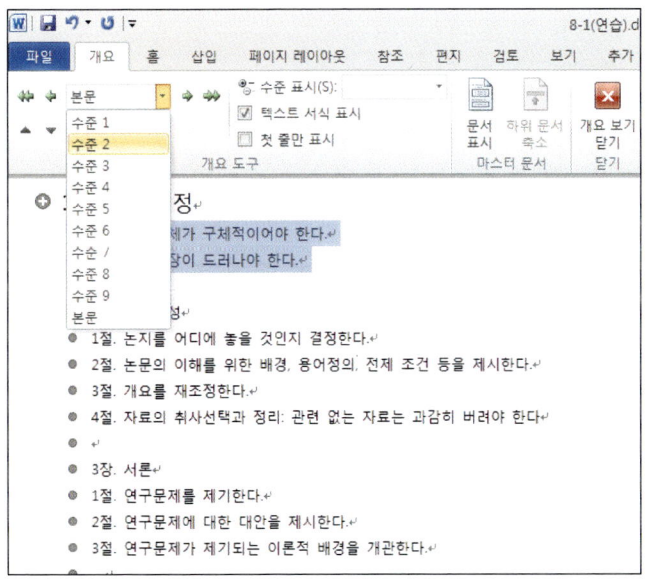

4) 나머지 항목에 대해서도 동일하게 지정한다. 단, '항' 단락에는 개요보기의 '수준 3'을, 목 단락에는 개요보기의 '수준 4'를 지정한다.

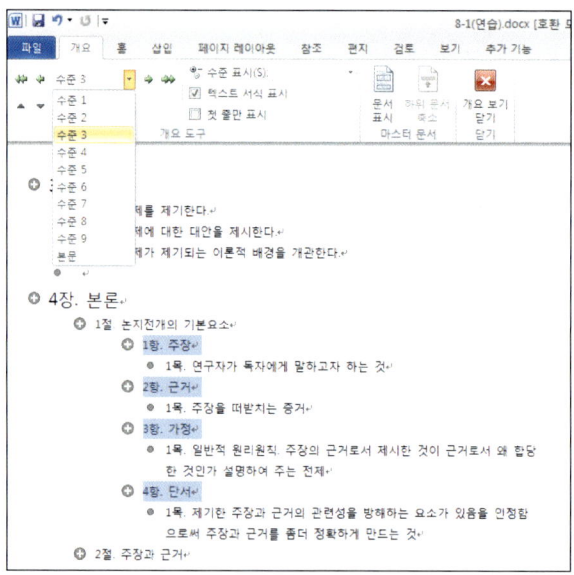

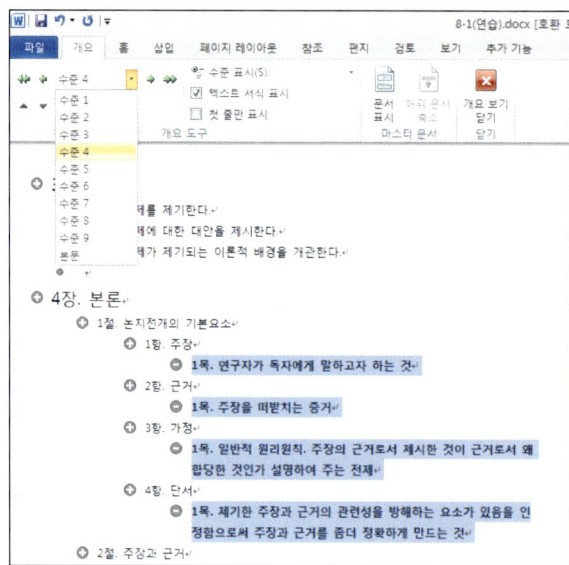

5) 개요의 수준을 지정한 이후에는 [저장] 명령을 클릭하여 변경된 내용을 저장한다.

2. 1번에서 개요수준을 설정한 파일을 이용하여 프레젠테이션 파일을 생성하시오.

정답: 10-1(연습-풀이).pptx

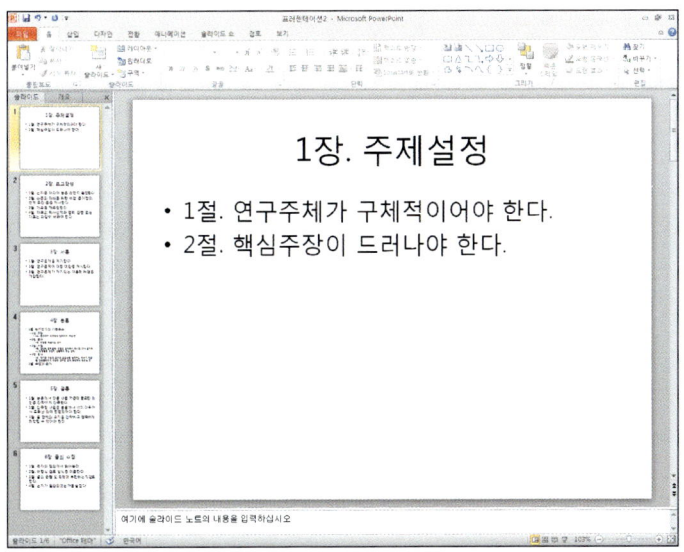

[설명] 정답의 풀이과정은 다음과 같다.

1) [열기] 메뉴를 클릭하여 [열기] 대화상자를 실행한다.

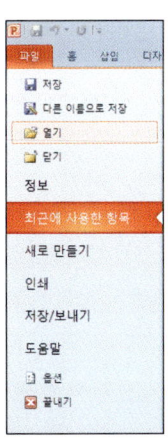

2) [열기] 대화상자에서는 파일 형식을 '모든 개요'로 설정하고, 해당 워드 문서를 선택하여 [열기]
단추를 클릭하면 프레젠테이션 파일이 생성된다.

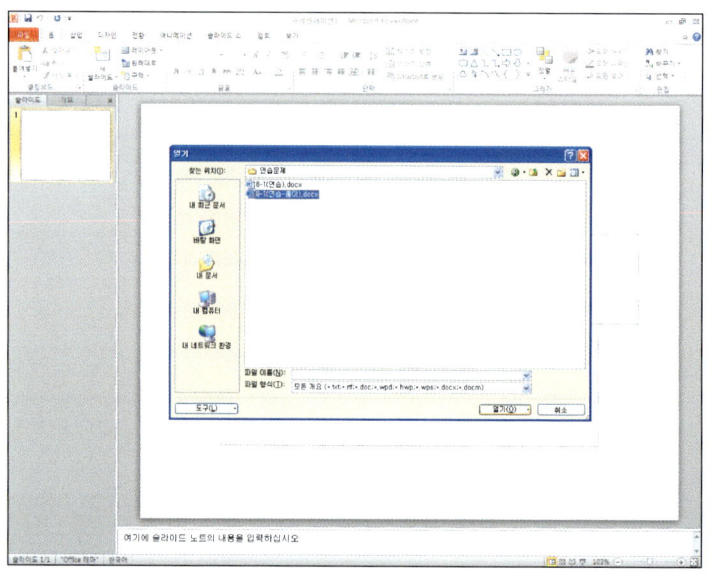

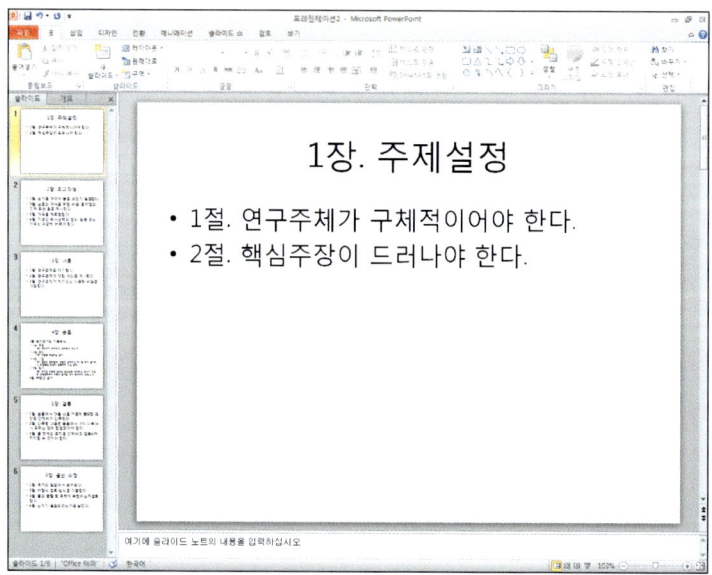

3. 2번에서 생성한 프레젠테이션 파일에 '종이' 테마를 적용하여 모든 슬라이드의 서식을 일괄적으로 변경하시오.

정답: 10-1(연습-완성).pptx

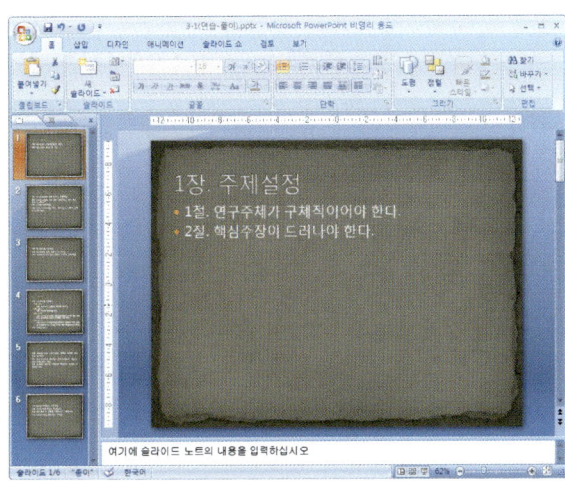

[설명] 정답의 풀이과정은 다음과 같다.

1) [보기] 탭-[프레젠테이션 보기] 그룹-[슬라이드 마스터] 명령을 클릭한다.

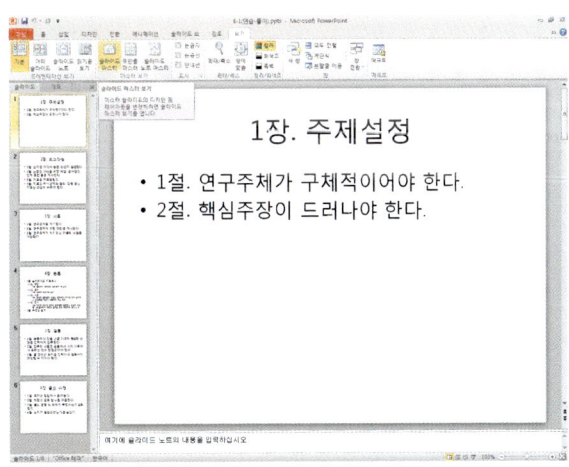

2) [슬라이드 마스터] 탭에서 첫 번째 슬라이드를 선택하고 [테마 편집] 그룹 − [테마] 명령을 클릭하여 '종이' 테마를 선택한다.

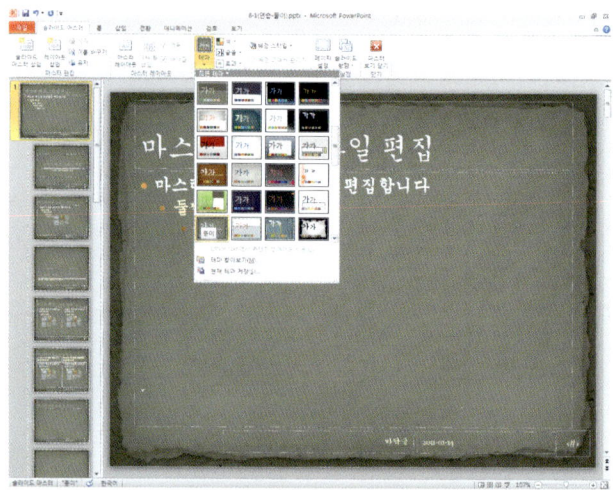

3) [슬라이드 마스터] 탭 − [닫기] 그룹 − [마스터 보기 닫기] 명령을 클릭하여 [기본보기] 명령을 클릭하여 변경된 내용을 확인한다.

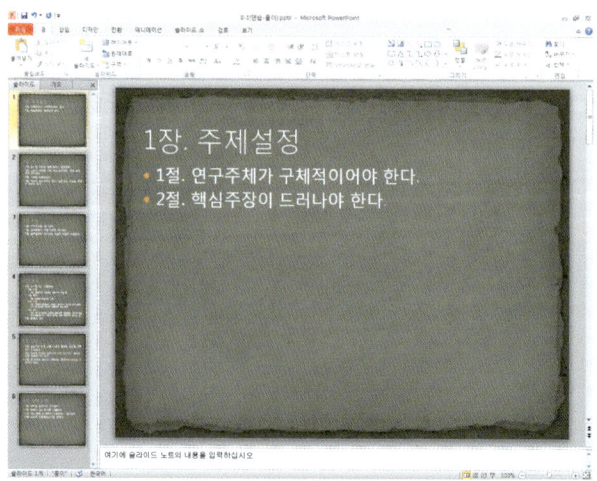

CHAPTER 11 | 디자인 설정(클립아트, 글꼴, 표)

학습목표

- 파워포인트의 다양한 기능을 활용하여 디자인을 설정할 수 있다.
- 클립아트를 활용하여 다양한 이미지를 사용할 수 있다.
- 글꼴 크기의 설정 및 새로운 글꼴을 설정하여 사용할 수 있다.
- 표를 작성하여 다양하게 꾸미는 방법을 알 수 있다.

1. 클립아트의 활용

클립아트는 그 활용에 있어 많이 사용하기보다는 색감과 느낌이 비슷한 것들을 함께 사용해서 조화로운 모습을 제시해야 한다. 즉, 여러 마디의 말보다 그 의미를 담아낼 수 있는 클립아트를 활용하여 잘 배치하면 의미를 함축적으로 전달할 수 있다.

1) 파워포인트 클립아트의 조건 및 파일 확장자

(1) 클립아트의 조건

클립아트를 파워포인트에서 활용하기 위해서는 고화질이어야 한다. 이는 그 크기를 크게 조절하면 화질이 저하되어 전체 슬라이드의 분위기를 망치기 때문이다. 다음의 클립아트에서 오른쪽 클립아트를 확대하면 왼쪽의 클립아트처럼 그림의 화질이 떨어진다.

(2) 클립아트의 파일 확장자

① **PNG(Portable Network Graphic)** 형식: 색조와 기울임 정도가 비슷해서 같은 슬라이드에 섞어 사용해도 잘 어울린다. 가장 많이 사용되는 클립아트 형식으로 질이 좋고 반투명으로 배경색과도 잘 어울린다.

② **WMF(Windows Metafile Format)** 형식: 마이크로소프트사의 윈도에서 벡터 도형을 응용 프로그램 간에 교환하기 위해 저장하는 데 사용되는 도형 파일 형식으로, 아무리 확대해도 깨지지 않는다는 특징을 가지고 있다. 다만 PNG 형식의 클립아트에 비해 그림을 세밀하게 묘사하는데 한계가 있다.

③ JPG(Joint Photographic Coding Experts Group),
GIF(Graphics Interchange Format) 형식: 웹
페이지상에 파일을 올려 사용할 경우에는 용
량이 작아 사용하기에 편하지만 파워포인트
에서 사용하기에는 용량이 작으므로 이미지
크기를 너무 키우지 않도록 조심해야 한다.

2. 다양한 클립아트의 검색 및 활용

프레젠테이션 자료를 효과적으로 구성하기 위해서는 내용에 어울리는 클립아트를
검색해서 적당한 위치에 잘 배치해야 한다.

① [삽입] 탭-[이미지] 그룹-[클립아트] 명령을
선택하여 [클립아트] 대화상자를 실행시킨다.

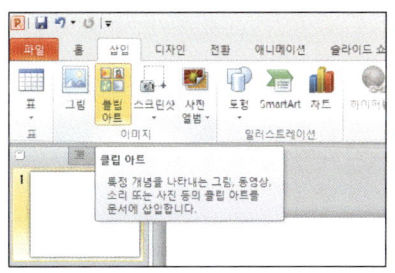

② [클립아트] 대화상자에서 [검색 대상:]에서 검색하고자 하는 주제어를 입력한 후
에 [이동] 명령을 클릭한다. 다음은 '아바타'를 주제어로 입력한 화면이다.

③ [클립아트] 대화상자의 하단에 있는 'Office.com에서 더
   찾아보기'를 클릭하면 웹 브라우저가 열리면서 Office
   Online 사이트로 이동된다.

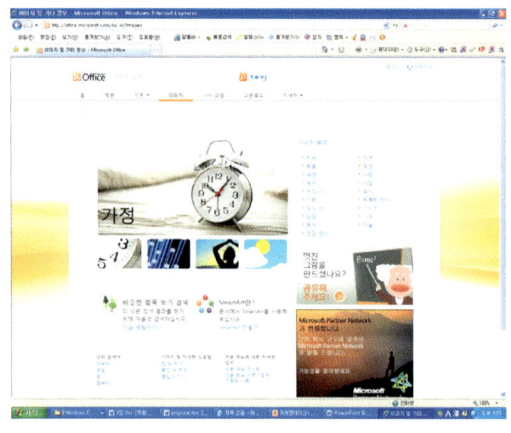

④ **Office Online** 사이트의 [이미지 검색] 창에 찾고자 하는 클립아트와 연관된 주제어를 입력하고 [검색] 명령을 실행하면, 다양한 클립아트들을 찾을 수 있다. 만약 검색어로 '축구'를 입력하고 [검색] 명령을 실행하면 축구와 관련된 클립아트들이 검색된다.

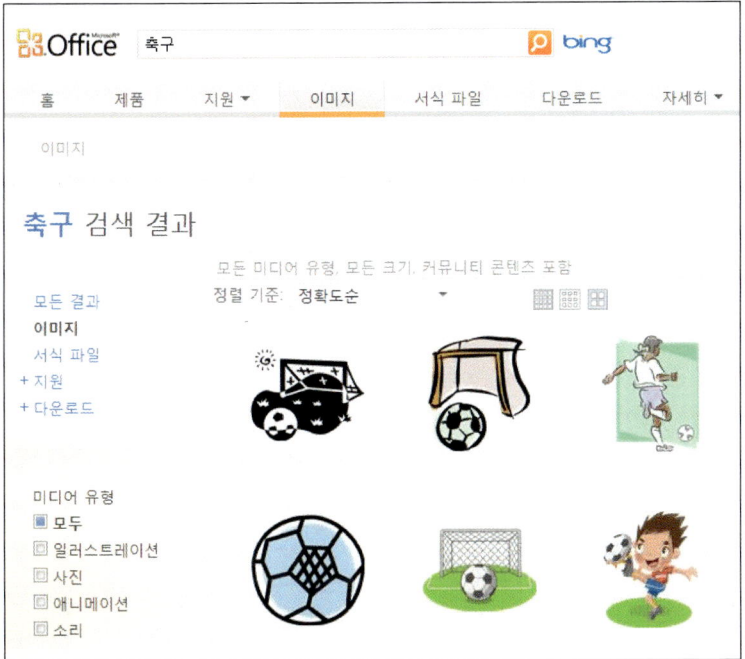

⑤ 검색된 창에서 원하는 클립아트 위에 마우스 포인트를 이동시키면 [복사], [다운로드]의 명령어가 나온다.

⑥ 검색된 그림 중 하나의 그림을 선택하면 [세부 정보]로 이동하며, [세부 정보]에서 하단의 [비슷한 이미지 보기 지금 살펴보기]를 클릭하면 선택된 이미지와 비슷한 다양한 이미지들이 검색된다.

⑦ 검색된 클립아트 중에서 특정한 클립아트를 다운받으려면 [클립보드로 복사] 명령을 선택한 후 파워포인트의 원하는 슬라이드에서 붙여놓기(Ctrl + V) 명령을 누르거나 마우스 오른쪽을 클릭한 후 붙여놓기를 선택해도 된다.

⑧ 클립아트의 사용 시에 가능한 동일한 테두리 형태, 색, 컬러, 그림자 등을 가진 클립아트를 사용함으로써 전체적인 통일성을 줄 수 있다. 이러한 동일한 성질들은 가진 클립아트들은 스타일의 번호로 검색할 수 있다. 다음은 스타일 1539, 1540, 1541의 클립아트 스타일을 검색한 것이다.

3. 글꼴의 사용

프레젠테이션 자료의 작성 시에 사용하는 글꼴에 대해서도 잘 고려하여 한다. 너무 많은 글꼴을 사용하거나 글꼴의 크기가 적정하지 않은 경우에는 가독성도 떨어지고, 산만한 느낌을 준다.

1) 글꼴 사용의 기본 고려사항

사용하는 글꼴의 종류는 세 가지를 넘지 않는 것이 좋다. 여러 글꼴을 사용하면 산만한 느낌을 주어 문서의 전체적인 통일감을 주지 못하기 때문이다.

문서에서 사용하는 글꼴은 각자의 취향에 맞게 선택해야 하지만 공식적인 보고서의 경우에는 고딕체 계열의 글꼴이 많이 사용된다. 글꼴을 선택할 때는 빔 프로젝터의 화면, 프린터로 출력 시의 모습 등을 고려해서 선택해야 한다. 글씨를 읽을 때 불편함이 없는지 가독성의 여부를 점검해야 한다.

헤드라인 48포인트

• 본문 42포인트

제목 24포인트

• 헤드라인 20포인트

• 본문 16포인트

또한 글꼴의 크기는 작성하고자 하는 문서에 따라 많이 달라진다. 글꼴의 크기는 최소 14포인트 이상이어야 한다. 이보다 더 작은 글씨는 출력하거나 빔 프로젝터로 봤을 때, 글씨가 너무 작아서 읽기가 어렵기 때문이다. 프레젠테이션용 전용 문서는 빔 프로젝터 스크린에 내용을 비추는 것을 주로 하는 문서로, 많은 양의 글자를 담고 있지 않는 것이 특징이다. 헤드라인 48포인트, 본문 42포인트 정도로 작성한다.

5~10장 정도 분량이 되는 핵심만 간단하게 요약해서 보고하는 자료의 경우 제목 24포인트, 헤드라인 20포인트, 본문 16포인트 정도의 크기로 작성하는 것이 좋다.

일반 리포트를 발표하는 프레젠테이션의 경우 제목 20포인트, 헤드라인 16포인트, 본문 14포인트 정도의 크기로 작성하는 것이 좋다.

사용한 글꼴이 프레젠테이션 프로그램에 기본적으로 포함된 글꼴이 아니라면 글꼴도 문서와 함께 저장해야 그 글꼴이 없는 컴퓨터에서 열었을 때도 글꼴의 종류가 변경되지 않는다. 파워포인트에서는 [저장 옵션]에서 글꼴을 포함하여 저장하는 기능이 있다.

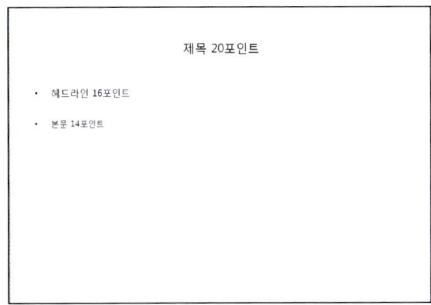

① [파일]-[다른 이름으로 저장]을 클릭하면 [다른 이름으로 저장] 대화상자가 나타나며, [도구]-[저장 옵션]을 선택한다.

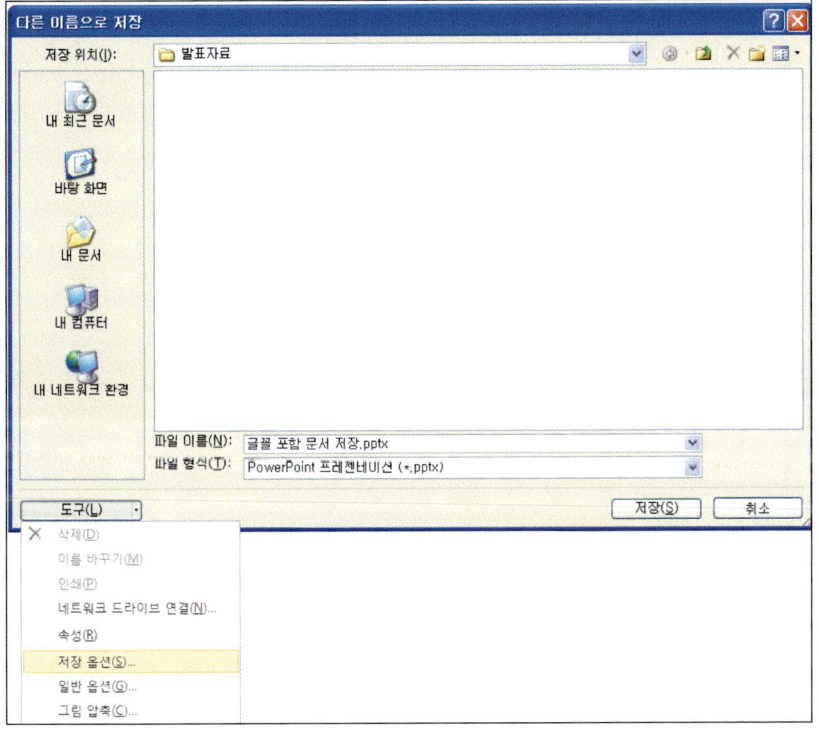

② [PowerPoint 옵션]-[저장]-[파일의 글꼴 포함]을 체크하고 [확인] 명령을 클릭한다.

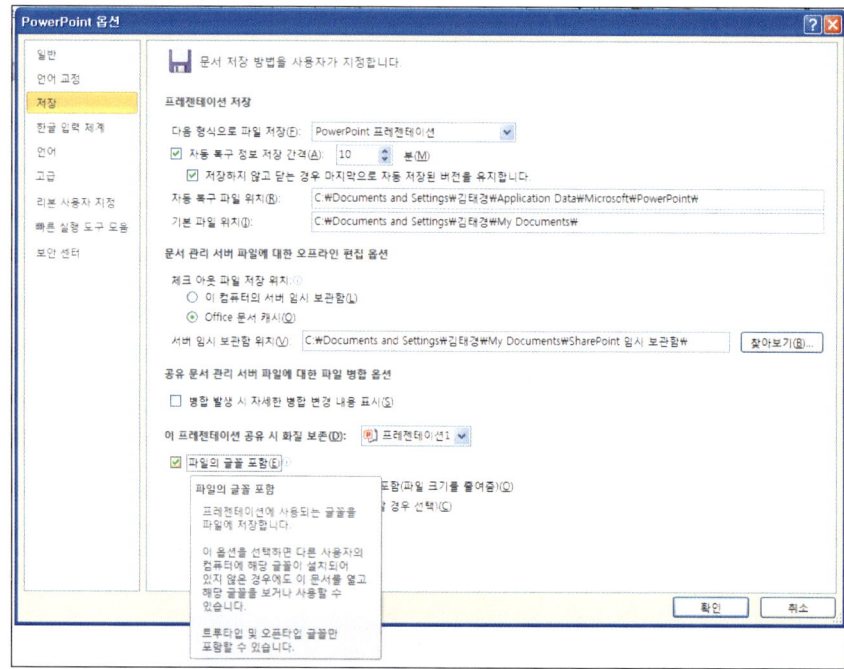

③ 글꼴이 파워포인트 문서에 함께 저장된다.

2) 새로운 글꼴의 설치

새로운 글꼴은 상용 글꼴을 구입하거나 무료로 제공되는 글꼴을 설치하여 사용할 수 있다. 여기서는 서울시에서 제공하는 서울서체를 다운받아서 설치하는 방법을 알아보도록 한다. 무료로 제공하는 글꼴들은 네이버의 나눔글꼴 등 다양하고 예쁜 글꼴이 많이 존재한다.

서울시에서 제공하는 서울서체는 '서울서체-디자인 서울' 홈페이지에 접속해 다운받을 수 있다. '서울서체-디자인 서울' 홈페이지의 주소는 다음과 같다.

http://design.seoul.go.kr/dscontent/designseoul.php?MenuID=490&pgID=57

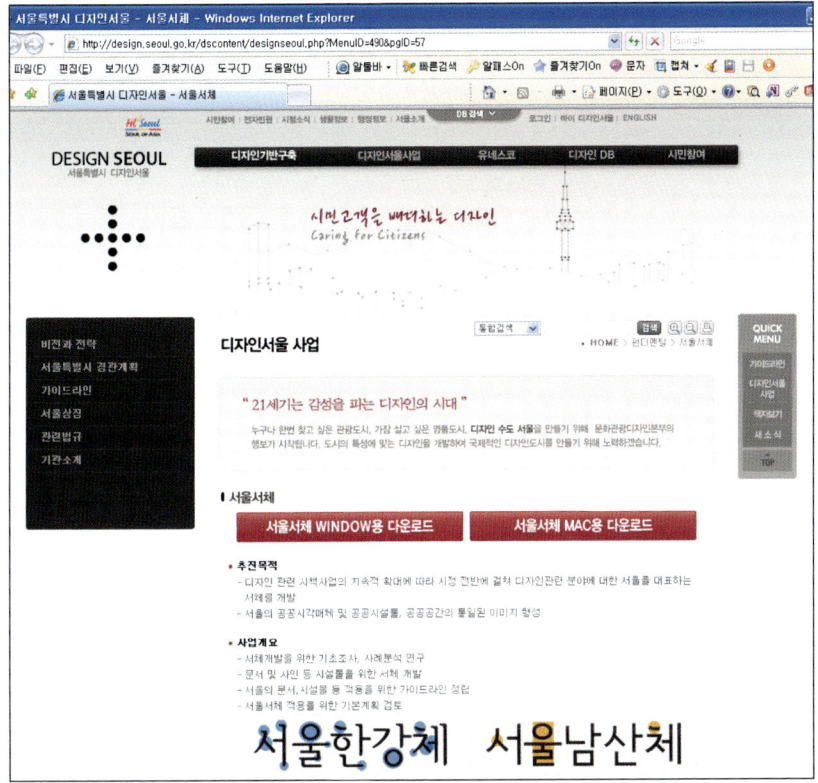

① 사용하는 컴퓨터 운용체제에 따라 서울서체 하단에 있는 버튼을 클릭하면 된다. 만약 운영체제가 윈도라면 '서울서체 WINDOW용 다운로드'를 선택하고 [파일 다운로드] 대화상자에서 [저장] 명령을 클릭한다.

② 다운로드 받은 파일을 압축을 푼 후 'setup.exe' 파일을 더블 클릭하여 실행시킨다.

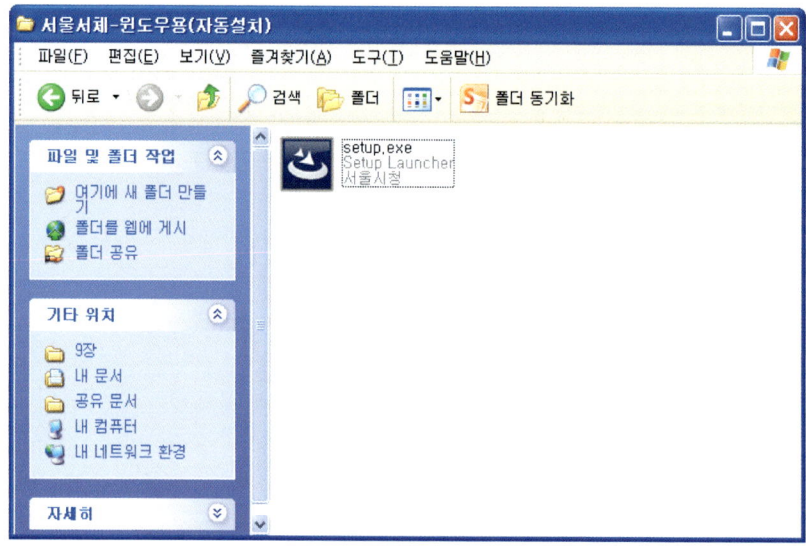

③ [설치 언어 선택] 대화상자에서 '한국어'를 선택하고 [확인]을 클릭한다.

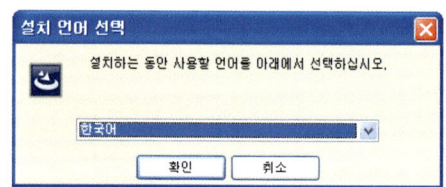

④ 글꼴 설치가 완료되면 [완료]를 클릭하여 설치를 마친다.

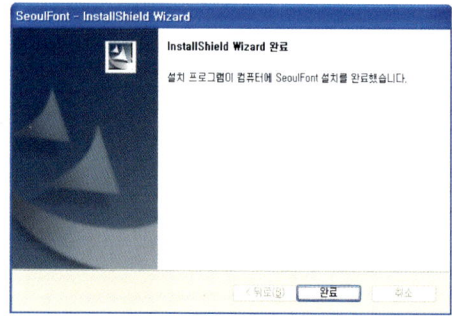

⑤ 워드 프로그램을 종료하고 재실행시키면 새로운
글꼴이 추가된 것을 확인할 수 있다.

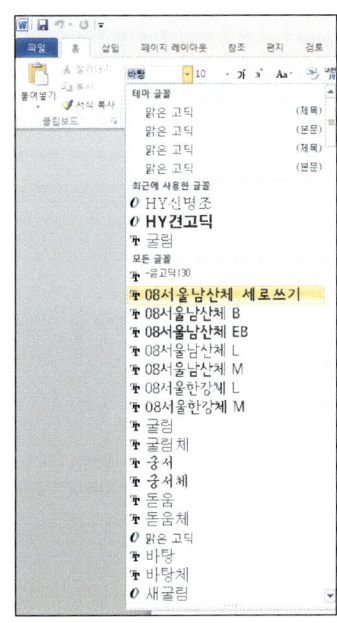

4. 표의 작성 및 꾸미기

표는 데이터를 가지런히 나열해 주며, 표를 꾸미는 방법
에 대해서 살펴본다. 엑셀이나 워드에서 작성하는 표는 파
워포인트에서 그려내는 표와 느낌이 다르며, 일반적으로 표
를 보기에 좋도록 수정하는 방법에 대해서 살펴본다.

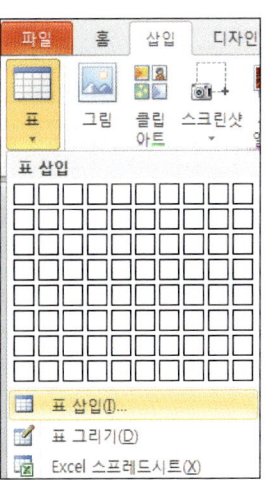

1) 표의 삽입

표를 작성하는 방법은 워드의 방법과 유사하다.

① 표를 삽입하기 위해서는 [삽입] 탭-[표] 그룹-[표]
명령을 클릭한다.

② [표 삽입] 대화상자에서 [열 개수]와 [행 개수]
를 입력하고 [확인] 단추를 클릭한다.

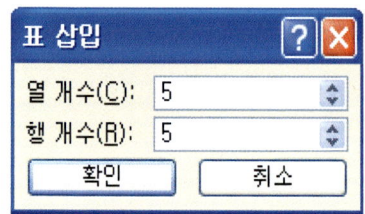

③ 표가 삽입되면 [표 도구] 탭 아래에 [디자인] 탭과 [레이아웃] 탭이 생겨서 다양하
게 꾸밀 수 있다.

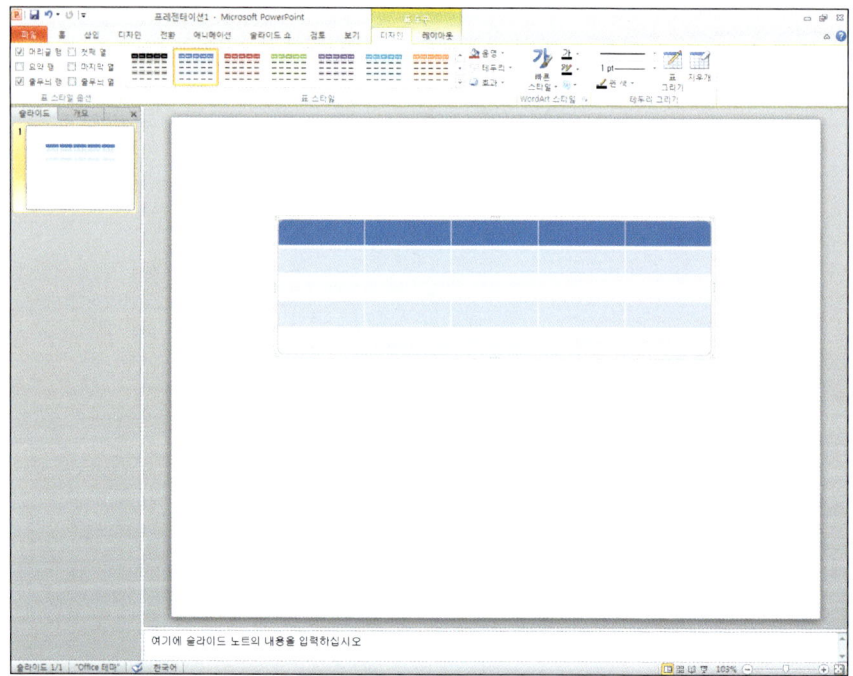

④ [표 도구]−[디자인] 탭에서는 표 스타일, **WordArt** 스타일, 테두리 그리기 등의
표를 다양하게 꾸밀 수 있다.

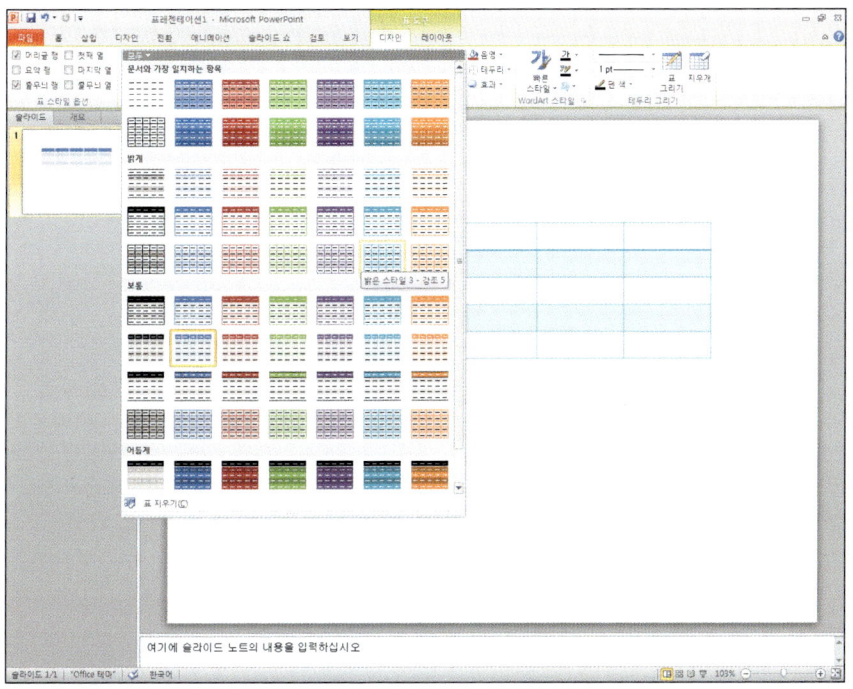

⑤ [표 도구]-[레이아웃] 탭에서는 행 및 열, 병합 및 분할, 셀 크기, 텍스트 맞춤, 표 크기, 정렬 등 표의 구조를 다양하게 설정할 수 있다.

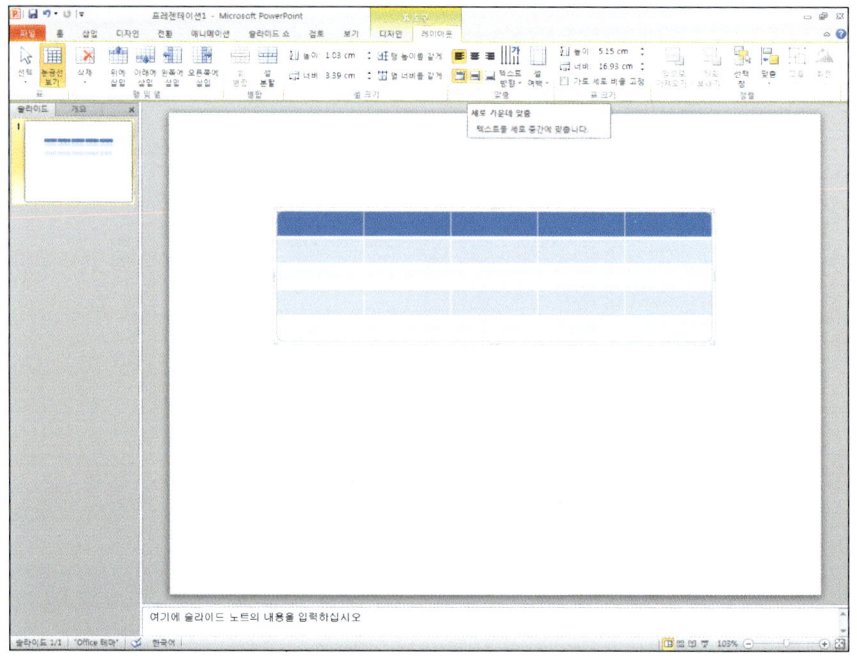

2) 일반적인 표의 꾸미기

표를 작성하여 보기에 좋게 꾸미기 위해서는 다음의 사항에 유의해서 수정해야 한다.

구분	2006년	2007년	2008년	2009년
IT 아웃소싱	4,834	4,892	4,995	5,150
SI	3,615	3,979	4,093	4,014
IT 컨설팅	440	500	550	475
기타	134	142	151	137

① 표에서 좌우의 선을 없애는 것이 보기에 더 편한 느낌을 준다.

구분	2006년	2007년	2008년	2009년
IT 아웃소싱	4,834	4,892	4,995	5,150
SI	3,615	3,979	4,093	4,014
IT 컨설팅	440	500	550	475
기타	134	142	151	137

② 중간의 가로줄을 점선으로 바꾸면 내용이 강조된다.

구분	2006년	2007년	2008년	2009년
IT 아웃소싱	4,834	4,892	4,995	5,150
SI	3,615	3,979	4,093	4,014
IT 컨설팅	440	500	550	475
기타	134	142	151	137

③ 표의 내부는 0.75pt, 테두리는 1pt의 두께로 설정하여 선의 굵기를 조정하고, 헤드라인에 옅은 색을 넣어주어 가독성을 향상시킨다.

구분	2006년	2007년	2008년	2009년
IT 아웃소싱	4,834	4,892	4,995	5,150
SI	3,615	3,979	4,093	4,014
IT 컨설팅	440	500	550	475
기타	134	142	151	137

3) 내용이 적은 표의 간략화

① 표에 내용이 적은 경우에는 가로줄을 제거하여 단순화할 수 있다.

구분	2006년	2007년	2008년	2009년
IT 아웃소싱	4,834	4,892	4,995	5,150
SI	3,615	3,979	4,093	4,014
IT 컨설팅	440	500	550	475
기타	134	142	151	137

② 세로줄을 제거하면 좀 더 단순한 느낌을 줄 수 있다.

구분	2006년	2007년	2008년	2009년
IT 아웃소싱	4,834	4,892	4,995	5,150
SI	3,615	3,979	4,093	4,014
IT 컨설팅	440	500	550	475
기타	134	142	151	137

4) 행이 많은 표의 강조

표의 내용이 많을 때는 행 구분선을 없애고, 색으로 행을 구별할 수 있다. [표 도구]
-[디자인] 탭-[표 스타일] 그룹의 기능을 이용해서 수정해도 되고, [디자인] 탭의 기
능을 이용하여 직접 수정할 수 있다.

음식명	1회 섭취량	열량(Kcal)
갈비탕	갈비 1대+밥 1공기	580
갈치구이	1인분(250g)	550
김치찌개	400g+밥 1공기	450
물냉면	냉면사리 300g	450
비빔냉면	냉면사리 300g	500
된장찌개	뚝배기(소)+밥 1공기	390
불고기	1인분(250g)	300
비빔밥	1인분	580
삼계탕	영계 1마리+찹쌀 30g	800
설렁탕	고기 50g+밥 1공기	460
순두부백반	뚝배기(소)+밥 1공기	580
육계장	고기 50g+밥 1공기	490
전복죽	1대접	290

① [표 도구]-[디자인] 탭-[표 스타일] 그룹-[자세히]에서-[보통 스타일 2-강조 4]
명령을 클릭한다.

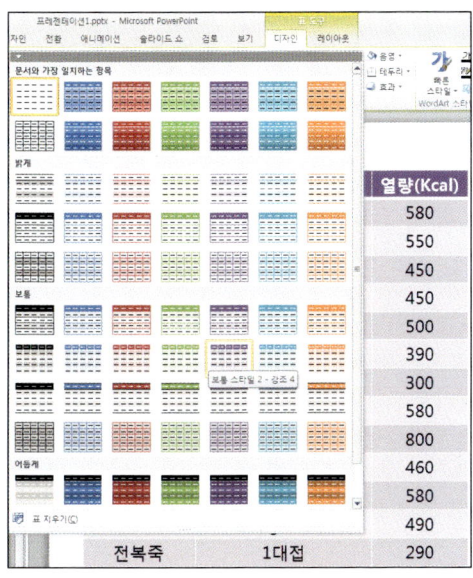

음식명	1회 섭취량	열량(Kcal)
갈비탕	갈비1대+밥1공기	580
갈치구이	1인분(250g)	550
김치찌개	400g+밥1공기	450
물냉면	냉면사리300g	450
비빔냉면	냉면사리300g	500
된장찌개	뚝배기(소)+밥1공기	390
불고기	1인분(250g)	300
비빔밥	1인분	580
삼계탕	영계1마리+찹쌀30g	800
설렁탕	고기50g+밥1공기	460
순두부백반	뚝배기(소)+밥1공기	580
육계장	고기50g+밥1공기	490
전복죽	1대접	290

② [표 도구]-[디자인] 탭-[표 스타일] 그룹
의 [음영]과 [테두리] 기능 및 [WordArt 스
타일] 그룹을 이용하여 직접 원하는 디자
인으로 설정할 수 있다.

음식명	1회 섭취량	열량(Kcal)
갈비탕	갈비1대+밥1공기	580
갈치구이	1인분(250g)	550
김치찌개	400g+밥1공기	450
물냉면	냉면사리300g	450
비빔냉면	냉면사리300g	500
된장찌개	뚝배기(소)+밥1공기	390
불고기	1인분(250g)	300
비빔밥	1인분	580
삼계탕	영계1마리+찹쌀30g	800
설렁탕	고기50g+밥1공기	460
순두부백반	뚝배기(소)+밥1공기	580
육계장	고기50g+밥1공기	490
전복죽	1대접	290

③ 특히 표 내용 중에서 강조할 내용이 있으면
색으로 행을 구분한 다음 강조할 부분에 색
이나 도형을 이용해서 시선을 집중하게 만
들 수 있다.

음식명	1회 섭취량	열량(Kcal)
갈비탕	갈비1대+밥1공기	580
갈치구이	1인분(250g)	550
김치찌개	400g+밥1공기	450
물냉면	냉면사리300g	450
비빔냉면	냉면사리300g	500
된장찌개	뚝배기(소)+밥1공기	390
불고기	1인분(250g)	300
비빔밥	1인분	580
삼계탕	영계1마리+찹쌀30g	800
설렁탕	고기50g+밥1공기	460
순두부백반	뚝배기(소)+밥1공기	580
육계장	고기50g+밥1공기	490
전복죽	1대접	290

5) 도형으로 표 꾸미기

도형을 활용해서 표를 세련된 디자인으로 표현할 수 있다.

① 가로선은 그대로 두고 세로선을 살리는 도형을 넣으면 입체적인 느낌을 줄 수 있다.

구분	2006년	2007년	2008년	2009년
IT 아웃소싱	4,834	4,892	4,995	5,150
SI	3,615	3,979	4,093	4,014
IT 컨설팅	440	500	550	475
기타	134	142	151	137

② 강조하고 싶은 부분들은 색을 변화시켜 시각적으로 변화를 주면 된다. 글자의 색
도 그에 맞춰 변화를 줘야 한다.

구분	2006년	2007년	2008년	2009년
IT 아웃소싱	4,834	4,892	4,995	5,150
SI	3,615	3,979	4,093	4,014
IT 컨설팅	440	500	550	475
기타	134	142	151	137

1. 클립아트는 그 활용에 있어 많이 사용하기보다는 색감과 느낌이 비슷한 것들을 함께 사용해서 조화로운 모습을 제시해야 한다.

2. 클립아트 파일 확장자의 종류
   - PNG(Portable Network Graphic): 가장 많이 사용되는 클립아트 형식으로 질이 좋고 반투명으로 배경색과도 잘 어울린다.
   - WMF(Windows Metafile Format): 벡터 형식이므로 아무리 확대해도 깨지지 않는다는 특징을 가지고 있으며, PNG 형식의 클립아트에 비해 그림을 세밀하게 묘사하는 데 한계가 있다.
   - JPG(Joint Photographic Coding Experts Group), GIF(Graphics Interchange Format): 웹 페이지상에 파일을 올려 사용할 경우에는 용량이 작아 사용하기에 편하지만 파워포인트에서 사용하기에는 용량이 작으므로 이미지 크기를 너무 키우지 않도록 조심해야 함

3. [삽입] 탭-[이미지] 그룹-[클립아트] 명령을 선택하여 [클립아트] 대화상자를 실행시킨 후 [검색 대상:]에서 검색하고자 하는 주제어를 입력한 후에 [이동] 명령을 클릭한다.
   - 클립아트 사용 시에 가능한 한 동일한 테두리 형태, 색, 컬러, 그림자 등을 가진 클립아트를 사용함으로 전체적인 통일성을 줄 수 있다. 이러한 동일한 성질들은 가진 클립아트들은 스타일의 번호(1539, 1540, 1541)로 검색할 수 있다.

4. 사용하는 글꼴의 종류는 세 가지를 넘지 않는 것이 좋다. 여러 글꼴을 사용하면 산만한 느낌을 주어 문서의 전체적인 통일감을 주지 못하기 때문이다.
   - 글꼴의 크기는 작성하고자 하는 문서에 따라 많이 달라진다.
   - 사용한 글꼴이 프레젠테이션 프로그램에 기본적으로 포함된 글꼴이 아니라면 글꼴도 문서와 함께 저장해야 그 글꼴이 없는 컴퓨터에서 열었을 때도 글꼴의 종류가 변경되지 않는다.
   - 새로운 글꼴은 상용 글꼴을 구입하거나 무료로 제공되는 글꼴을 설치하여 사용할 수 있다.

5. 표는 데이터를 가지런히 나열해 주며, 선 및 음영, 도형들을 사용하여 다양하게 꾸밀 수 있다.

1. 파워포인트에서 클립아트의 'Office.com에서 더 찾아보기'를 클릭하여 나타난 창에서 '야구'란 주
   제어로 검색하고, 검색된 이미지 중에서 하나의 이미지를 선택하여 '비슷한 이미지 보기'를 선택
   하여 비슷한 이미지들을 검색하시오.

[설명] 정답의 풀이과정은 다음과 같다.

1) 파워포인트에서 [삽입] 탭-[이미지] 그룹-[클립아트] 명령을 클릭한 후
   [클립아트] 대화상자에 하단에서 'Office.com에서 더 찾아보기'를 클릭한다.

2) Office Online 사이트의 [이미지 검색] 창에 '야구'를 입력하고 [검색] 명령을 실행한다.

3) 검색된 클립아트 중 하나의 클립아트를 선택하면 [세부 정보]로 이동하며, [세부 정보]에서 하단의 [비슷한 이미지 보기 지금 살펴보기]를 클릭한다.

4) 선택한 이미지와 비슷한 이미지들이 검색된 것을 알 수 있다.

2. 네이버의 나눔글꼴을 인터넷에서 다운받아 설치하시오.

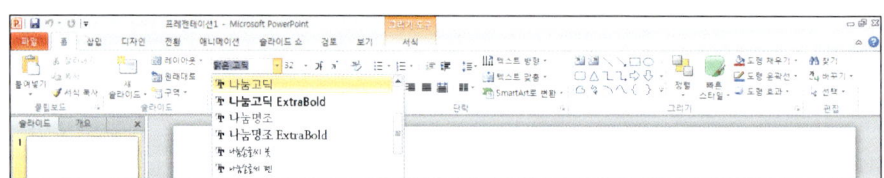

[설명] 정답의 풀이과정은 다음과 같다.

1) 네이버 사이트에서 검색창에 '나눔글꼴'을 입력한다.

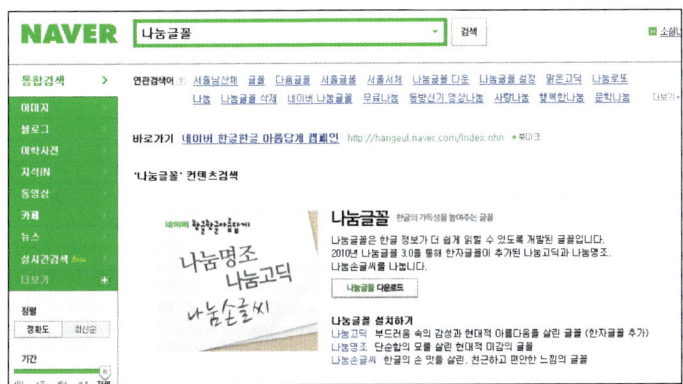

2) 검색된 창에서 [나눔글꼴 다운로드] 명령을 클릭하여 다운받는 창으로 이동한다. 각 운영체제에
　맞게 설치하기 명령을 클릭한다. 윈도우의 경우 [TFT 윈도우용 설치하기] 명령을 선택한다.

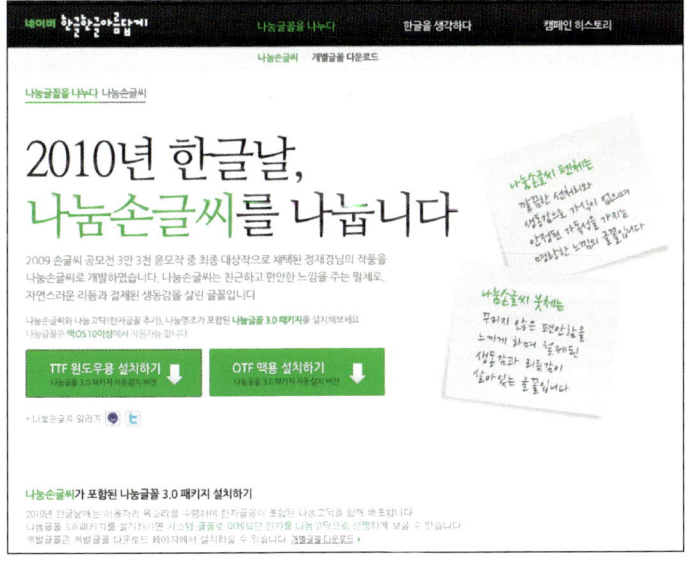

3) [파일 다운로드] 창이 나오면 [실행] 명령을 클릭하고, 다시 나오는 창에서 [실행] 명령을 선택한
   다. 만약 설치가 제대로 되지 않는다면 [저장] 명령을 실행하여 실행 파일을 다운받은 후 설치하
   면 된다.

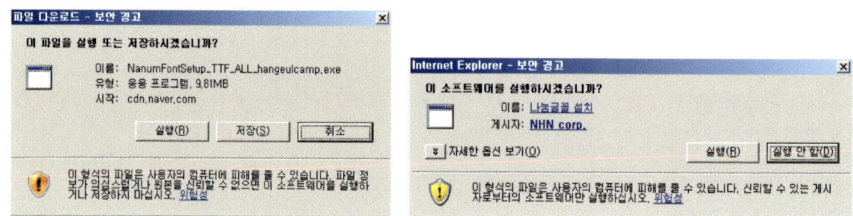

4) [실행] 명령을 클릭하면 [나눔글꼴 설치] 대화상자가 나타나며, [다음] 명령을 클릭한다.

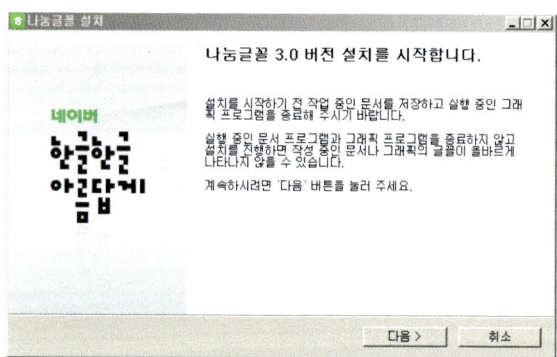

5) 설치할 글꼴을 선택한 다음 [설치] 명령을 클릭한다.

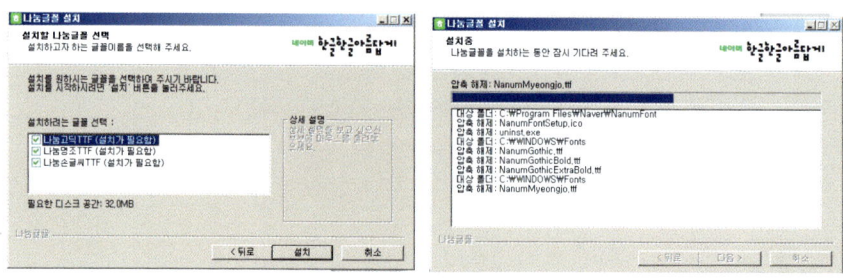

6) 설치가 완료되면 [마침] 명령을 클릭한다.

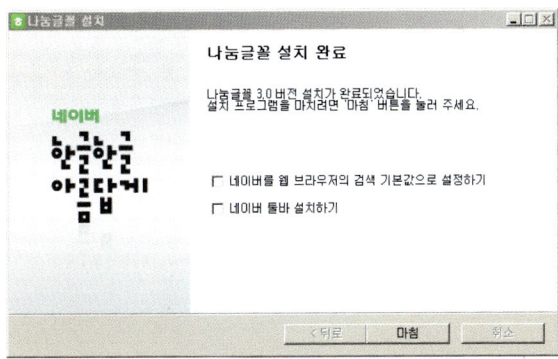

7) 파워포인트에 새로운 글꼴이 설치된 것을 알 수 있다.

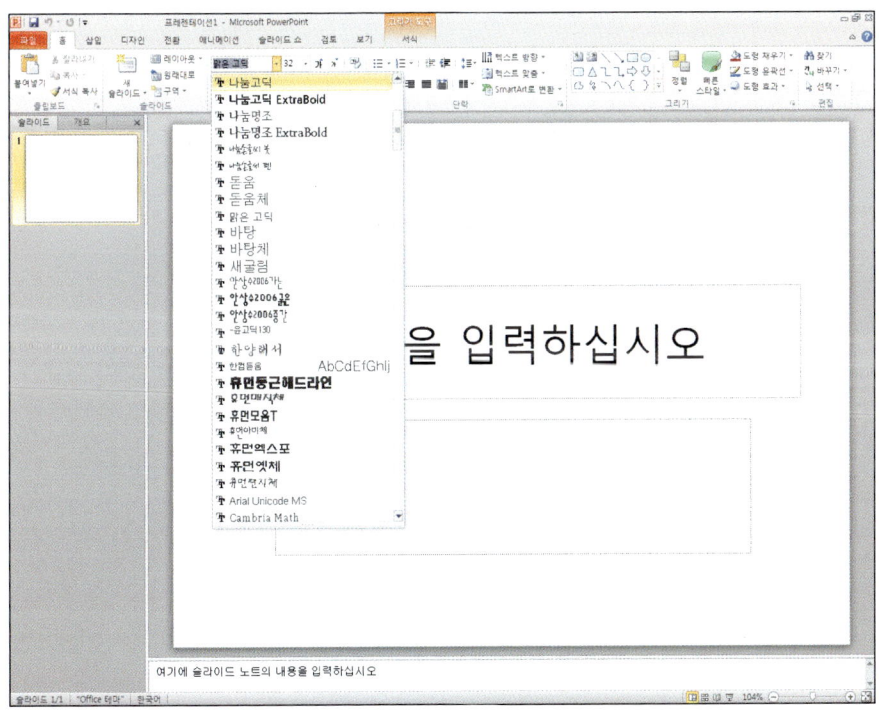

학습목표

- 파워포인트의 애니메이션 효과를 이해할 수 있다.
- 애니메이션의 효과를 적절히 활용할 수 있다.

1. 애니메이션 효과의 이해

애니메이션은 텍스트나 개체에 특수 시각 효과나 소리 효과를 추가하는 것으로, 글 머리 기호를 왼쪽에서 한 번에 한 단어씩 날아오게 하거나 그림이 나타날 때 박수 소리가 나게 할 수 있다. 애니메이션은 크게 나타내기, 강조, 끝내기, 이동 경로로 나뉘며, 각 세부 효과를 적용한 후에는 순서나 속도 등을 자유롭게 변경하여 애니메이션을 세밀하게 제어할 수 있다. Microsoft PowerPoint 2010 프레젠테이션에서 텍스트, 그림, 도형, 표, SmartArt 그래픽 및 기타 개체에 애니메이션 효과를 적용하여 나타내기, 끝내기, 크기 또는 색 변경, 이동 등의 시각적 효과를 적용할 수 있다.

1) 애니메이션 효과의 지정

애니메이션은 중요한 사항을 강조하고 정보의 흐름을 제어하여 청중이 프레젠테이션에 집중하게 할 수 있다. 개별 슬라이드의 텍스트나 개체, 슬라이드 마스터(슬라이드 마스터: 배경, 색, 글꼴, 효과, 개체 틀 크기 및 위치를 비롯한 프레젠테이션의 테마 및 레이아웃 관련 정보를 저장하는 주 슬라이드)의 텍스트나 개체 또는 사용자 지정 슬라이드 레이아웃(레이아웃: 슬라이드에서 제목 및 부제목 텍스트, 목록, 그림, 표, 차트, 도형, 동영상과 같은 요소의 배열)의 개체 틀에 애니메이션 효과를 적용할 수 있다.

(1) 네 가지 애니메이션 효과

① 나타내기 효과: 개체가 점점 선명해지면서 초점이 맞춰지거나, 모서리에서 슬라이드로 날아오거나, 공처럼 튀어서 보기에 표시되는 효과를 적용

② 끝내기 효과: 개체가 슬라이드에서 날아가거나, 보기에서 없어지거나, 슬라이드에서 휘돌아 사라지는 효과 등을 적용

③ 강조 효과: 개체의 크기가 축소 또는 증가하거나, 색이 변경되거나, 제자리에서 회전하는 효과 등을 적용

④ 이동 경로 효과: 개체가 위/아래 또는 왼쪽/오른쪽으로 이동하거나 다른 개체 사이에서 별 모양이나 원을 그리면서 이동하는 효과 등을 적용

(2) 개체에 애니메이션 추가

① 애니메이션을 적용할 텍스트를 선택한다.

② [애니메이션] 탭-[애니메이션] 그룹에서 [자세히] 단추를 클릭한 다음 원하는 애니메이션 효과를 선택한다.

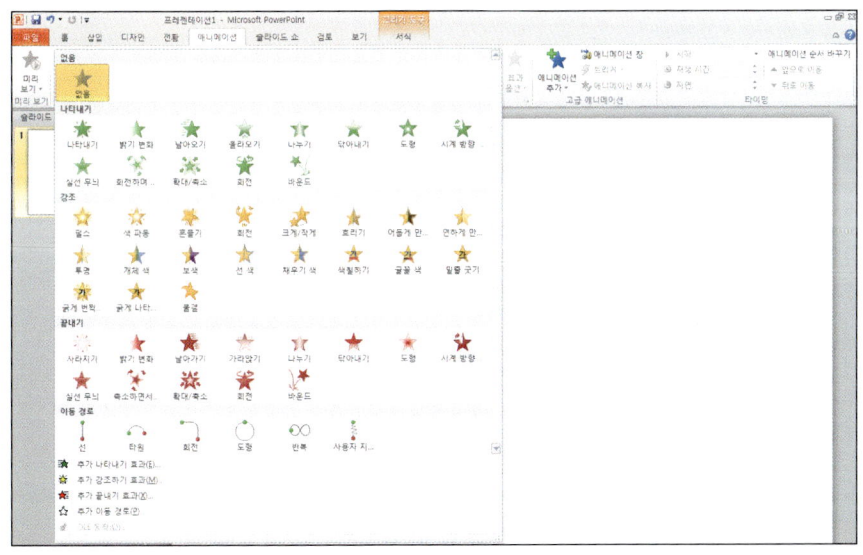

2) 단일 개체에 여러 애니메이션 효과 적용

같은 개체에 여러 애니메이션을 적용하려면 여러 애니메이션을 추가할 텍스트 또는 개체를 선택하고, 애니메이션 탭의 고급 애니메이션 그룹에서 애니메이션 추가를 클릭하면 된다. 여기서 텍스트의 크기를 조정하고 이동하는 애니메이션을 적용하려면 다음과 같이 실행하면 된다.

① 애니메이션을 적용할 텍스트 개체를 선택한 후 [애니메이션] 탭-[애니메이션] 그룹에서 자세히 명령을 클릭하여 [이동 경로]에서 [사용자 지정 경로]를 선택한다.

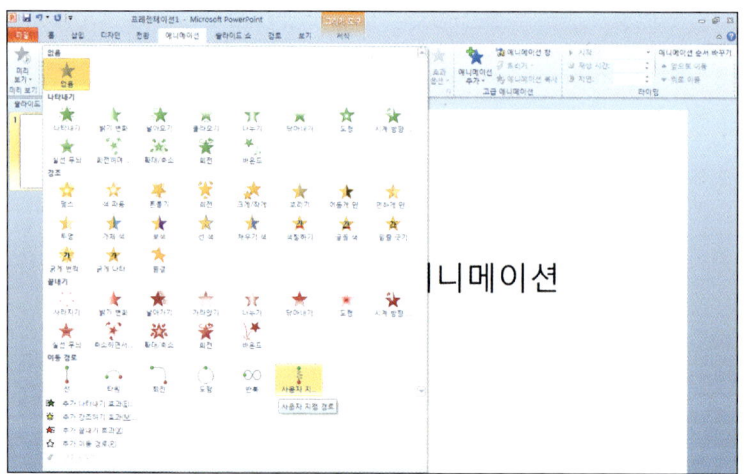

② 마우스 왼쪽 버튼을 클릭하여 이동경로를 드래그하고 이동경로의 끝 부분에서는 더블 클릭하여 이동경로의 마지막 부분을 설정한다.

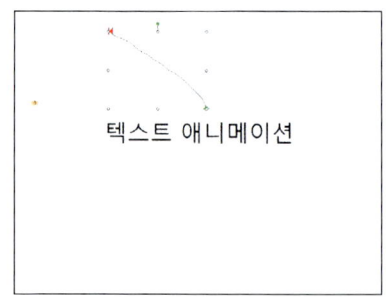

텍스트 애니메이션

③ 텍스트의 크기가 작아지게 설정하기 위해서 [애니메이션] 탭-[고급 애니메이션] 그룹에서 [애니메이션 추가]를 클릭하여 [강조]에서 [크게/작게]를 선택한다.

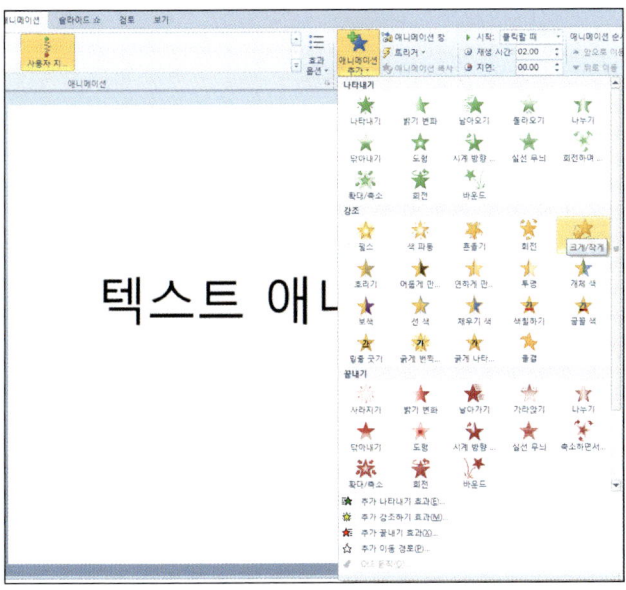

④ [크게/작게]를 좀 더 세밀하게 설정하기 위해서 [애니메이션] 탭-[고급 애니메이션] 그룹에서 [애니메이션 창] 명령을 선택한다. [애니메이션 창]이 나타나면 [애니메이션 창]에서 [크게/작게] 애니메이션을 선택한 후 [효과 옵션]을 클릭한다.

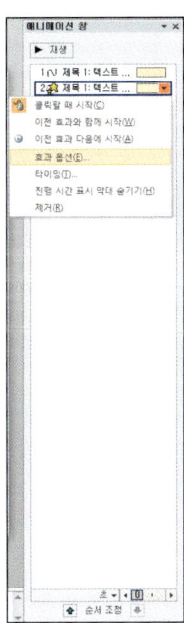

⑤ [효과 옵션] 창에서 [효과] 탭의 [크기]에서 목록단추를 선택하여 사용자 지정에
서 원하는 크기를 입력한다. 또한 [효과] 탭의 [텍스트 애니메이션]에서 '한꺼번
에', '단어 단위로' 혹은 '문자 단위로' 중에서 하나의 명령을 선택한다.

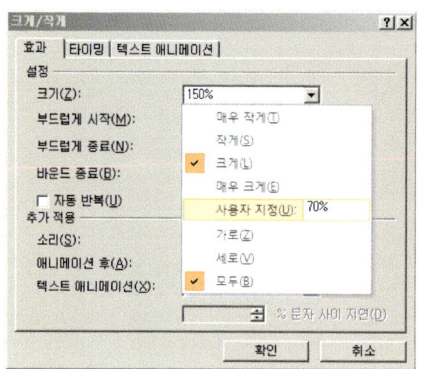 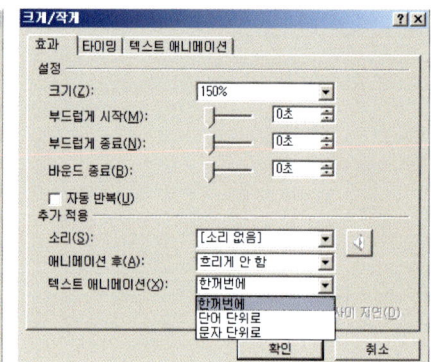

⑥ [효과 옵션] 창의 [타이밍] 탭에서는 [시작]
   에서 '클릭할 때', '이전 효과와 함께', '이
   전 효과 다음에' 중 하나를 선택할 수 있
   다. 만약 '이전 효과와 함께'를 선택하면
   이전 효과와 함께 효과가 나타나게 된다.

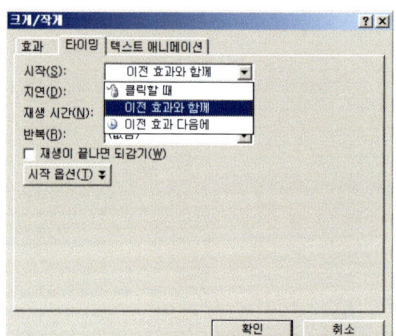

- 클릭할 때 시작(마우스 아이콘): 마우스
  를 클릭할 때 애니메이션이 시작된다.
- 이전 효과와 함께 시작(아이콘 없음): 목록
  에 있는 이전 효과와 같은 시간에 애니메이션 효과가 재생되기 시작한다. 여러 효과
  가 동시에 재생되도록 설정할 수 있다.
- 이전 효과 다음에 시작(시계 아이콘): 목록에 있는 이전 효과의 재생이 완료되
  는 즉시 애니메이션 효과가 시작된다.

⑦ 이외에도 애니메이션이 실행되는 재생 시간을 설정하려면 [타이밍] 그룹에서 재생 시간 상자에 원하는 시간(초)을 입력하면 되며, 애니메이션이 시작되기 전의 지연을 설정하려면 [타이밍] 그룹에서 지연 상자에 원하는 시간(초)을 입력하면 된다.

⑧ 애니메이션 효과를 하나 이상 추가한 후 정상적으로 작동하는지 확인하려면 [애니메이션] 탭-[미리 보기] 그룹에서 [미리 보기]를 클릭한다.

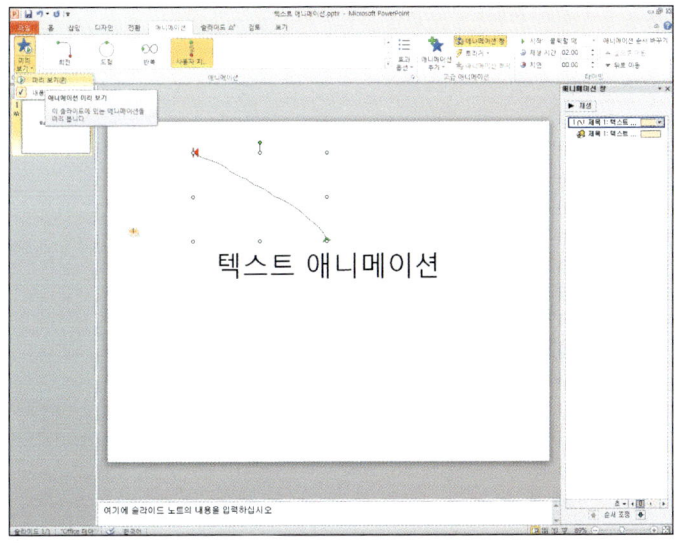

⑨ '텍스트 애니메이션' 이라는 글자가 이동하면서 작아지는 것을 확인할 수 있다.

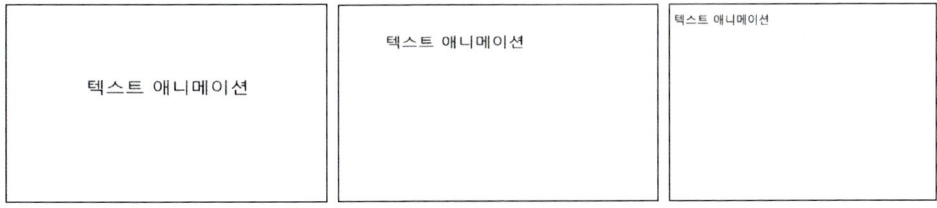

2. 다양한 애니메이션 효과의 적용

이번에는 간단한 예제를 통하여 다양한 애니메이션을 활용하는 방법에 대해서 알아
보고자 한다.

1) 사용할 디자인 서식파일의 다운로드

① [파일]-[새로 만들기]-Office.com 서식 파일에서 [디자인 슬라이드]-[경치]-
[고속도로 위 무지개 디자인 슬라이드]를 선택하고 오른쪽 창에서 [다운로드] 명
령을 클릭한다.

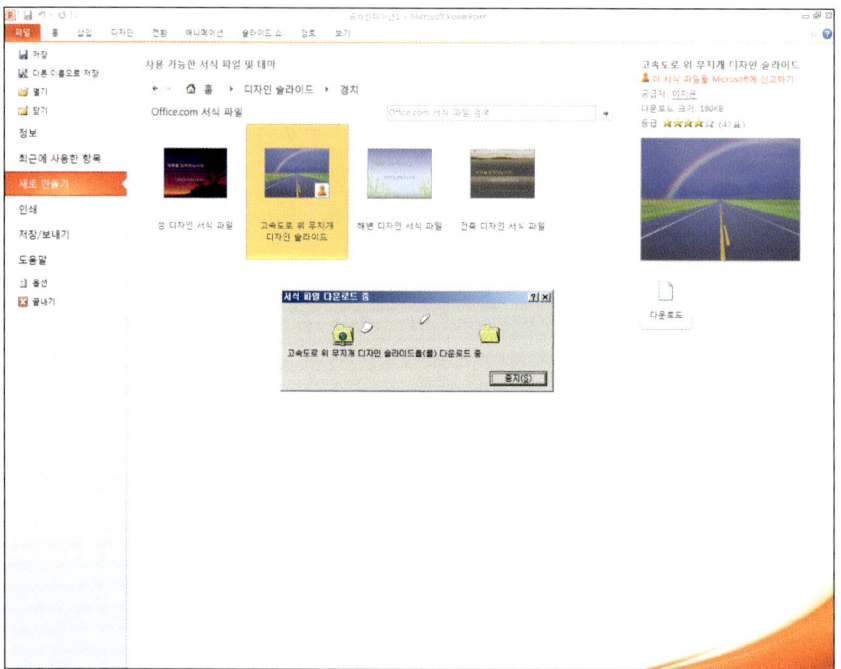

② 다운받은 '고속도로 위 무지개 디자인 슬라이드'에서 제목과 부제목 텍스트 개체를 선택하여 삭제한다.

2) 클립아트에 애니메이션 적용

① [삽입] 탭-[이미지] 그룹-[클립아트] 명령을 선택하고, [클립아트] 작업창에서 [검색 대상]에 '비행기'를 입력하고 [이동] 명령을 클릭한다. 검색된 클립아트 중 하나의 개체를 선택하여 삽입한 후 마우스 오른쪽 버튼을 클릭하여 [그림 서식] 대화상자를 실행시킨 후 [3차원 회전]에서 적정한 각도로 회전시키고, 크기에서 크기를 수정한다.

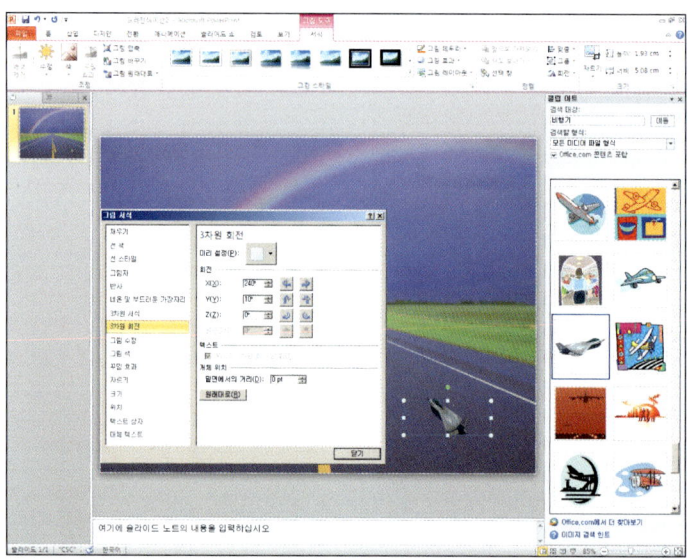

② 나타나기 효과를 적용하기 위해서 비행기 개체를 선택하고 [애니메이션] 탭-[애니메이
션] 그룹에서 자세히 명령을 클릭한 후 [올라오기]를 선택한다.

③ 강조 효과를 적용하기 위해서 [애니메이션] 탭-[고급 애니메이션] 그룹-[애니메이션 추가]를 선택한 후 [강조]에서 [흔들기]를 클릭한다.

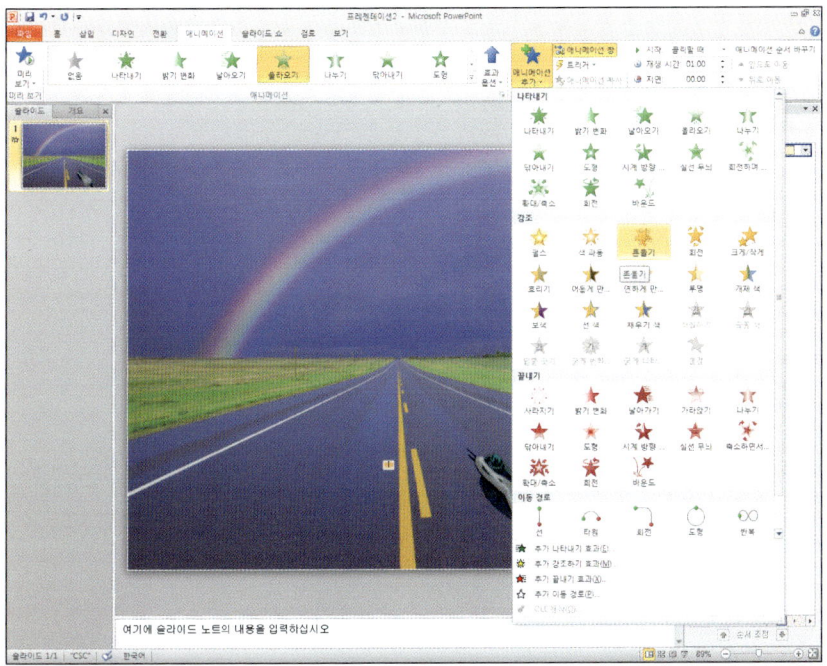

④ 두 번째 애니메이션의 시작 방법을 설정하기 위해서 [애니메이션] 탭-[타이밍] 그룹-[시작]에서 [이전 효과 다음에]를 선택한다.

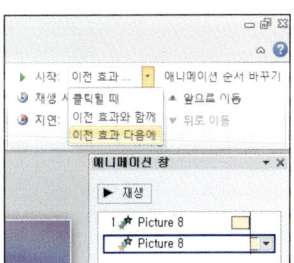

⑤ 이번에는 비행기가 날아가는 [이동 경로] 애니메이션을 적용하기 위해서 [애니메이션] 탭-[고급 애니메이션] 그룹-[애니메이션 추가]를 선택한 후 [이동 경로]에서 [선]을 선택하고 도로의 방향과 맞게 경로를 설정한다. 단, [애니메이션] 탭-[애니메이션] 그룹에서 [효과 옵션]을 [위쪽]으로 선택하고 이동경로 끝에 마우스를 가져가 양 화살표 모양으로 변화면 드래그하여 원하는 방향과 길이로 설정한다.

⑥ 재생시간을 수정하기 위해서 [애니메이션] 탭-[타이밍] 그룹-[재생 시간]에서 '05:00'로 설정하고, 시작 위치를 설정하기 위해서 [애니메이션] 탭-[타이밍] 그룹-[시작]에서 [이전 효과 다음에]를 선택한다.

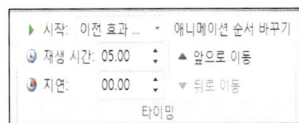

⑦ 비행기가 멀어질 때 작아지는 효과를 적용하기 위해서 [애니메이션] 탭-[고급 애니메이션] 그룹에서 [애니메이션 추가]를 클릭하여 [강조]에서 [크게/작게]를 선택하고, [애니메이션] 탭-[고급 애니메이션] 그룹에서 [애니메이션 창]을 선택한 후 [애니메이션 창]에서 [크게/작게] 애니메이션을 선택 후 [효과 옵션]을 클릭한 다음 [크게/작게] 대화상자의 [효과] 탭의 [크기]에서 목록단추를 선택하여 사용자 지정에서 원하는 크기를 입력한다.

⑧ 비행기 클립아트가 이동하면서 멀어지는 느낌을 주기 위해서 재생시간을 수정해야 한다. [애니메이션] 탭-[타이밍] 그룹-[재생 시간]에서 '04.25', [지연]은 '00.75'

로 설정하고, 시작 위치를 설정하기 위해서 [애니메이션] 탭-[타이밍] 그룹-[시작]에서 [이전 효과와 함께]를 선택한다.

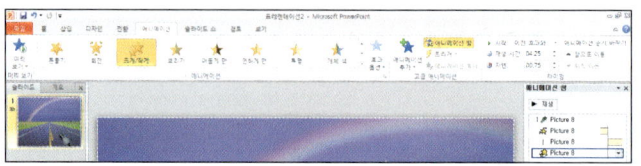

⑨ 이제 비행기가 하늘에 날아가는 효과를 적용하기 위해서 [애니메이션] 탭-[고급 애니메이션] 그룹에서 [애니메이션 추가]를 클릭하여 [이동 경로]에서 [사용자 지정]을 선택하여 하늘에 날아가는 효과를 적용할 수 있다. [애니메이션] 탭-[타이밍] 그룹-[시작]은 [이전 효과와 함께], [재생 시간] '01.50', [지연] '04.75'를 설정한다.

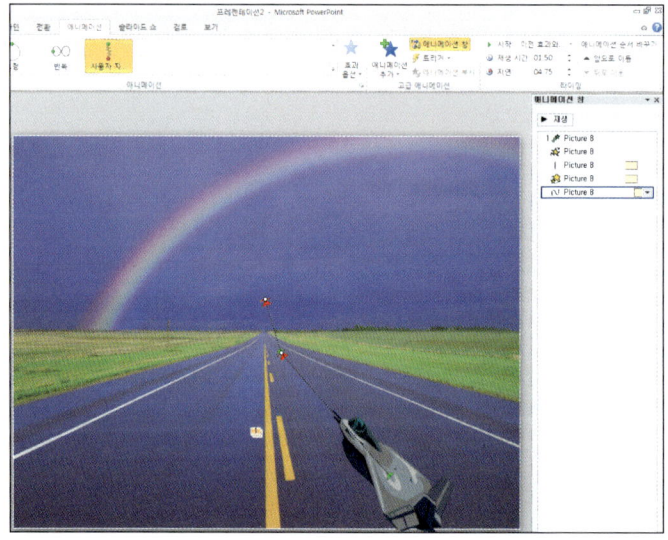

⑩ 마지막으로 끝내기 효과를 적용하기 위해서 [애니메이션] 탭-[고급 애니메이션] 그룹에서 [애니메이션 추가]를 클릭하여 [끝내기]에서 [축소하면서 회전]을 선택

하고, [애니메이션] 탭-[타이밍] 그룹-[시작]은 [이전 효과 다음에]를 설정한다.

3. 애니메이션 복사를 이용한 애니메이션 복제

애니메이션 복사명령을 사용하여 한 개체에서 다른 개체로 애니메이션을 쉽고 빠르게 복사할 수 있다.

1) 애니메이션을 복사하기 위해서 클립아트의 삽입

① [삽입] 탭-[이미지] 그룹-[클립아트] 명령을 선택하고, [클립아트] 작업창에서 [검색 대상]에 '비행기'를 입력하고 [이동] 명령을 클릭한다. 검색된 클립아트 중 하나의 개체를 선택하여 삽입한다.

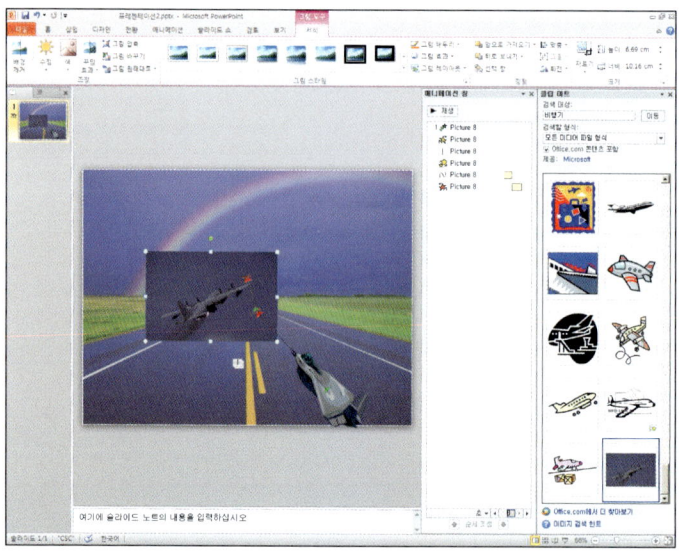

② 만약 배경이 있는 그림이라면 [그림 도구]-[서식] 탭-[조정] 그룹의 [배경제거] 명령을 통하여 그림의 배경을 제거할 수 있다.

2) 클립아트의 복사

① 애니메이션을 복사할 개체를 선택하고, [애니메이션] 탭−[고급 애니메이션] 그룹
   에서 [애니메이션 복사]를 클릭한다.

② 슬라이드에서 애니메이션을 복사할 개체를 클릭한다.

1. 애니메이션은 나타내기, 강조, 끝내기, 이동 경로로 나뉘며, 각 세부 효과를 적용한 후에는 순서나 속도 등을 자유롭게 변경하여 애니메이션을 세밀하게 제어할 수 있다.

2. 애니메이션 효과의 종류
   • 나타내기 효과: 개체가 점점 선명해지면서 초점이 맞춰지거나, 모서리에서 슬라이드로 날아오거나, 공처럼 튀어서 보기에 표시되는 효과를 적용
   • 끝내기 효과: 개체가 슬라이드에서 날아가거나, 보기에서 없어지거나, 슬라이드에서 휘돌아 사라지는 효과 등을 적용
   • 강조 효과: 개체의 크기가 축소 또는 증가하거나, 색이 변경되거나, 제자리에서 회전하는 효과 등을 적용
   • 이동 경로 효과: 개체가 위/아래 또는 왼쪽/오른쪽으로 이동하거나 다른 개체 사이에서 별 모양이나 원을 그리면서 이동하는 효과 등을 적용

3. 단일 개체에 여러 애니메이션 효과 적용
   • 같은 개체에 여러 애니메이션을 적용하려면 여러 애니메이션을 추가할 텍스트 또는 개체를 선택하고, 애니메이션 탭의 고급 애니메이션 그룹에서 애니메이션 추가를 클릭하여 여러 애니메이션 효과를 적용

4. 클립아트의 복사
   • 애니메이션을 복사할 대상 개체를 선택하고, [애니메이션] 탭-[고급 애니메이션] 그룹에서 [애니메이션 복사]를 선택
   • 슬라이드에서 애니메이션을 복사할 개체를 클릭

1. 빈 슬라이드에 구름 클립아트를 삽입하여 다음의 효과를 적용하시오.
   - 나타내기 효과: [날아오기]를 적용, 단 [효과옵션]에서 방향은 [왼쪽 위에서]로 설정
   - 강조 효과: [크게/작게]를 적용, 단 [효과옵션]에서 방향은 [가로], 양(값)은 [매우 크게]로 설정
   - 이동 경로 효과: [반복]을 적용, 단 [효과옵션]에서 [돌고 또 돌고]를 설정
   - 끝내기 효과: [축소하면서 회전]을 적용
   - 나타나기 효과만 시작 위치를 [클릭할 때]로 설정하고, 나머지 효과들은 [이전 효과 다음에]를 설정하시오

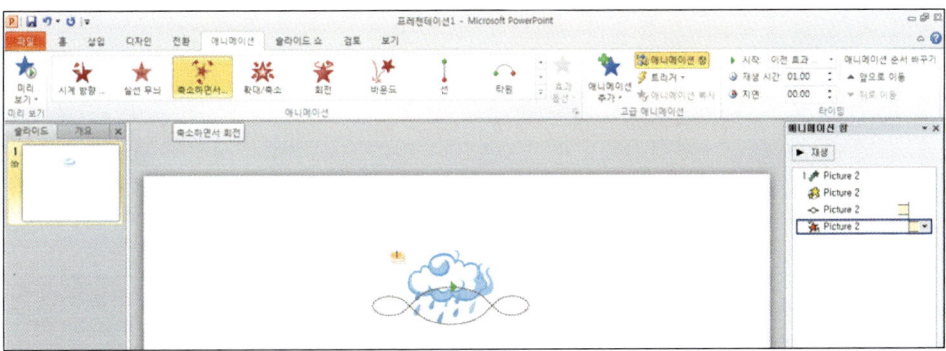

[설명] 정답의 풀이과정은 다음과 같다.

1) [삽입] 탭-[이미지] 그룹-[클립아트] 명령을 선택하고, [클립아드] 작업창에서 [검색 대상]에 '구름'을 입력하고 [이동] 명령을 클릭한다. 검색된 클립아트 중 하나의 개체를 선택하여 삽입한다.

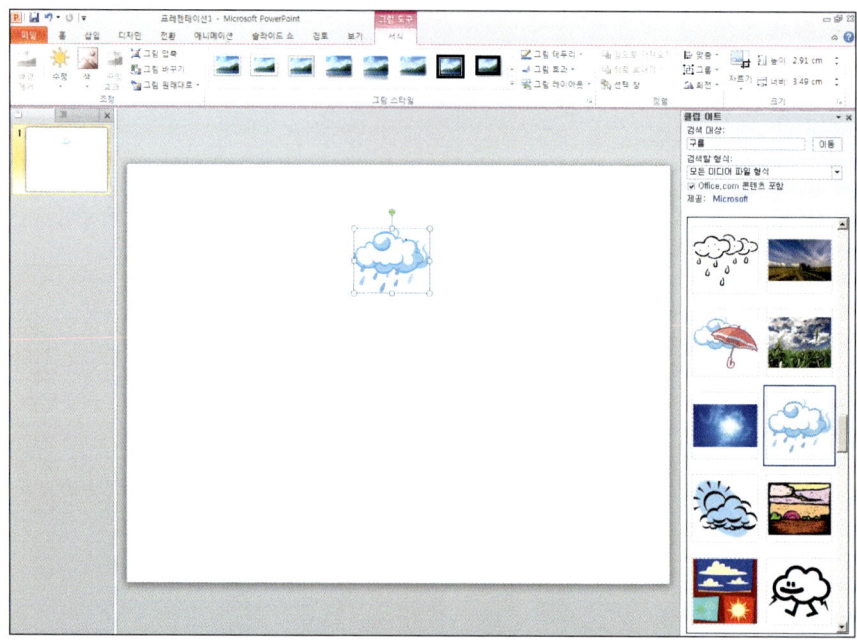

2) 나타나기 효과를 적용하기 위해서 구름 개체를 선택하고 [애니메이션] 탭−[애니메이션] 그룹에
서 자세히 명령을 클릭한 후 [날아오기]를 선택하고, [애니메이션] 탭−[애니메이션] 그룹−[효과
옵션]−[왼쪽 위에서]를 클릭한다.

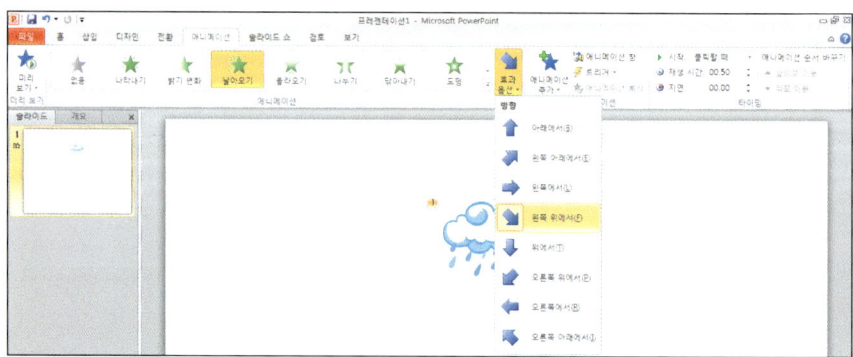

3) 강조 효과를 적용하기 위해서 [애니메이션] 탭-[고급 애니메이션] 그룹-[애니메이션 추가]를 선
   택한 후 [강조]에서 [크게/작게]를 선택하고, [애니메이션] 탭-[애니메이션] 그룹-[효과옵션]에
   서 방향은 [가로], 양(값)은 [매우 크게]로 설정한다.

4) 이동 경로 효과를 적용하기 위해서 [애니메이션] 탭-[고급 애니메이션] 그룹-[애니메이션 추가]
   를 선택한 후 [이동 경로]에서 [반복]을 선택하고, [애니메이션] 탭-[애니메이션] 그룹-[효과옵
   션]에서 [돌고 또 돌고]를 설정한다.

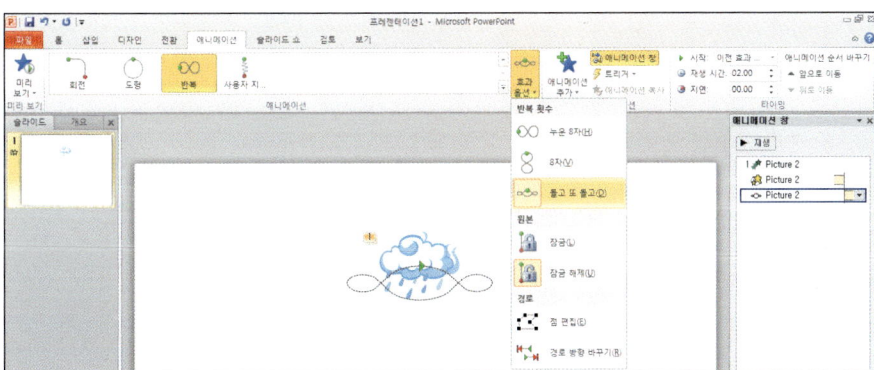

5) 끝내기 효과를 적용하기 위해서 [애니메이션] 탭−[고급 애니메이션] 그룹−[애니메이션 추가]를
선택한 후 [끝내기]에서 [축소하면서 회전]을 선택한다.

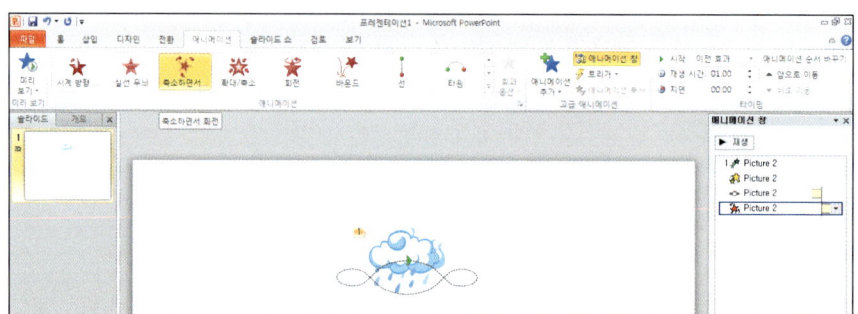

CHAPTER 13

동영상 및 오디오 파일의 편집 및 삽입

학습목표

- 동영상 촬영을 위한 기본 개념을 알 수 있다.
- 동영상 파일을 편집하여 삽입할 수 있다.
- 오디오 파일을 편집하여 삽입할 수 있다.

1. 촬영을 위한 기본 개념

스마트폰이나 디지털 카메라 등의 디지털기기의 발달로 인해 동영상 촬영의 작업이 수월해 졌으며, 이번 절에서는 촬영을 위한 기본 개념에 대해서 이해가 필요하다.

1) 기본 용어의 정의

(1) 샷 (Shot)

샷은 모든 영상물에 있어서 가장 기본적인 영상단위이다. 샷은 도중에 촬영을 중단하지 않고 찍은 하나의 화면을 말하는데 이를 기계적으로 보면 카메라의 녹화 시작버튼이 기능한 후부터 종료버튼이 기능할 때까지의 화면을 말한다. 이미 완성된 영화나 텔레비전에서의 샷은 단일 카메라가 잡은 연기의 한 토막, 즉 화면전환 사이의 한 그림을 의미한다.

(2) 신 (Scene)

장면이라는 말로 영상적인 의미전달의 단위이다. 보통 몇 개의 샷이 모여 하나의 의미를 만드는 신을 구성한다. 신은 대체적으로 동일 시간과 동일 장소에서 일어나는 사건을 다루며 연극에서 온 용어로 배우의 연기가 포함되는 장소나 배경을 의미한다.

(3) 시퀀스 (Sequence)

시퀀스는 원래 영화의 구성요소를 가리키는 용어인데 TV 드라마에도 사용된다. 장소, 액션, 시간의 연속성을 통해 하나의 에피소드를 이루는 이야기가 시작되고 끝나는 독립적 구성단위이다. 시퀀스란 한 개 또는 몇 개의 샷에 의해 구성된 신이 한 개 또는 수개가 모여 표현되는, 일정 시간 내에 완성된 내용을 가진 부분으로, 샷이나 장면이 시각적 단위라면 시퀀스는 내용적 단위라고 할 수 있다.

shot → scene → sequence → story

2) 촬영 시 유의 사항

촬영하고자 하는 대상을 화면의 적절한 위치에 배치함으로써 시각적으로 안정적인 느낌을 줄 수 있다. 화면구성의 기본적인 사항으로는 다음의 사항을 유의해야 한다.

(1) 헤드 룸(Head Room)

우리 일상생활에서는 사람의 머리 위에 공간이 있기 때문에 대부분의 샷에는 헤드 룸이라는 공간을 두어야 한다.

헤드 룸이 적당하면 화면을 통해 보이는 피사체가 편안해 보이며, 프레임 안에 가두어 놓은 것 같은 느낌도 들지 않는다.

그러나 최근 들어 헤드 룸의 공간이 줄어

드는 추세를 보이고 있다.

(2) 노즈 룸(Nose Room)

인물이 특정 방향을 바라보고 있을 때, 바라보는
방향에 어느 정도 공간을 두어야 한다. 이를 Looking
Room이라고도 한다.

노즈 룸이 부족하면 출연자가 벽을 보고 있는
듯한 상황이 되어 화면이 균형을 잃은 것처럼 보
이고 프레임의 좌우 끝 부분에 의해 출연자가 제
재를 당하는 듯한 느낌을 준다.

(3) 리드 룸(Lead Room)

인물이 화면의 좌우 어느 쪽을 가리키거나, 좌우
어느 방향으로 움직일 때 어느 쪽으로 움직이는지
알 수 있도록 움직이는 방향 쪽에 적당한 공간을
두어야 한다.

노즈 룸과 마찬가지로 리드 룸이 없으면 출연
자가 화면의 끝부분에 의해 저지당하거나 정지해
야 할 것 같은 느낌을 준다.

3) 피사체의 크기에 따른 분류

촬영하고자 하는 대상 인물의 크기에 따라 여러 샷으로 분류할 수 있으며, 각각의
샷에 촬영자의 의도에 따라 다른 의미를 부여할 수 있다.

(1) FS(Full Shot)

주 피사체의 전체를 보여주는 사이즈로, 인물의 주변 전경과 다른 출연자 등이 포함된다.

출연자의 성격을 설명해주는 샷으로 인물들의 움직임과 세트와의 상호위치 파악, 방향감각을 알 수 있다.

(2) KS(Knee Shot)

출연자의 무릎부터 머리 위 부분까지 보여주는 샷으로 무용에서 상반신의 움직임을 보여주는데 적절하고, 일기예보에서 차트를 설명하는 등의 경우에 사용된다.

(3) WS(Waist Shot)

인물의 허리 위 상반신을 보여주는 샷으로 텔레비전에서는 Bust Shot 다음으로 많이 사용되는 기본적인 샷이다.

머리 위에는 헤드룸을 적당히 확보해야 하고 프레임의 하단이 인물의 허리 부분을 지나도록 화면을 구성한다.

(4) BS(Bust Shot)

텔레비전의 가장 중심적인 샷 사이즈로 완벽한 삼각형 구도가 형성된다.

머리 위로 적절한 헤드룸을 두고, 프레임의 하단이 인물의 가슴 부분을 지나도록 하는데 남자의 경우 양복의 주머니가 보이도록 화면구성을 한다.

(5) CU(Close Up)

인물의 얼굴만 크게 촬영한 샷으로 출연자의 표정을 구체적으로 보여주어 감정표현에 매우 효과적인 사이즈이다.

인물의 이마 위 부분은 잘려도 좋으나, 턱은 보이도록 해야 한다.

2. 동영상 편집 및 삽입

파워포인트 2010에서 사용할 수 있는 비디오 파일 형식은 한정되어 있으며, 원하는 파일 형식이 지원되지 않을 경우에는 해당파일 형식을 지원되는 파일 형식으로 변환하면 된다. 또한 지원되는 비디오 파일을 사용하더라도 올바른 버전의 코덱(Codec: 압축 프로그램/압축 풀기 프로그램(Compressor/Decompressor)의 약어, 디지털 미디어를 압축하고 압축을 푸는 데 사용되는 소프트웨어)이 설치되어 있지 않으면 비디오가 제대로 재생되지 않을 수 있다.

1) 파워포인트 2010에서 사용할 수 있는 비디오 파일 형식

파워포인트 2010에서 사용 가능한 비디오 파일의 형식은 다음과 같다.

파일 형식	확장명	추가 정보
Adobe Flash Media	.swf	Flash Video: 이 파일 형식은 보통 Adobe Flash Player를 사용하여 인터넷으로 비디오를 제공하는 데 사용
Windows Media 파일	.asf	Advanced Streaming Format: 이 파일 형식은 동기화된 멀티미디어 데이터를 저장하며, 오디오 및 비디오 콘텐츠, 이미지, 스크립트 명령을 네트워크를 통해 스트리밍하는 데 사용
Windows Video 파일	.avi	Audio Video Interleave: 소리를 저장하고 그림을 이동하는 데 사용하는 멀티미디어 파일 형식, 다양한 코덱을 사용하여 압축된 오디오 또는 비디오 콘텐츠를 .avi 파일로 저장할 수 있음
동영상 파일	.mpg 또는 .mpeg	Moving Picture Experts Group: Moving Picture Experts Group에서 개발한 비디오 및 오디오 압축 표준 형식
Windows Media 비디오 파일	.wmv	Windows Media 비디오: 이 파일 형식은 Windows Media 비디오 코덱을 사용하여 오디오와 비디오를 압축하며 컴퓨터 하드 디스크의 저장 공간을 최소한으로 사용하는 고압축 형식

2) 프레젠테이션에 동영상 삽입

파워포인트 프레젠테이션에서 비디오를 포함하거나 연결할 수 있다. 비디오를 포함하는 경우 모든 파일이 프레젠테이션에 있으므로 프레젠테이션을 할 때 파일이 손실될 염려가 없으며, 프레젠테이션의 크기를 줄이려면 로컬 드라이브의 비디오 파일이나 YouTube 등의 웹 사이트에 업로드한 비디오 파일에 연결하면 된다.

① 기본 보기에서 비디오를 포함할 슬라이드를 클릭한다.
② [삽입] 탭-[미디어] 그룹에서 비디오 아래의 화살표를 클릭한 다음 [비디오 파일]을 클릭한다.

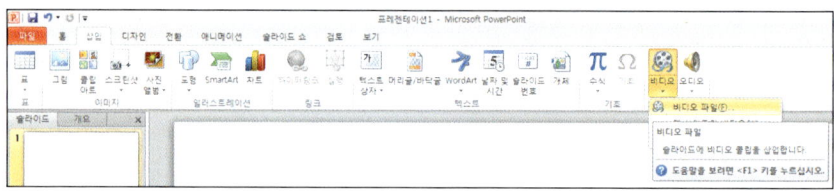

③ [비디오 삽입] 대화 상자에서 포함할 비디오를 찾아 클릭한 다음 [삽입]을 클릭한다.

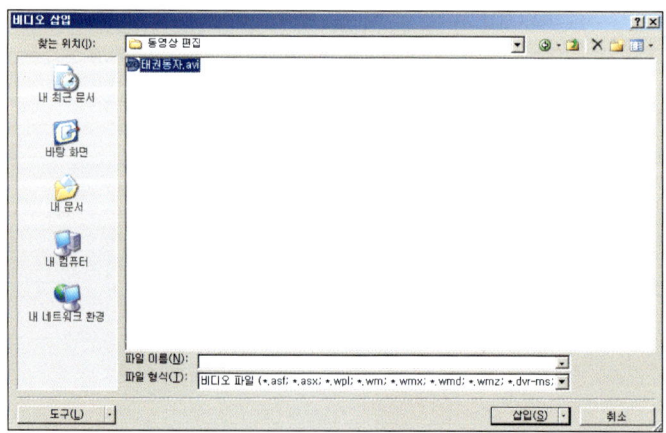

④ 만약 프레젠테이션에 비디오 파일을 삽입하지 않고 연결하여 프레젠테이션 파일의 크기를 줄이려면 비디오 파일을 연결하면 되며, [삽입] 단추에 있는 아래쪽 화살표를 클릭한 다음 [파일에 연결]을 클릭한다.

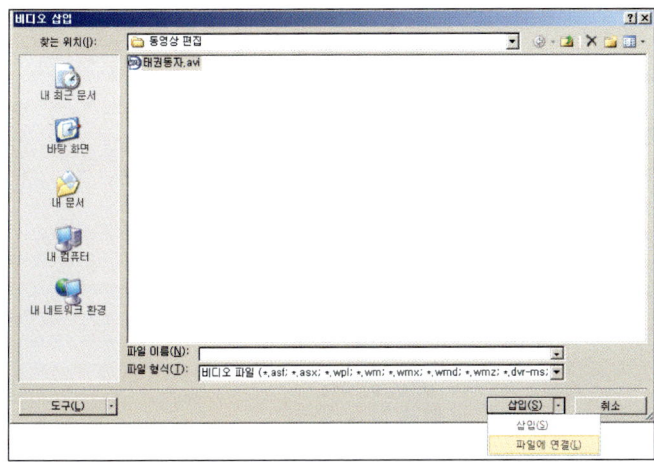

⑤ 동영상 파일이 슬라이드에 삽입된 것을 알 수 있다.

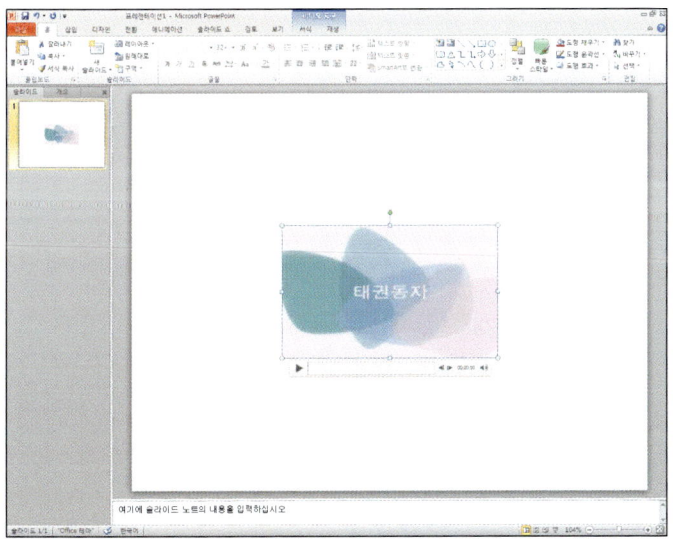

3) 비디오 파일의 편집

프레젠테이션에 삽입된 비디오는 파워포인트에서 제공하는 기능에 의해 스타일을 설정하거나 편집을 할 수 있다. 삽입된 비디오 파일을 선택하면 [비디오 도구] 탭이 나타나며 [비디오 도구] 탭에서 다양하게 설정할 수 있다.

(1) 비디오 설정
[비디오 도구]-[서식] 탭에서 그림 파일처럼 조정, 비디오 스타일, 정렬, 크기 등을 설정할 수 있다.

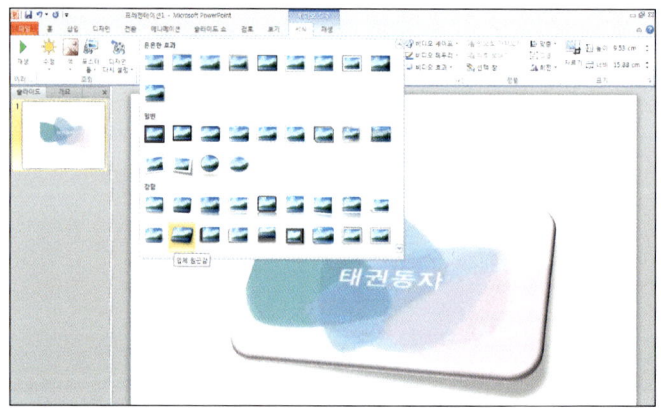

(2) 비디오 트리밍
비디오 파일의 처음이나 끝부분에서 원본 파일의 내용을 수정할 수 있으며, 비디오 트리밍 기능을 사용하여 비디오 클립의 처음이나 끝을 트리밍할 수 있다.

① 슬라이드의 비디오를 선택하고, [비디오 도구]-[재생] 탭-[편집] 그룹에서 [비디오 트리밍]을 클릭한다.

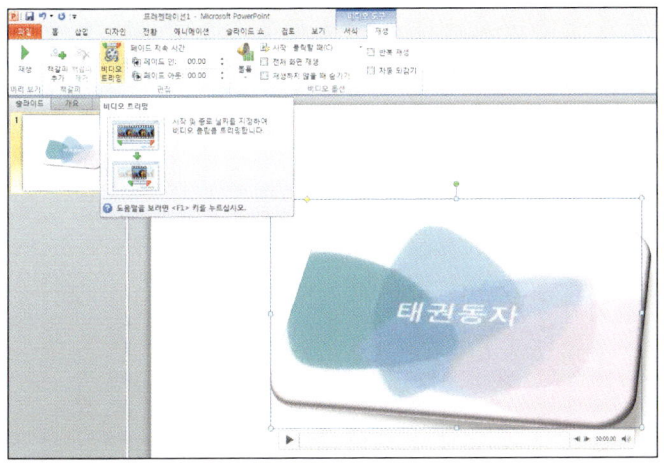

② [비디오 맞추기] 대화 상자에서 클립의 처음을 트리밍하려면 시작 지점(녹색 표식)을 클릭하고 화살촉이 두 개인 화살표가 표시되면 화살표를 원하는 비디오 시작 위치로 드래그한다. 클립의 끝을 트리밍하려면 종료 지점(빨간색 표식)을 클릭하고 화살촉이 두 개인 화살표가 표시되면 화살표를 원하는 비디오 종료 위치로 드래그한다.

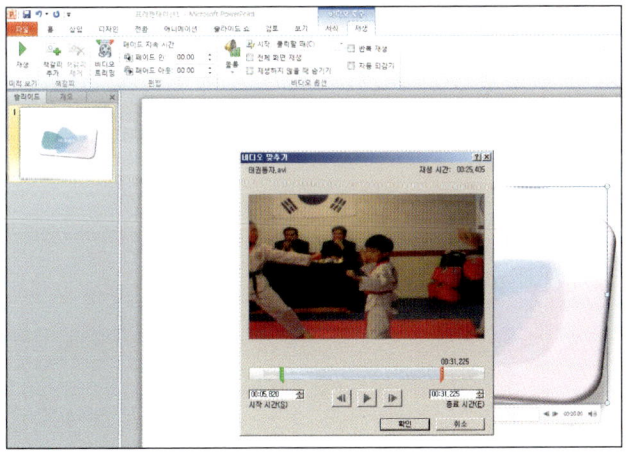

③ 비디오를 재생시키면 시작 지점과 종료 지점으로 설정된 부분만 재생되는 것을 알 수 있다.

(3) 비디오 재생방법 설정

① 기본 보기에서 슬라이드의 비디오 프레임을 선택한 후 비디오를 시작하는 방법을 설정한다.

② [비디오 도구]-[재생] 탭-[비디오 옵션] 그룹-[시작] 목록에서 비디오를 포함하는 슬라이드가 슬라이드 쇼 보기에 표시될 때 자동으로 비디오를 재생하려면 [자동 실행]을 클릭하고, 마우스를 클릭하여 비디오를 시작하려면 [클릭할 때]를 선택한다.

(4) 전체 화면으로 비디오 재생 및 볼륨 설정

프레젠테이션을 표시할 때 비디오가 전체 슬라이드(화면)에 가득 차도록 재생할 수 있다. 원본 비디오 파일 해상도에 따라서는 비디오를 확대하면 영상이 왜곡될 수 있으므로, 미리 확인해야 한다.

① 전체 화면으로 재생하기 위해서는 [비디오 도구]-[재생] 탭-[비디오 옵션] 그룹
   에서 [전체 화면 재생] 확인란을 선택한다.

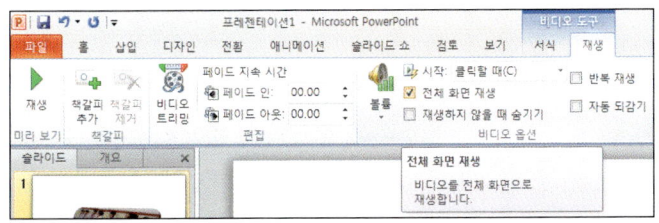

② 볼륨을 설정하기 위해서는 [비디오 도구]-[재생] 탭-[비디오 옵션] 그룹에서
   [볼륨]을 클릭한 후 낮음, 중간, 높음, 음소거 중 하나를 선택한다.

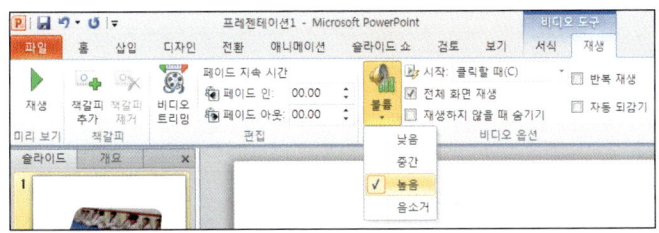

(5) 비디오에 페이드 효과 적용

페이드 효과는 서서히 나타나거나 사라지게 하는 효과를 의미하며, 비디오 파일에
대해서 페이드 효과를 적용할 수 있다.

① 비디오를 시작하거나 종료할 때 몇 초 동안 페이드 효과를 적용할 수 있으며, [비
   디오 도구]-[편집] 탭-[편집] 그룹-[페이드 지속 시간]에서 설정할 수 있다.
② 비디오가 시작할 때 페이드를 추가하려면 [페이드 인] 상자에서 위쪽 및 아래쪽
   화살표를 클릭하여 페이드 인 시간을 설정할 수 있다.

③ 비디오가 끝날 때 시간이 설정된 페이드를 추가하려면 [페이드 아웃] 상자에서 위쪽 및 아래쪽 화살표를 클릭하여 페이드 아웃 시간을 설정할 수 있다.

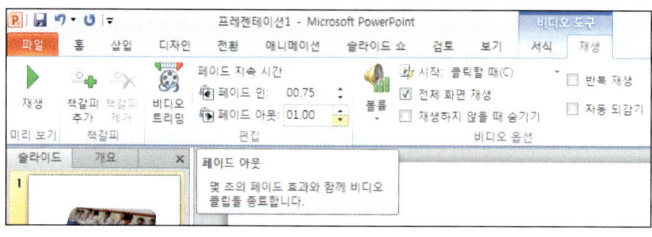

3. 오디오 편집 및 삽입

1) 파워포인트 2010에서 사용할 수 있는 오디오 파일 형식

파워포인트 2010에서 사용 가능한 오디오 파일의 형식은 다음과 같다.

파일 형식	확장명	추가 정보
AIFF Audio 파일	.aiff	Audio Interchange File Format: 8비트 단일 채널 형식으로 저장되며, 압축되지 않으므로 파일 크기가 큼
AU Audio 파일	.au	UNIX Audio: 이 파일 형식은 일반적으로 UNIX 컴퓨터나 웹에서 사용할 소리 파일을 만드는 데 사용
MIDI 파일	.mid 또는 .midi	Musical Instrument Digital Interface: 악기, 신시사이저 및 컴퓨터 간의 음악 정보 교환을 위한 표준 형식
MP3 Audio 파일	.mp3	MPEG Audio Layer 3: MPEG Audio Layer3를 사용하여 압축한 소리 파일
Windows Audio 파일	.wav	Wave Form: 이 오디오 파일 형식은 소리를 파형으로 저장, 1분 길이의 소리는 다양한 요인에 따라 최소 644kB에서 최대 27MB의 저장 공간을 사용할 수 있음
Windows Media 오디오 파일	.wma	Windows Media 오디오: Microsoft Windows Media 오디오 코덱을 사용하여 압축한 소리 파일로서, 녹음된 음악을 주로 인터넷을 통해 배포하는 데 사용

2) 프레젠테이션에 오디오 삽입

슬라이드에 오디오 클립을 삽입하면 오디오 파일을 나타내는 아이콘이 표시되며, 프레젠테이션을 진행하는 동안 슬라이드가 표시될 때 오디오 클립이 자동으로 재생되거나, 마우스를 클릭할 때 시작되게 설정할 수 있다. 또한 컴퓨터, 네트워크 또는 클립아트에 있는 파일에서 오디오를 추가할 수 있으며, 사용자가 직접 오디오를 녹음하여 프레젠테이션에 추가하거나 CD의 음악을 사용할 수도 있다.

① 기본 보기에서 오디오를 포함할 슬라이드를 클릭한다.
② [삽입] 탭-[미디어] 그룹에서 [오디오]를 클릭한다.

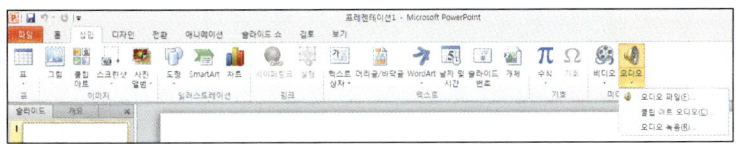

③ 오디오 파일을 삽입할 경우 [오디오 파일]을 클릭하고, 파일이 있는 폴더를 찾은 다음 추가할 파일을 두 번 클릭한다.

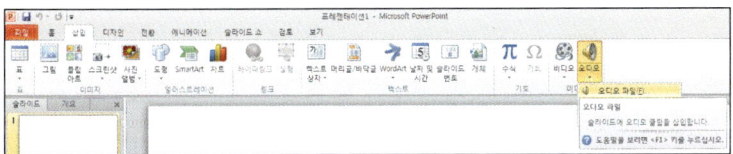

④ 클립아트 오디오를 삽입할 경우 [클립아트 오디오]를 클릭하고 클립아트 작업창에서 원하는 오디오 클립을 찾은 다음 해당 클립을 클릭하여 슬라이드에 추가한다.

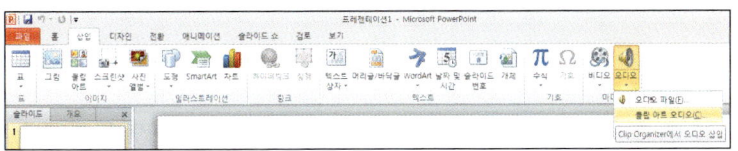

⑤ 클립아트 오디오의 경우에는 미리 보기 기능을 이용하여 미리 클립아트 오디오의 소리를 확인할 수 있다.

• [클립아트 작업창]에서 오디오 클립에 마우스 포인터를 이동하여, 아래쪽 화살표를 클릭한 다음 미리 보기/속성을 클릭한다.

• [미리 보기/속성] 대화 상자에서 재생을 클릭한다.

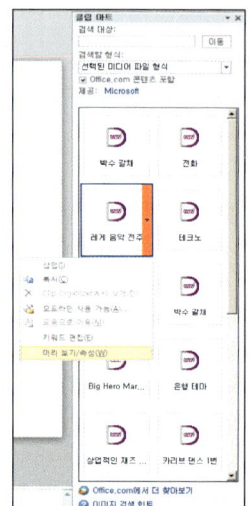
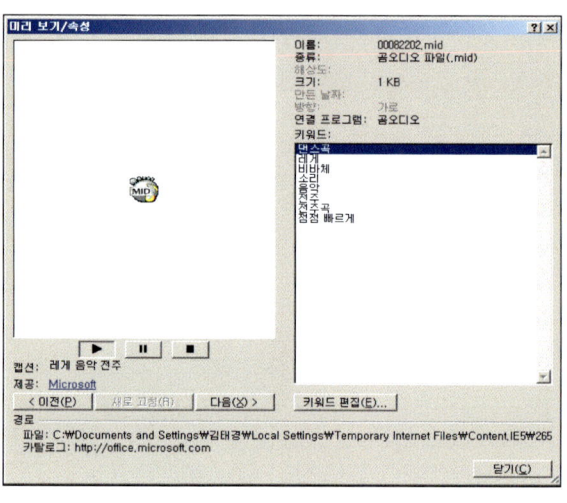

⑥ 오디오 파일이 슬라이드에 삽입된 것을 알 수 있다.

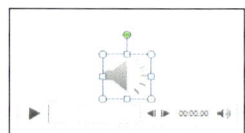

3) 오디오 파일의 편집

프레젠테이션에 삽입된 비디오는 파워포인트에서 제공하는 기능에 의해 스타일을 설정하거나 편집을 할 수 있다. 삽입된 비디오 파일을 선택하면 [비디오 도구] 탭이 나타나며 [비디오 도구] 탭에서 다양하게 설정할 수 있다.

(1) 오디오 설정

[오디오 도구]-[서식] 탭에서 그림 파일처럼 조정, 그림 스타일, 정렬, 크기 등을 설정할 수 있다.

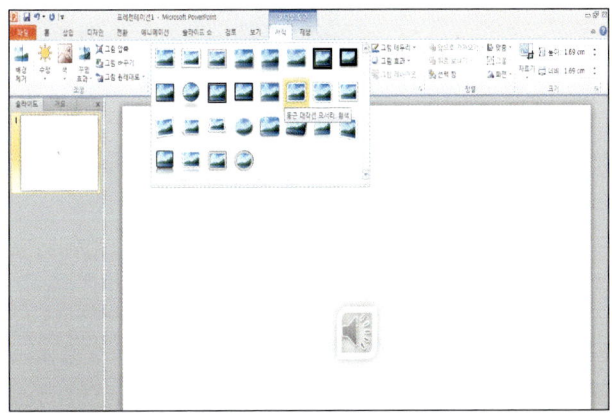

(2) 오디오 트리밍

오디오 클립에서 필요한 부분을 얻기 위해 오디오 클립을 트리밍할 수 있다.

① 오디오 클립을 선택하고, [오디오 도구]-[재생] 탭-[편집] 그룹에서 [오디오 트리밍]을 클릭한다.

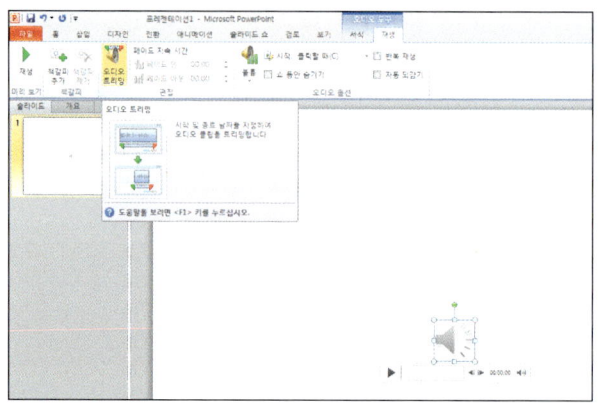

② [오디오 트리밍] 대화 상자에서 오디오 클립의 처음을 트리밍하려면 시작 지점(녹색 표식)을 클릭하고 화살촉이 두 개인 화살표가 표시되면 화살표를 원하는 오디오 클립 시작 위치로 드래그한다. 오디오 클립의 끝을 트리밍하려면 종료 지점(빨간색 표식)을 클릭하고 화살촉이 두 개인 화살표가 표시되면 화살표를 원하는 오디오 클립 종료 위치로 드래그한다.

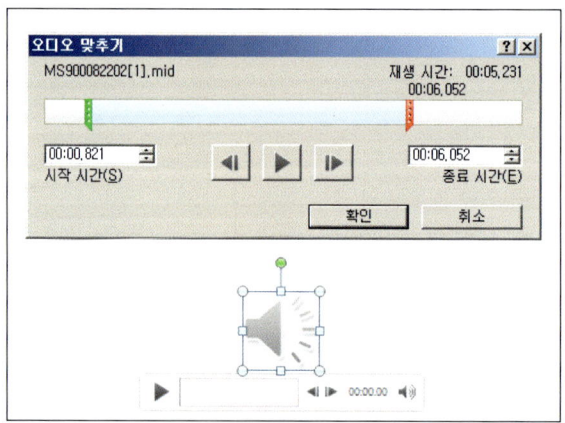

③ 오디오를 재생시키면 시작 지점과 종료 지점으로 설정된 부분만 재생되는 것을 알 수 있다.

(3) 오디오 재생방법 설정

기본 보기에서 슬라이드의 오디오 클립을 선택한 후 오디오를 시작하는 방법을 설정할 수 있다.

① [오디오 도구]-[재생] 탭-[오디오 옵션] 그룹-[시작]에서 다음 중 하나를 선택한다.
② 슬라이드 쇼에서 오디오 클립을 자동으로 시작하려면 [시작] 목록에서 [자동 실행]을 클릭한다.
③ 슬라이드 쇼에서 오디오 클립을 클릭할 때 수동으로 시작하려면 [시작] 목록에서 [클릭할 때]를 클릭한다.
④ 슬라이드 쇼에서 전체 슬라이드에서 오디오 클립을 재생하려면 [시작] 목록에서 [모든 슬라이드에서 실행]을 클릭한다.

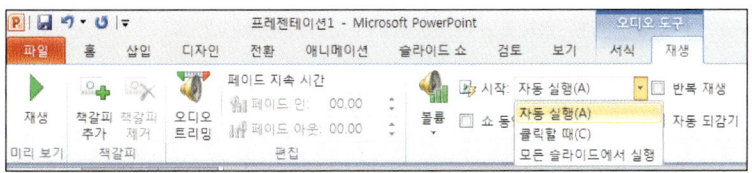

(4) 오디오 볼륨 설정

볼륨을 설정하기 위해서는 [오디오 도구]-[재생] 탭-[오디오 옵션] 그룹에서 [볼륨]을 클릭한 후 낮음, 중간, 높음, 음소거 중 하나를 선택한다.

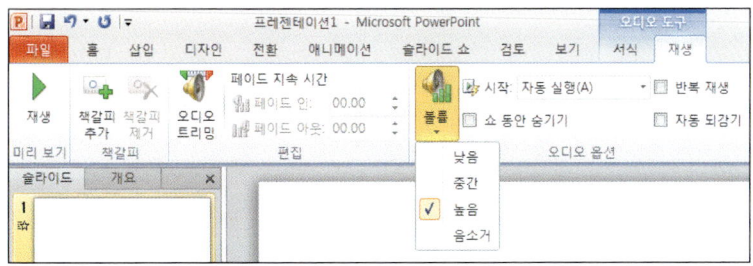

1. 촬영을 위한 기본 개념
   - 샷(Shot): 샷은 모든 영상물에 있어서 가장 기본적인 단위, 샷은 도중에 촬영을 중단하지 않고 찍은 하나의 화면
   - 신(Scene): 장면이라는 말로 영상적인 의미전달의 단위, 보통 몇 개의 샷이 모여 하나의 의미를 만드는 신을 구성
   - 시퀀스(Sequence): 장소, 액션, 시간의 연속성을 통해 하나의 에피소드를 이루는 이야기가 시작되고 끝나는 독립적 구성단위

2. 피사체의 크기에 따른 분류
   - FS(Full Shot): 주 피사체의 전체를 보여주는 사이즈로, 인물의 주변 전경과 다른 출연자 등이 포함
   - KS(Knee Shot): 출연자의 무릎부터 머리 위 부분까지 보여주는 샷
   - WS(Waist Shot): 인물의 허리 위 상반신을 보여주는 샷
   - BS(Bust Shot): 머리 위로 적절한 헤드룸을 두고, 프레임의 하단이 인물의 가슴 부분을 지나도록 화면구성을 한다.
   - CU(Close Up): 인물의 얼굴만 크게 촬영한 샷

3. 동영상 편집 및 삽입
   - 파워포인트 2010에서 사용할 수 있는 비디오 파일 형식: Adobe Flash Media(.swf), Windows Media 파일(.asf), Windows Video 파일(.avi), 동영상 파일(.mpg 또는 .mpeg), Windows Media 비디오 파일(.wmv)
   - 프레젠테이션에 동영상 삽입: [삽입] 탭−[미디어] 그룹에서 비디오 아래의 화살표를 클릭한 다음 [비디오 파일]을 클릭하고, [비디오 삽입] 대화 상자에서 포함할 비디오를 찾아 클릭한 다음 [삽입]을 클릭한다.
   - 비디오 트리밍: 비디오 파일의 처음이나 끝부분에서 원본 파일의 내용을 수정할 수 있으며, 슬라이드의 비디오를 선택하고 [비디오 도구]−[재생] 탭−[편집] 그룹에서 [비디오 트리밍]을 클릭하여 트리밍한다.

4. 오디오 편집 및 삽입
  • 파워포인트 2010에서 사용할 수 있는 오디오 파일 형식: AIFF Audio 파일(.aiff), AU Audio 파일
    (.au), MIDI 파일(.mid 또는 .midi), MP3 Audio 파일(.mp3), Windows Audio 파일(.wav), Windows
    Media 오디오 파일(.wma)
  • 프레젠테이션에 오디오 삽입: [삽입] 탭−[미디어] 그룹에서 [오디오]−[오디오 파일]을 클릭하
    고, 파일이 있는 폴더를 찾은 다음 추가할 파일을 두 번 클릭한다.
  • 오디오 파일의 편집: 오디오 클립을 선택하고 [오디오 도구]−[재생] 탭−[편집] 그룹에서 [오
    디오 트리밍]을 클릭하여 오디오 파일을 트리밍한다.

1. 직접 촬영한 동영상 혹은 다운로드한 동영상 파일을 이용하여 아래의 내용을 설정하시오(단, 파일이 없는 경우에는 다음의 사이트에서 동영상 파일을 다운로드 하시오.
https://www.microsoft.com/korea/windowsxp/moviemaker/videos/samples/default.mspx)!

- 동영상 파일을 슬라이드에 추가
- [캔버스, 회색] 비디오 스타일을 적용
- 비디오 시작 방법을 [자동 실행]으로 설정
- [비디오 옵션]에서 전체 화면으로 비디오가 재생되도록 설정

[설명] 정답의 풀이과정은 다음과 같다.

1) 삽입할 동영상을 촬영하거나 인터넷에서 다운로드해 컴퓨터에 저장한다(다음의 사이트 주소에서 실습할 동영상을 구할 수 있다.
https://www.microsoft.com/korea/windowsxp/moviemaker/videos/samples/default.mspx).

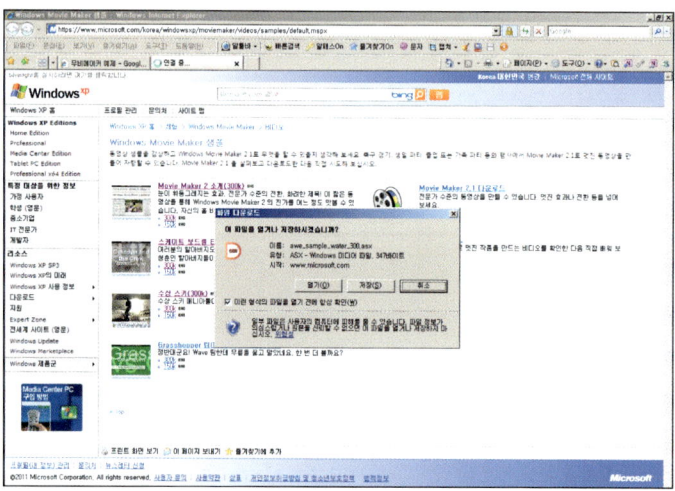

2) [삽입] 탭-[미디어] 그룹-[비디오]-[비디오 파일]을 선택해서 비디오 파일을 삽입한다.

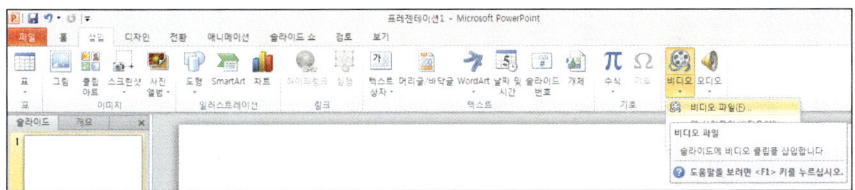

3) [캔버스, 회색] 비디오 스타일을 적용하기 위해서, [비디오 도구]-[서식] 탭-[비디오 스타일] 그
룹에서 [자세히] 버튼을 클릭하여 [캔버스, 회색]을 적용한다.

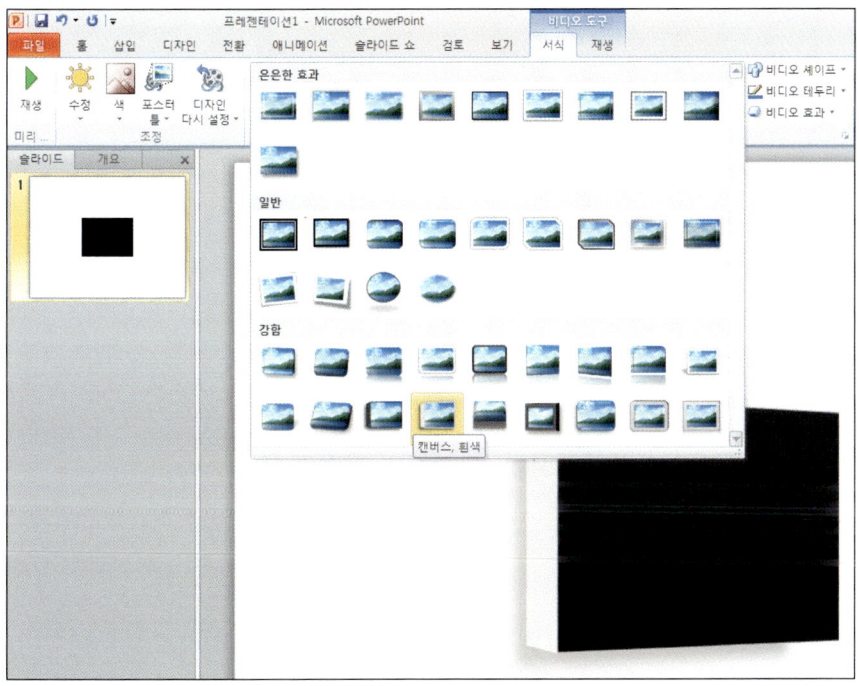

4) 비디오 시작 방법을 [자동 실행]으로 설정하기 위해서, [비디오 도구]−[재생] 탭−[비디오 옵션] 그룹 [시작]에서 [자동 실행]을 적용한다.

5) 전체 화면으로 비디오가 재생되도록 설정하기 위해서 [비디오 도구]−[재생] 탭−[비디오 옵션] 그룹−[전체 화면 재생]을 클릭한다.

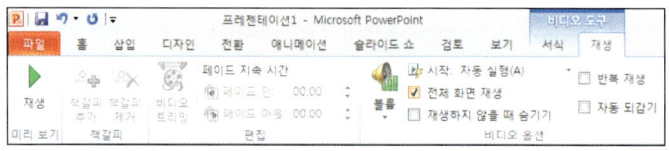

2. 유튜브(YouTube) 웹 사이트의 비디오 파일 중 원하는 파일을 검색하여 슬라이드에 연결하시오

[설명] 정답의 풀이과정은 다음과 같다.

1) 유튜브(http://kr.youtube.com)에 접속하여 연결하고자
   하는 동영상을 검색하고 [소스 코드]를 클릭하여 소스코드를 복사한다(관련 동영상 포함과 이전 소스 코드 사용에 클릭).

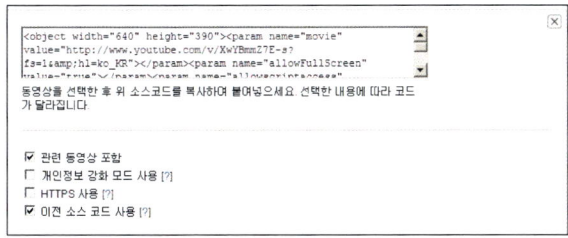

2) [삽입] 탭-[미디어] 그룹-[비디오]-[웹 사이트의 비디오]를 클릭하고, [웹 사이트에서 가져온
   비디오 삽입] 창에 해당 소스를 복사하고 [삽입] 버튼을 클릭한다.

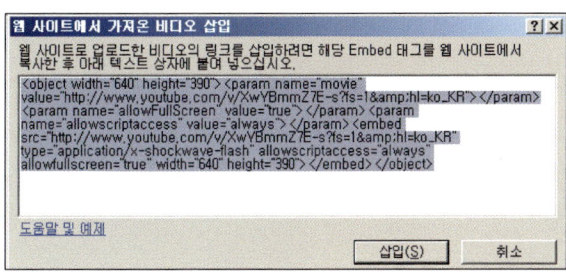

3) 유튜브의 동영상 자료가 슬라이드에 연결된 것을 알 수 있다.

Part **V**

프레젠테이션
준비 및 발표

학습목표

- 발표를 위한 효과적인 준비를 이해를 할 수 있다.
- 발표에서의 음성과 비언어적인 표현의 중요성을 알고 적용할 수 있다.
- 효과적인 발표의 질의응답 방법을 이해하고 활용할 수 있다.

1. 발표를 위한 준비

프레젠테이션 발표에 있어서 가장 중요한 것은 청중의 기호와 요구 그리고 그들의 가치 등을 미리 분석하고, 그에 맞게 철저히 분석해야 한다.

1) 발표의 중요한 3가지 원칙

(1) 청중과의 시선 맞추기

원고 또는 메모의 내용에서 시선을 떼어야 하며, 강연장의 벽이나 천장 혹은 창문을 바라보지 말아야 한다.

발표 시에는 청중을 향하여 시선의 방향을 적낭히 바꾸어서 청중들 노두가 발표자의 시선을 느낄 수 있도록 해야 한다.

(2) 말의 속도의 억양

강조하려는 부분과 그렇지 않은 부분을 구분하여 발표 시에 중요한 부분은 말의 속도와 억양을 달리 함으로써 중요 부분을 강조할 수 있다.

전체적으로 말하는 중간중간 말투와 강약을 달리함으로 단조로운 연설을 피할 수 있다.

(3) 발표의 자세

연설용 탁자나 벽에 기대지 말고 편안한 자세로 서서 발표를 해야 한다. 탁자에 몸을 기대면 청중이 보기에 좋지 않으며, 발표자도 호흡이 불편해져 발성에 문제가 생기기 쉽다.

2) 발표 전 연습의 중요성

프레젠테이션의 발표를 잘하기 위해서는 기본적으로 주제와 목적에 맞는 다양한 자료를 수집한 뒤 이를 분석하여 프레젠테이션 자료를 작성하고, 발표자는 충분한 연습을 통하여 발표를 준비해야 청중이 좀 더 쉽게 이해하고 감동을 받을 수 있다.

(1) 1:10법칙

1시간 발표를 하기 위해서는 발표 시간의 10배인 10시간을 준비해야 된다는 법칙이다.
즉, 확실하고 치밀하게 준비해야 성공적인 프레젠테이션을 수행할 수 있으며, 준비는 아무리 많이 해도 지나치지 않다는 것이다.
준비가 부족하면 발표자는 청중이 아니라 스크린을 바라보게 되며, 이는 내용에 대한 전달력을 떨어뜨리고 프레젠테이션에 집중하지 못하도록 한다.

(2) 5:5법칙

발표자료 작성을 위한 준비에 50%의 노력을 투자했으면, 발표준비에도 50% 정도의 노력을 투자해야 된다는 법칙이다.
일반적으로 사람들은 발표자료 작성에 많은 노력을 기울이지만, 정작 발표준비에는 소홀히 하는 경향이 있다. 발표준비를 많이 해야 발표와 관련된 모든 사항들을 숙지할 수 있으며, 좋은 발표를 할 수 있다.

3) 효과적인 리허설 방법

좋은 발표를 하기 위한 리허설의 방법은 다음과 같다.

(1) 발표 자료의 이해와 파악

발표자는 발표자료의 내용뿐만 아니라 그와 관련된 배경정보, 관련 지식 등을 숙지하고 있어야 한다.

발표자료에 대한 충분한 이해는 발표자로 하여금 자신감을 가지게 해주며, 이는 곧 설명에 막힘이 없으면서도 자연스럽게 핵심 메시지에 대한 내용을 발표할 수 있도록 해준다.

발표자가 발표 내용에 대한 전체적인 이해를 가지고 있으면, 발표자가 직접 답변하기 힘든 전문적인 질문의 경우에도 당황하지 않고 함께한 담당자에게 자연스럽게 답변의 기회를 넘길 수 있다.

(2) 발표할 자료를 통한 연습

새로운 제품이나 기술에 대한 정보를 제공하는 서술형으로 이루어진 발표 자료의 경우에는 전체 내용에 대해 모두 설명하는 것이 아니라 중요한 핵심 단어를 간략하게 요약하여 설명해야 한다.

서술형 발표자료의 경우 슬라이드 자료에 이미 자세한 설명들이 기술되어 있으므로 장황하게 전체를 다시 설명할 필요 없이 중요한 요점만 설명하거나 핵심 내용을 전달하면 된다.

제안이나 설득, 동기부여, 행사 등에 사용되는 간략한 문장이나 단어로 발표 자료를 작성하는 경우에는 슬라이드의 내용을 기본으로 하여 청중의 이해를 돕기 위해 추가적인 설명을 해야 한다.

간략한 문장으로 발표자료가 작성된 경우에 청중은 슬라이드의 내용을 이해하기 위해 발표자의 설명에 귀 기울이게 된다.

(3) 발표시간을 고려한 발표연습

발표자료 내용에 충실하게 발표하는 연습을 하였으면, 이제는 실제 발표시간에 맞춰서 발표하는 연습을 해야 한다.

일반적으로 실제 발표를 할 때에는 준비할 때의 시간보다 지연되는 경우가 많은데, 가능하다면 주어진 시간을 초과하는 것보다는 약간 일찍 끝나는 것이 좋다.

연습 시에 만약 발표에 소요된 시간이 주어진 시간보다 너무 짧다면 중요한 내용에 대해서 자세한 설명을 추가하고 부족한 내용을 보강해야 한다.

만약 연습발표에서 시간이 많이 초과되는 경우에는 불필요한 설명을 삭제하고 중요한 내용을 다시 선별하는 과정이 필요하다.

(4) 실전 같은 발표연습

내용과 발표시간에 맞게 발표연습을 하였다면, 실전 같은 발표연습을 수행해야 한다.

특히 자연스러운 표현이 중요한데, 설명 내용과 어울리는 손동작이나 몸동작을 사용하는 것뿐 아니라, 필요한 경우에는 무대를 이동하면서 청중에게 가까이 다가가기도 하고, 다른 청중에게 자연스럽게 이동하면서 청중과 시선 맞추기를 할 필요가 있다.

실제 발표와 같이 자연스럽게 표현하는 방법까지 연습하였다면, 발표자는 실제 발표에서도 자신 있게 발표를 수행할 수 있다. 즉, 많은 연습과 준비가 뒷받침되어야 감동적인 프레젠테이션을 수행할 수 있다.

(5) 주의를 집중시키는 시작 방법

프레젠테이션을 시작하는 창조적이고 융통성 있는 방법을 개발하여 청중의 주의를 발표 시작부터 집중시켜야 한다.

주의를 집중시키는 시작 방법으로는 명언이나 통계자료의 인용, 청중에 대한 질문, 현재의 시사적인 이슈, 발표 내용과 관련된 이야기, 유머, 시 또는 잠언, 의도적인 긴 호흡 등으로 시작할 수 있다.

4) 리허설의 피드백

리허설을 한 후에는 리허설에 대한 피드백을 반드시 해야 한다. 피드백의 대상으로는 다음의 항목들이 있다.

(1) 제한 시간
• 제한 시간을 준수하였는가?

(2) 핵심 내용
• 핵심내용은 잘 전달되었는가?
• 핵심내용의 종류와 내용은 무엇인가?

(3) 발표의 시작 방법
• 청중의 주목을 끄는 방법으로 시작했는가?
• 청중에게 발표자의 신뢰감을 전달했는가?

(4) 도입과 본론의 연계
• 도입에서 본론으로 자연스럽게 연결되었는가?
• 핵심내용이 잘 전달되었는가?

(5) 결론
• 핵심내용을 잘 요약했는가?
• 본론에서 결론으로 자연스럽게 이어지는가?
• 강렬한 인상을 남겼는가?

(6) 보디랭귀지

- 눈 맞춤은 적절한가?
- 얼굴 표정을 메시지에 따라 변화시키는가?
- 손의 제스처는 적절한가?
- 공간을 적절히 활용하는가?
- 바른 자세로 발표를 하였는가?

(7) 음성

- 말의 속도에 변화를 주는가?
- 말이 너무 빠르거나 느리지는 않는가?
- 음성의 크기와 높낮이에 변화를 주는가?
- 말의 강조점이 드러나는가?

(8) 나쁜 버릇이나 습관

- 개선해야 할 음성적 습관이 있는가?
- 개선해야 할 행동적 습관이 있는가?

5) 발표장의 60/20 법칙

(1) 60법칙

발표가 시작되기 60분 전에 현장에 도착하여야 한다.

초반 40분은 발표장, 좌석 배치, 안내장, 시청각 장비, 유인물, 소품 등 발표에 필요한 준비를 해야 한다.

(2) 20법칙

발표가 시작되기 20분 전부터는 인사, 정보 수집, 신뢰 구축을 해야 한다.

청중이 도착하면 청중을 만나서 가치 있는 다양한 정보를 수집해 프레젠테이션에 활용할 수 있다.

2. 발표에서의 음성과 비언어적인 표현

1) 억양과 속도의 조절

억양과 속도를 조절하기 위해서는 자신의 목소리가 어떠한지 분석하는 작업이 우선되어야 한다. 자기의 목소리를 분석하는 가장 간단한 방법은 자신이 말하는 장면을 캠코더나 디지털 카메라 혹은 핸드폰을 이용해서 촬영한 후 그 동영상을 살펴보는 것이다.

(1) 목소리 연습

사람에게는 자신만의 고유한 목소리가 있다. 이러한 목소리는 인위적으로 바꿀 수는 없지만, 발성연습을 통해 발표에 어울리는 목소리를 만들 수 있다. 만약 평소에 목소리가 작거나 힘이 없는 경우에는 자신감 있는 목소리를 낼 수 있도록 연습해야 한다.

(2) 목소리 톤의 보완

저음의 목소리를 가진 발표자의 경우에는 약간 빠른 속도로 말하는 것이 좋다. 목소리가 저음인데 속도마저 느리다면 분위기가 가라앉고 지루해진다.

고음의 목소리를 가진 발표자의 경우에는 말의 속도를 느리게 해야 한다. 발표자가 기본적으로 목소리 톤이 높은데 말하는 속도까지 빠르다면 청중은 발표자의 말을 따라가는 데 급급하게 된다.

목소리의 톤도 중요한 내용이나 시사점 등을 말할 때에는 보통 때보다 목소리를 높이거나 낮추는 등의 변화를 주어야 한다. 이러한 목소리 톤의 변화는 연습과 훈련을 통해 교정할 수 있으며, 톤의 높낮이를 적절히 변화시켜야 청중이 지루해하지 않으며 집중력이 높아진다.

2) 언어 습관 및 목소리 훈련

자신의 발표 동영상을 촬영한 후 분석을 하면 어떠한 버릇이 있는지 알 수 있다. 이러한 버릇은 발표에 많은 영향을 끼치게 되며 잘못하면 청중의 귀에 거슬리는 것은 물론 발표자의 전달력과 품위에까지 나쁜 영향을 줄 수 있다.

(1) 불필요한 단어나 접속사

발표하는 도중에 '그~', '에~', '어~', '저~' 등이나 '그 뭐냐', '솔직히 말하면~', '쉽게 말하자면', '그런데' 등 불필요한 단어나 접속사를 반복하여 사용하는 것은 발표에 좋은 영향을 주지 않으므로 훈련을 통해 잘못된 언어 습관을 고쳐야 한다.

(2) 버릇

발표를 할 때 혀로 '쯧'이나 '쩝' 소리를 내는 경우가 있는데, 이러한 소리가 반복될 경우에는 발표에 방해가 된다.

(3) 전문용어 및 고급 언어의 사용

같은 의미의 말이라도 사용하는 단어와 표현 기법에 따라 전달 효과와 품위가 달라지게 된다.

유행어나 비속어의 사용은 자제해야 하며, 관련 분야의 전문용어를 사용하는 것이 좋다.

고급 언어를 사용하는 것은 평소의 언어 습관과도 깊은 연관이 있으므로, 평소에도 사용하는 단어나 표현법에 주의해야 한다.

영어의 경우에는 청중의 수준과 이해도를 고려하여 사용하되, 너무 과하게 사용하는 것은 바람직하지 않다.

(4) 목소리 훈련

녹음기 또는 디지털카메라 등으로 녹음 후 녹음된 목소리를 들으면서 음질, 톤, 소리의 세기 및 높이, 속도, 불필요한 언어의 사용 여부 등을 확인하고 이를 수정해야 한다.

라디오 광고에 등장하는 성우나 라디오 프로그램 진행자들의 멘트를 따라 해 보면 목소리를 조절하는 것이 좀 더 쉬워진다.

3) 청중과의 대화 기술

발표 시에 일방적으로 설명을 계속하게 되면 청중의 집중력이 떨어지고 지루해질 수 있으므로 좋은 발표를 하기 위해서는 발표 중간에 청중과의 대화를 유도하는 것도 좋은 방법이다.

(1) 청중과의 대화 유도

초보 발표자는 자신이 준비한 발표 자료만 급하게 전달하고 마치지만, 전문가들은 청중의 분위기를 파악하며 질문을 하고 대화를 유도한다. 이는 청중의 참여도를 높일 수 있고, 청중의 이해도를 파악하여 이후의 설명 수준이나 방향을 조정하는 데 유익하기 때문이다.

(2) 발표 중에 질문의 대화 상대를 고르는 방법

① 결정권자나 주요 인물을 선택한다.

② 긍정적으로 열심히 강의를 경청하는 사람을 선택한다.

③ 너무 부정적인 의견을 가진 듯한 사람을 선택하지 않는 것이 좋다.

④ 발표자가 질문이나 대화를 유도할 경우 긍정적이고 열정적으로 경청하는 사람은 발표자가 원하는 방향으로 답변할 가능성이 높아 다른 청중들에게도 좋은 영향을 미치게 된다.

⑤ 너무 부정적인 사람에게 대화나 질문을 할 경우에는 문제점만 강조해서 말할 수

있기 때문에 다른 청중에게 부정적인 영향을 끼칠 수 있다.

청중에게 다가가는 가장 빠른 지름길은 청중의 비즈니스, 논점, 관심 등에 관해 발표자가 이해한 바를 보여주는 것이다.

4) 비언어적인 표현

미국 UCLA 대학의 명예 교수인 앨버트 멜러비언(Albert Mehrabian) 교수의 '멜러비언의 법칙'에 의하면 커뮤니케이션의 전달력과 설득력에 영향을 주는 요소로서 비언어적인 요소(외모, 자세, 제스처, 움직임, 눈 맞춤, 표정 등)가 55%, 말하는 목소리의 톤이나 음색이 37%, 전달하는 내용이 7%라는 결과를 발표하였다. 즉, 비언어적인 표현의 중요성이 다른 요소들보다 더 크다는 것을 알 수 있다. 즉, 이 연구는 커뮤니케이션 영향력의 93%가 우리의 말을 전달하는 방식에 의해 결정되는 것을 알 수 있다.

(1) 옷차림과 외모
발표자의 옷차림과 외모는 청중들에게 주는 첫인상이기에 매우 중요하다.

남자의 경우에는 짙은 색 양복을 입는 것이 가장 무난하다. 흰색 와이셔츠에 밝은 톤의 넥타이를 착용하되, 너무 화려한 무늬는 청중의 시선이 발표 내용이 아니라 옷차림에 집중되기 때문에 피하는 것이 좋다. 남자의 구두는 끈이 달린 것이 정장용이고, 양말은 양복의 색과 비슷한 계열을 신는 것이 좋다. 헤어스타일 역시 단정하게 해야 한다.

여자의 경우에는 공식 석상에서 발표할 때 재킷과 바지를 입는 것도 괜찮으며, 색상은 짙은 색 이외에 밝은 톤도 어울리며, 화려한 무늬보다는 줄무늬나 체크무늬가 무난하다. 여자의 구두는 뒤꿈치가 막힌 것이 정장용이며, 장신구 사용은 절제해야 한다.

(2) 표정과 기본 동작들
발표를 할 때 발표자의 표정이 굳어 있으면 청중에게 긴장하고 있다는 것을 알려주는 것이므로, 설명을 할 때는 얼굴 표정을 부드럽게 하고 자신감에 찬 표정으로 임해야 한다.

발표자의 열정은 말하는 것과 몸짓으로 표현되는데, 동작이 너무 크면 실수할 확률이 높아지므로 절제하면서 적절하게 표현해야 한다.

말을 하면서 머리를 흔든다거나 고개를 갸우뚱하는 등 자신도 모르게 무의식중에 나오는 나쁜 습관들이 있는데 이러한 나쁜 습관들은 평소 연습을 통해 고쳐야 한다.

발표와 관련된 종이자료를 들고 있는 경우에는 한쪽 귀퉁이를 잡고 종이가 꺾이지 않고 반듯이 펴야 하며, 손의 위치는 허리 정도에 오도록 해야 한다.

(3) 서 있는 자세

강연대가 없는 경우에는 발표자의 전신이 모두 청중에게 드러나 보이므로 보디랭귀지를 어떻게 사용하느냐에 따라 발표의 질이 달라지게 된다. 양쪽 발을 어깨 넓이보다 약간 좁게 벌리고 두 발을 평행하게 똑바로 서야 한다.

유선 마이크를 사용하는 경우에 한 손은 마이크를 잡고 다른 한 손은 자연스럽게 아래로 내려놓은 상태에서 필요에 따라 손동작을 하면 된다. 무선 마이크를 사용하는 경우에는 양손이 모두 자유로운 상태이므로 자연스럽게 팔을 아래로 내려 차려 자세를 취한 상태에서 시작하고 말할 때는 자연스럽게 손동작을 하면 된다.

강연대가 있는 경우에는 몸의 일부가 강연대에 가려지기 때문에 보디랭귀지를 구사하는 능력이 조금 떨어져도 청중에게 크게 드러나지는 않지만 자연스러운 보디랭귀지를 구사해야 한다.

강연대에 서 있을 때는 양손으로 강연대를 잡고 있는 것이 자연스럽고, 강연대를 너무 꽉 잡거나 강연대에 무게 중심을 두어 강연대 쪽으로 몸을 기울여서는 안 된다. 말을 할 때 가볍게 손을 떼어 손동작을 하면 된다.

강연대를 옆에 두고 강연할 때에는 강연대에 기댄 채 발표하기보다는 강연대에 손만 가볍게 올려 놓고 하는 것이 좋다.

(4) 손동작 및 시선 맞추기

보디랭귀지에서 중요한 두 가지 요소는 손동작과 시선 맞추기로 발표의 세련미와 품격을 나타낼 수 있기 때문이다.

발표 내용과 어울리는 손동작을 익히는 방법은 손동작이 자연스러운 유명한 강연자나 연기자의 손동작을 참고하여 연습하는 것이다.

손동작의 크기나 힘을 주는 정도도 중요한데 너무 크거나 작으면 안 되며 중간 정도의 힘이 적당하다.

시선 맞추기는 말을 하면서 청중과 시선을 맞추는 것을 말한다. 발표자는 모든 청중과 시선을 골고루 맞춰야 한다. 청중과의 시선 맞추기는 전달력을 높이고, 청중들의 반응을 확인할 수 있다.

핵심 인물이나 중요한 사람에게는 시선을 맞추는 횟수를 높이고, 시선을 주는 쪽으로 이동하면서 말을 한다.

천천히 자연스럽게 옆 사람에게 시선을 이동하고, 한 사람에게 눈을 맞추는 시간이 너무 짧거나 길면 안 되며, 청중에게 말을 하면서 시선 맞추기를 해야 한다.

(5) 발표 무대의 활용

발표 무대 전체를 골고루 이용해야 하며, 적당한 보폭으로 천천히 이동해야 한다.

시선을 준 사람 방향으로 이동하면서 말을 하며, 청중 쪽에서 다시 무대 방향으로 돌아오는 경우에는 청중에게 등을 돌리지 말고 자연스럽게 천천히 옆으로 걸으면서 이동하면 된다.

3. 발표의 질의응답

대부분의 발표는 마지막에 질의응답 시간을 가지게 되는데 질의응답 시간은 청중들에게 강렬한 인상을 심어줄 수 있는 좋은 기회이다. 이러한 질의응답에 실수를 하지 않으려면 청중의 질문 방향과 내용을 명확히 확인한 후에 그에 맞는 답변을 해야 한다.

1) 설득력을 높이기 위한 질의응답

(1) 질문을 받으면 생각 후 답변

질문을 받으면 답변하는 것에 급급해 하지 말고 답변을 통해 자신이 주장하거나 강조하려는 핵심 메시지를 강화하고 정당화시키는 기회로 삼아야 한다.

질문자의 질문 내용을 반복해서 말하여 질문의 방향이나 범위에 대해 질문자에게 공개적으로 확인하면 떨어져 있는 청중도 질문의 내용을 이해할 수 있으며, 답변 내용을 공유하도록 할 수 있다.

질문을 다시 한 번 정리하면서 머릿속으로 답변을 생각할 여유를 가질 수 있다.

질문자에게 신중하고 전문가다운 모습을 보일 수 있다.

(2) 답변 시 청중과의 시선 맞춤

답변을 할 때는 반드시 청중과의 눈을 맞추어야 하며, 이를 통해 답변에 대한 청중의 반응이나 이해도를 확인할 수 있다.

질문자와 주로 시선을 맞추되 간혹 다른 사람들과도 시선을 맞추어 다른 사람들의 이해 정도나 반응도 확인해야 한다.

(3) 답변 후 질문에 대한 확인

발표자는 답변을 들은 청중의 반응을 보고 다른 궁금증은 없는지 확인한 후 다음 내용으로 넘어가야 한다.

만약 청중이 명확하게 이해한 느낌이 없다면 약간의 시간을 두는 것이 좋다. 이것을 통해 청중이 답변에 대해 생각하고 이해할 시간을 줄 수 있다.

(4) 능동적인 답변

"이것은 이렇게 되어서 이렇습니다"라는 수동적인 답변은 변명을 하는 듯한 느낌을 줄 수 있으므로 답변은 "제가 이렇게 결론을 내린 이유는~", "저는 이렇게 결론을 내렸는데, 왜냐하면~" 등 능동적으로 답변해야 한다.

능동적인 답변은 간단명료하고 확신에 찬 어투로 해야 하며, 이를 통해 청중에게 객관적인 근거와 타당성 그리고 확신까지 전달할 수 있다.

(5) 공격적인 질문에 대비

악의적인 질문이라도 신경질적으로 답하거나 얼굴을 붉히면 안 되며, 최대한 예의를 갖추어 답변해야 한다.

답변하기 어려운 질문은 개괄적인 답변을 한 뒤 "시간 관계상 프레젠테이션이 끝나고 따로 설명을 하겠다"고 말하고 다음 단계로 넘어간다.

(6) 예상 질문을 충분히 준비

어떤 질문을 받아도 자신 있게 답변할 수 있도록 철저히 준비해야 발표 내용에 대한 설득력을 높일 수 있다.

답변은 가급적이면 부정적인 방향보다는 긍정적인 방향으로 한다. 또한 답변에 사용하는 단어는 청중이 잘 알거나 자주 사용하는 것으로 선택해야 한다.

(7) 질문이 없는 경우

질문이 있는지 물어본 뒤 아무런 반응이 없다고 그냥 끝내버리면 마무리가 약해진다.

발표자는 질문이 없는 경우를 대비해서 미리 질문과 그 대답을 준비해 두어야 한다. 준비해 둔 질문과 대답은 청중에게 발표자의 주장을 다시 한 번 재확인시켜 줄 수 있는 것이어야 한다.

1. 프레젠테이션 발표에 있어서 가장 중요한 것은 청중의 기호와 요구 그리고 그들의 가치 등을 미리 분석하고, 그에 맞게 철저히 분석해야 한다.

2. 발표의 중요한 3가지 원칙
   - 청중과의 시선 맞추기
   - 말의 속도의 억양
   - 발표의 자세

3. 발표 전 연습의 중요성
   - 1:10법칙: 1시간 발표를 하기 위해서는 발표 시간의 10배인 10시간을 준비해야 된다는 법칙
   - 5:5법칙: 발표자료 작성을 위한 준비에 50%의 노력을 투자했으면, 발표준비에도 50% 정도의 노력을 투자해야 된다는 법칙

4. 효과적인 리허설 방법
   - 발표 자료의 이해와 파악
   - 발표할 자료를 통한 연습
   - 발표시간을 고려한 발표연습
   - 실전 같은 발표연습
   - 주의를 집중시키는 시작 방법

5. 리허설의 피드백
   - 제한 시간을 준수 여부
   - 핵심내용 전달 여부
   - 발표의 시작 방법
   - 도입과 본론의 연계
   - 결론의 정리 방법
   - 보디랭귀지의 적절한 사용
   - 음성의 속도와 빠르기

- 나쁜 버릇이나 습관 여부

6. 억양과 속도의 조절
- 억양과 속도를 조절하기 위해서는 자신의 목소리가 어떠한지 분석하는 작업이 우선되어야 함

7. 언어 습관 및 목소리 훈련
- 불필요한 단어나 접속사
- 나쁜 언어 습관
- 전문용어 및 고급 언어의 사용
- 목소리 훈련

8. 청중과의 대화 기술
- 발표 시에 일방적으로 설명을 계속하게 되면 청중의 집중력이 떨어지고 지루해 질 수 있으므로 좋은 발표를 하기 위해서는 발표 중간에 청중과의 대화를 유도해야 함

9. 설득력을 높이기 위한 질의응답
- 질문을 받으면 생각 후 답변
- 답변 시 청중과의 시선 맞춤
- 답변 후 질문에 대한 확인
- 능동적인 답변
- 공격적인 질문에 대비
- 예상 질문을 충분히 준비
- 질문이 없는 경우 대비

1. 발표할 프레젠테이션에 대한 리허설 동영상을 촬영한 후 다음의 리허설 평가지를 작성하시오.

채점기준	1: 나쁨								10: 좋음	
구성	1	2	3	4	5	6	7	8	9	10
내용의 숙지	1	2	3	4	5	6	7	8	9	10
내용의 장점										
내용의 단점										
기본 자세										
열정	1	2	3	4	5	6	7	8	9	10
목소리 크기	1	2	3	4	5	6	7	8	9	10
목소리 변화	1	2	3	4	5	6	7	8	9	10
말의 속도	1	2	3	4	5	6	7	8	9	10
단문의 사용	1	2	3	4	5	6	7	8	9	10
말의 호흡	1	2	3	4	5	6	7	8	9	10
자연스러운 어투	1	2	3	4	5	6	7	8	9	10
구어체 설명	1	2	3	4	5	6	7	8	9	10
눈 맞춤	청중 모두와 골고루 눈 맞춤 하였는가?							X	△	○
	적당한 시간만큼 눈 맞춤을 유지하였는가?							X	△	○
다양한 표정	1	2	3	4	5	6	7	8	9	10
나쁜 언어 습관	1	2	3	4	5	6	7	8	9	10
청중과의 교감	1	2	3	4	5	6	7	8	9	10
	사용한 방법									
전체 평점	1	2	3	4	5	6	7	8	9	10
특이사항										

[설명] 리허설 동영상을 작성한 후, 리허설 동영상을 보면서 각자 리허설 평가지를 작성하시오.

김태경

성균관대학교 공학박사
현) 서울신학대학교 교수, 교수학습개발센터장

초판발행 2011년 6월 20일
초판 4쇄 2019년 1월 11일

지은이 김태경
펴낸이 채종준

펴낸곳 한국학술정보(주)
주소 경기도 파주시 회동길 230 (문발동)
전화 031 908 3181(대표)
팩스 031 908 3189
홈페이지 http://ebook.kstudy.com
E-mail 출판사업부 publish@kstudy.com
등록 제일산−115호(2000. 6. 19)

ISBN 978-89-268-2310-1 93560 (Paper Book)
        978-89-268-2311-8 98560 (e-Book)